U0261995

本著作由以下经费资助出版：

"重庆师范大学重庆市马克思主义理论重点学科"经费资助
"重庆市公民道德与社会建设研究中心"经费资助
"重庆市博士后科研特别资助项目"经费资助
重庆师范大学校立配套经费资助

环境哲学的
实用主义进路研究

杜红 著

中国社会科学出版社

图书在版编目（CIP）数据

环境哲学的实用主义进路研究／杜红著 . —北京：中国社会科学出版社，
2020.12

ISBN 978 - 7 - 5203 - 7338 - 8

Ⅰ.①环…　Ⅱ.①杜…　Ⅲ.①环境科学—哲学—研究　Ⅳ.①X - 02

中国版本图书馆 CIP 数据核字（2020）第 186795 号

出 版 人	赵剑英
责任编辑	喻　苗
责任校对	胡新芳
责任印制	王　超

出　　版	中国社会科学出版社
社　　址	北京鼓楼西大街甲 158 号
邮　　编	100720
网　　址	http://www.csspw.cn
发 行 部	010 - 84083685
门 市 部	010 - 84029450
经　　销	新华书店及其他书店

印刷装订	三河弘翰印务有限公司
版　　次	2020 年 12 月第 1 版
印　　次	2020 年 12 月第 1 次印刷

开　　本	710×1000　1/16
印　　张	18
插　　页	2
字　　数	277 千字
定　　价	99.00 元

凡购买中国社会科学出版社图书，如有质量问题请与本社营销中心联系调换
电话:010 - 84083683

序

  中国，和世界上其他国家一样正在经历着前所未有的生态和环境难题。对生态环境问题的产生根源与形成机制进行深刻反思并努力寻求解决方案，成为当今人们为之努力的一大重要方向。不同学者基于不同的学科、视角和方法，力求从观念和制度层面来寻求解决生态环境危机的药方，拉开了我国人文社会科学领域开展生态—环境问题研究的序幕。

  中国人文社会科学领域对生态—环境问题的研究从20世纪80年代兴起以来，到目前已经有30多年的历程了。30多年来，中国的生态—环境研究形成了多元化的、跨学科的研究态势，积累了一系列丰硕成果。这些成果集中体现在环境史学、生态人类学、环境经济学、环境法学、环境哲学、环境政治学、环境社会学、环境心理学等学科领域内，其中，环境哲学作为基础性学科，对中国的生态—环境问题研究具有理念革新与方法指引的作用。推动环境哲学研究的持续向前是当前中国生态文明理论研究中的重要一环。

  30多年来，中国的环境哲学研究大多囊括在环境伦理学、生态伦理学、环境哲学、生态哲学的旗帜下，形成了丰硕的成果。在大多数语境中，中国学者并没有详细对这些概念进行严格区分，而是从自己的研究视角与偏好出发，在不同语境下选择环境、生态、伦理、哲学等具体术语。虽然环境和生态一词在概念上确实有不少差异，哲学讨论话题也比伦理学要广泛得多，但是在目前讨论生态环境问题的绝大多数语境中，它们之间很多时候是相通的。鉴于环境伦理学已占据了环境哲学研究的绝对主导地位，并且，在当代，环境伦理学一词几乎已被非人类中心主义传统完全霸占，以至于人们很多时候将环境伦理学与非人类中心主义等同起来，因此本书并没有对环境哲学与环境伦理学一词做严格的区分，但因为本书讨论和致力于解决的问题已远远超过了传统环境伦理学的范围，因此，本书更倾向于在"环境哲学"的框架下讨论问题，但是和国内多数学者一样在概念使用上并不做严格区分，有时候仍主要使用环境伦理学一词进行表述。

环境哲学研究包含的内容较为广泛，比如西方传统环境哲学研究、生态现象学、环境美德研究、儒家环境伦理学、生态马克思主义研究等方面。从中国环境哲学研究起源及当代研究状况看，对西方传统环境哲学的研究仍是主体，比如对西方传统环境哲学的批判，超越西方传统环境哲学的尝试以及进一步挖掘西方传统环境哲学的价值。西方传统环境哲学由于其内向化的发展进路，从20世纪90年代以来，逐步陷入理论与实践的两难困境中，新的理论关注点、新的哲学基础、新的现实观照将环境哲学引入了一个新的阶段：一方面是对伦理和哲学问题研究的深入，另一方面是对政治与政策影响力的强烈渴望。环境哲学的实用主义进路属于后者阵营的代表之一。它试图摆脱非人类中心主义的传统范式，不再关注那些深奥与晦涩的理论争议，而把重心放在了环境政策的达成与环境问题的解决上，旨在为环境伦理学家、环境哲学家和保护生物学家、环境科学家、环境经济学家及各类环境保护主义者架起沟通的桥梁。也即，它更多地选择了外向性的发展方向，致力于缩小环境哲学与环境实践之间的巨大鸿沟，以实现环境哲学的实践转向。

本书对环境哲学的这一实用主义进路进行了系统的梳理与分析，从而在错综复杂的各种不同环境实用主义进路中整合并展现出了一幅相对完整和一致的环境实用主义画面，并主要就环境实用主义的现实实现方式进行了探析，试图为人们提供一种看待和理解环境以及人与环境关系的新视角、一种提升和实现环境伦理和环境哲学实践影响的工具、一种处理和应对环境议题和环境困境的方法。围绕着这些目标，本书的主要内容分为六章进行展开。

第一章，在分析环境实用主义进路的现实背景和理论渊源的基础之上，论证了环境实用主义进路产生的可能性，并对环境哲学中的实用主义与实用主义中的环境哲学两种路径进行了区分，进而给出了环境实用主义的内涵与基本内容。

第二章，探讨了环境实用主义进路得以成形的致思理路，其中多元主义是环境实用主义得以成立的前提，规避形而上学争论是实现实践参与的必经途径，而环境议题的实践性解决是其最终的伦理归宿。具体来说，环境实用主义对多元主义的支持建立在实用主义的经验论立场和对生态系统的复杂性理解基础之上，规避形而上学争论主要表现为对人类中心主义与非人类中心主义、个体主义与整体主义、工具价值与内在价值之间的二元对立的反叛，而具体的环境实践策略则被本书解析为应用哲学模式和实践哲学模式两大类。

第三章，从世界观、价值观、知识论与道德观方面考察了环境实用主义的理论特征。在世界观上，环境实用主义强调人与环境的交互作用，并将此作为看待世界的基础，倡导以行动和实践为指向的环境哲学观；在价值观上，环境实用主义主张从关系的视角来理解与诠释价值，并因此建立了以共识为基准的环境价值观；在知识论上，环境实用主义支持实用主义的探究理论，并认为对真理的探究与对价值的追寻是统一的；在道德观上，环境实用主义破除了基础主义和普遍主义的神话，并从工具主义的立场来解放和改造道德实践。

第四章，就环境实用主义进路的核心旨趣——可持续性——进行了研究。本章主要抓住可持续性作为环境保护与环境哲学的共同目标，分析阐释了可持续性的内涵与度量，并参照经济学分析，区分了环境哲学中的强式与弱式可持续性范式，并在此基础上论证了环境实用主义对可持续性的重构：一方面，层级模型代表着可持续性的概念重建，另一方面，适应性管理是达到可持续性的桥梁。围绕着可持续性，本章还就如何实现不同环境主义者的联盟进行了分析和讨论。本书认为，为可持续性寻求广泛的代际伦理认同基础，构建以可持续性为核心的环境公共话语，并注重环境保护与社会发展的双向平衡，才能真正实现可持续性的现实规范作用，才能最终促成环境哲学的实践转向。

第五章，就环境实用主义的现实实现途径进行了探究。环境实用主义的主要实践诉求在于帮助人们实现环境、经济与社会的可持续发展，而这一目标可以通过参与具体的环境决策来实现。因此，本章主要以环境决策为研究视角，在分析环境决策的伦理向度基础之上，具体阐释了环境实用主义对环境决策的调适与改善策略，即转向后常态科学、应对不确定性和关注语境敏感性，并最终提出了一个以共同体为导向、以问题解决为中心、以程序和结果为基准的决策操作方案。

第六章，对环境实用主义进路进行了反思和批判，揭示了它对哲学理论争议的过分悲观、对实用主义哲学承诺依赖的非必要性，以及采取中间路线在理论和实践上面临的尴尬，并尝试为未来发展方向提供了一些宏观的意见和建议，如进一步提升实践应用性、加深元伦理和哲学层次的思考、实现与其他环境哲学研究进路的沟通与交流、加深与中国传统哲学及马克思主义的融合、重视中国现实背景下的发展。

总的来说，本书主要将环境实用主义解读为一种工具，一种有效应对环境伦理和环境哲学理论困境和现实路径缺失的方法，进而探究这种方法的可能性及其具体的实现途径。因此，建构某种新的环境伦理和环境哲学理论并不是本书的目标，本书提供的只是一部环境行动的指南，而非环境伦理学旧有范式的理论替代版本。环境实用主义在目前仍未完全走出环境伦理学的理论与实践困境，尚未建构起成熟的环境实践哲学，它对问题解决的过分强调牺牲了理论上的深刻性与批判性，但是，它确实为人们提供了一个探究环境伦理和环境哲学实践通道的良好工具，确实将环境伦理与环境哲学重新拉回了真实的生活世界，使环境哲学之光照进了环境实践。

杜　红

2020 年 4 月于重庆

目　　录

导　　论

　　过去两百多年，从农业文明向工业文明迈进的征程中，人类对自然的征服已经将人类拉入到空前的生态与环境危机之中。基于反思性、批判性、实践性的生态文明理念成为当前应对生态环境问题的良药，生态文明建设已经成为全人类的共同使命。从工业文明向生态文明跃迁的背后，是人与自然关系的深刻变革，伴随的是环境哲学的跃然于世。

　　从环境哲学的兴起开始，它就注定要同时关涉理论与实践两个维度。一方面，它必须提供关于自然以及人与自然关系等问题的深刻哲学洞见，才不至于湮没在以严肃性、批判性和超越性著称的哲学学科内；另一方面，它必须关注实际的生态危机与环境保护议题，才不至于脱离现实环境实践而成为相关非哲学领域可有可无的肤浅包装。也即是说，环境哲学必须在理论与实践之间保持恰当的张力，才可能为人类生态文明建设提供有益指南。但是，职业环境伦理学的兴起将环境哲学带入了内向性的发展方向，使其更多地关注伦理与哲学问题，而渐渐在抽象化的理论言说与争议中失去了原初的实践关涉。走出这样的困境以保持理论与实践之间的恰当张力孕育了当代环境哲学的实践转向。其中，实用主义进路从根本上放弃了理论优位的哲学方案，成为当前环境哲学实践转向中不可回避的一条重要发展进路。

　　环境哲学的实用主义进路兴起于20世纪八九十年代。从大的背景来讲，它孕育于实践哲学的伟大复兴浪潮中。从20世纪开始，理论优位的思辨哲学的永恒性与终极性目标正在一步步瓦解，哲学的视野开始重新转向亚里士多德时代开启的实践传统。从兴起与成长来讲，它发端于环境伦理学的理论与实践困境，是新时期环境伦理学整合与转向进路中的一个大胆尝试。因此，本书讨论环境实用主义的起点是兴起于 60 年代的职业环境伦理学，但是终点却是视野更为开阔的环境实践哲学，其基本主旨在于摆脱非人类中心主义的传统范式，走向更为真实和广阔的生活世界。鉴于环境伦理学已占据了环境哲学研究的绝对主导地位，本书对环境哲学与环境伦理学一词并不做严格的区分，并且，在当代，环境伦理学一词几乎已被非人类中心主义传统完全霸占，以至于人们很多时候将环境伦理学与非人类中心主义等同起来。因此，本书更倾向于使用环境哲学一词，但是和国内多数学者一样在概念使用上并不做严格区分，有时候仍主要使用环境伦理学一词进行表述。①

环境伦理学虽然是一个年轻的学科，但是它的建树颇丰，逐渐成为环境哲学研究的显性主导力量。从丰富的环境伦理学流派，到众多机构和大学里的环境伦理学课程，这个年轻的学科有时甚至成为一种时尚与时髦，以至于人们谈论环境问题时似乎总要或多或少地扯上点环境伦理。但是，环境伦理学或环境哲学真的对决策者、利益相关者和普通公众有这么大的影响力吗？环境伦理学真的切切实实地促进了环境问题的改善或解决吗？从实际情况来看，这些答案是否定的。环境伦理学和环境哲学在公共政策和环境管理决策方面的作用微乎其微。或许以这样的标准去评价环境伦理学或环境哲学非常不公平，因为人们通常将哲学看作是超越日常生活事务的。不过，我们不要忘记 60 年代环境伦理学蓬勃兴起的原因：为环境问题和环境保护提供哲学回应和伦理基础。如果我们没有忘记环境伦理学的这一原初宗旨，那么我们似乎有权要求环境伦理学对实际的环境问题进行回应和提供帮助。而事实上是，环境伦理学的发展更多地选择了内向性的方向，越来越成为一个专业化的、孤立的学术领域。它确实是为职业哲学家和环境理论工作者提供了关于自然价值、人与自然关系等问题的独具创见的回答，但是关于现实世界，它给予的太少。除了为我们提供保护自然的伦理依据之外，似乎没有告诉我们

① 关于环境哲学、生态哲学、环境伦理学和生态伦理学这几个术语的解释可参见余谋昌《生态哲学》，陕西人民教育出版社 2000 年版，第 30 页；刘福森、曲红梅《环境哲学的五个问题》，《自然辩证法研究》2003 年第 11 期，第 7—11 页；刘耳《当代西方环境哲学述评》，《国外社会科学》1999 年第 6 期，第 32—36 页。

更多。

以皮尔士和杜威为代表的实用主义传统能为改变环境伦理学的这一状况贡献力量。他们从根本上放弃了理论优位的哲学方案，主张哲学的任务不是去寻找知识和信仰的某种确定的、坚实的、不容置疑的基础，而是要直接面对生活世界本身，将哲学的重心转向了参与者的立场。在实用主义哲学的影响之下，对环境问题的重新思考孕育了环境伦理学与环境哲学的实践转向。普特南说道："给伦理学或社会提供一个形而上学基础——例如，为我们为什么应该完全成为社会存在者提供一个理由——的整个计划错误地定位了哲学能够和应该作的贡献。"① 类似地，我们可以说，给环境伦理学或环境保护提供一个形而上学基础——例如，为我们为什么应该在道德上关爱保护环境提供一个理由，或者，为我们为什么对自然有道德义务提供一个理由——的整个计划错误地定位了环境伦理学能够和应该做的贡献。环境伦理学不是要为环境保护提供一个坚实的、固定的、最终的基础，或者说，它的任务远远不止于此，它应该，也能够为环境议题的争论与环境问题的解决贡献实际的力量。因此，如果我们不再满足于环境伦理学的基础主义谋划，如果我们渴望提升环境伦理学对于现实环境议题的实际影响和帮助的话，那么，关于环境哲学的实用主义进路探析就成为当代环境伦理和环境哲学研究不可回避的一个重要主题。

一　环境哲学的历史沿革

从人类文明兴起之始，人们就开始思考人类与自然的关系，在东西方的古典文化中，环境哲学的思想开始萌芽。但几个世纪以来，哲学的中心问题仍主要围绕着人以及知识的问题，到了 19 世纪和 20 世纪，哲学才开始较多地关注自然，出现了各种不同的环境观念。但是，环境哲学作为一门显学得益于西方职业环境伦理学在 20 世纪六七十年代的兴起。西方发达国家面临的日益严重的环境问题最终催生了环境伦理学作为一

---

① ［美］普特南：《无本体论的伦理学》，孙小龙译，上海译文出版社 2008 年版，第 102—103 页。

门系统学科的诞生。

(一) 环境伦理学的兴起

20 世纪六七十年代，随着工业革命后的大规模生产时代的到来，人们赖以生存的生态环境承受着前所未有的压力：水污染、温室效应、土壤酸化、物种灭绝、荒野破坏、资源枯竭等，都深刻地威胁到人类社会的持久与健康发展。危机四伏的环境问题迫使人们开始重新审视自己的行为，重新思考人与自然的关系，由此促成了环境伦理学作为一门学科的兴起。

早期的环境思想主要集中于自然资源问题，发端于美国的资源保护运动，关注的是后代人的资源利用与生存问题，着眼点是相关的责任与义务。G. P. 马什 （George Perkins Marsh） 最早在《人与自然》 （1864年）① 一书中对美国的粗放生产与资源无限论提出了明确批评，随后一大批学者开始深刻反思工业社会中人与自然的变化。其中对环境伦理学影响最大的是亨利·大卫·梭罗 （Heny David Thoreau, 1817—1862） 和约翰·缪尔 （John Muir, 1838—1914）。梭罗的《瓦尔登湖》 （1849 年） 从浪漫主义的立场展现了人与自然的交融，号召人们 “在荒野中保留着一个世界”②。约翰·缪尔则发起了超越功利主义的资源保存运动 （preservation），反对以吉福特·平肖 （Gifford Pinchot, 1865—1946） 为代表的功利主义资源保护方式 （conservation）。③ 这两条截然不同的认识路线最终发展成为了一种新的保存 （自然保存） 与保护 （以发展为导向的保护） 之争，体现在之后不同的环境伦理学流派中。

当发端于美国的这场争论仍激烈不休时，法国学者阿尔贝特·史怀泽 （Albert Schweitzer, 1875—1965） 明确提出了 “敬畏生命” 的伦理思想。他认为，到目前为止，所有伦理学的最大缺陷就是相信它们只需处理人与人之间的关系，他认为这种伦理学是不完整的。一种完整的伦理，要求对所有生物行善，“一个人只有当他把植物和动物的生命看得与人的

① Marsh G. P. , *Man and Nature*, University of Washington Press, 1965.
② ［美］梭罗：《瓦尔登湖》，徐迟译，吉林人民出版社1997年版。
③ 余谋昌：《环境伦理学》，高等教育出版社2004年版，第17页。

生命同样神圣的时候，他才是有道德的"①。奥尔多·利奥波德（Aldo Leopold, 1887—1948）则继承和发展了约翰·缪尔的自然保护思想，创立了"大地伦理"。他在《沙乡年鉴》（1949 年）一书中系统地阐释了他的大地伦理思想，并提出了一项根本原则："当一个事物有助于保护生物共同体的和谐、稳定和美丽的时候，它就是正确的，当它走向反面时，就是错误的。"② 20 年后，该书成为了环境保护运动的思想火炬，他个人也因此获得了巨大荣誉，被克里考特（J. B. Callicott）称之为"现代环境伦理学之父或开路先锋"③。

　　60 年代后，环境思想关注的焦点开始从自然资源问题转向日益严重的环境退化与污染问题。1962 年，蕾切尔·卡逊（Rachel Carson, 1907—1964）出版了《寂静的春天》④。该书对 DDT 等杀虫剂对生物与环境造成的危害进行了深刻揭露，唤醒了人们对生态环境问题的普遍关注，由此拉开了现代环境保护运动的序幕。紧接着，保罗·艾里奇（Paul Ehrlich）的《人口爆炸》（1968 年）与罗马俱乐部的《增长的极限》（1972 年）再次向人们敲响了警钟。塞拉俱乐部（The Sierra Club）也再版了《沙乡年鉴》，使其在 70 年代广为传播。随着联合国第一次环境会议（1972 年斯德哥尔摩）的召开，全球的环境保护意识正在普遍觉醒，一系列宣言和行动纲领相继出台。这些为环境伦理学的诞生提供了必要的社会与文化基础。

　　随着人们对生态环境问题的持续关注和现代环境保护运动的展开，哲学家们开始正式投身环境问题的讨论。林恩·怀特（Lynn White, 1907—1987）于 1967 年在《科学》杂志上发表《我们生态危机的历史根源》⑤，第一次从哲学角度探讨了西方生态危机的根源。他认为，正统的基督教人类中心主义传统是环境问题产生的根本原因，因此解决环境问

---

　　① 余谋昌：《环境伦理学》，高等教育出版社 2004 年版，第 19 页。

　　② ［美］利奥波德：《沙乡年鉴》，侯文蕙译，吉林人民出版社 1997 年版，第 213 页。

　　③ 余谋昌：《环境伦理学》，高等教育出版社 2004 年版，第 22 页。

　　④ ［美］蕾切尔·卡逊：《寂静的春天》，吉林人民出版社 1997 年版。

　　⑤ White Jr. L.，"The Historical Roots of Our Ecologic Crisis"，*Science*，Vol. 155，No. 3767（New York，NY），1967，pp. 1203 – 1207.

题的处方也只能是宗教性的。他依据"大自然是上帝世界的一个成员"
企图重建一种"基督教式的怜悯",这种怜悯以"一种关于人与其他创造
物之间的友谊的、审美的、自我节制的关系"为基础,用来呼吁一种以
对大自然的爱为基础的道德。① 受怀特的影响,一大批哲学家开始从宗教
角度重新思考地球面临的环境危机。从 70 年代桑特利亚(P. Santmire)
的《地球兄弟:危机时代的大自然、上帝与生态学》(1970 年)② 和科布
(John B. Cobb)的《太晚吗?生态神学》(1972 年)③,到 80 年代科布与
伯奇(C. Birch)合著的《生命的解放:从细胞到共同体》(1985 年)④,
"生态神学"已不再是一个新名词,而变成了"一种非常有生命力的世界
观"⑤。

第一次环境哲学会议由布莱克斯通(W. Blackstone)组织,于 1971
年在美国乔治亚大学召开,但会议论文集《哲学与环境危机》(*Philosophy and Environmental Crisis*)推迟至 1974 年出版。布莱克斯通在该论文
集中的《伦理学与生态学》一文中指出,可以把"拥有可生存的环境的
权利"作为一种新的权利加以捍卫,这种权利是环境伦理建立的基础。⑥
1972 年,斯坦利、古德洛维奇和哈里斯编辑了《动物、人与道德:关于
对非人类动物的虐待的研究》一书,成为第一本用哲学语言讨论动物权
利问题的现代著作。⑦ 同年,克里斯托夫·斯通(Christopher Stone)发表
了《树木拥有法律地位吗?》一文,主张社会应该把法律权利赋予自然环
境,正如之前人类社会把法律权利赋予黑奴、儿童和妇女。之后该文扩
充为同名专著,成为非人类中心主义环境伦理学的重要文献。1973 年,

---

① 杨通进:《环境伦理:全球话语,中国视野》,重庆出版社 2007 年版,第 63—64 页。
② Santmire H. P., Brother Earth: Nature, God, and Ecology in Time of Crisis, T. Nelson, 1970.
③ Cobb, John B., Jr., Is It Too Late?: A Theology of Ecology, Denton, Texas., UNT Digital Library. http://digital. library., unt. edu/ark: /67531/metadc52175/. Accessed August 5, 2012.
④ Birch C., Cobb J. B., The Liberation of Life: From the Cell to the Community, CUP Archive, 1985.
⑤ [美] 纳什:《大自然的权利——环境伦理学史》,杨通进译,青岛出版社 1999 年版,第 145 页。
⑥ 杨通进:《环境伦理:全球话语,中国视野》,重庆出版社 2007 年版,第 66 页。
⑦ 余谋昌:《环境伦理学》,高等教育出版社 2004 年版,第 29 页。

奈斯（*Anne Naess*）发表《浅层的与深层的、长远的生态运动：一个概要》① 一文，明确区分了深层生态学与浅层生态学。深层生态学告诉我们，自我认同范围扩大加深的过程就是"自我实现"的过程，自我的最大限度实现离不开最大限度的生物多样性和系统平衡，因此可以把自我实现作为环境伦理的基础。② 同年，澳大利亚哲学家理查德·西尔万（Richard Sylvan）（以前是 Richard Routley）在第 15 届世界哲学大会上宣读了题为《需要一种全新的、环境的伦理吗?》③ 的论文，主张建立全新的环境伦理学，即发展一种非人类中心主义环境伦理。一年之后（1974年），另一位澳大利亚哲学家约翰·帕斯莫尔（John Passmore）针对此文出版了《人对自然的责任：生态问题与西方传统》④ 一书，认为根本不需要一种新的环境伦理学，传统的道德教诲足以证明我们关爱自然行为的合理性，由此拉开了人类中心主义与非人类中心主义之间旷日持久的争论。1975 年，霍尔姆斯·罗尔斯顿（Holmes Rolston，1933—）在国际主流学术期刊《伦理学》上发表《存在着生态伦理吗?》⑤ 一文，该文区分了根本意义上的环境伦理与派生意义上的环境伦理，成为环境伦理学的扛鼎之作。

随着环境伦理学讨论的激烈，尤金·哈格洛夫（Eugene C. Hargrove）于 1979 年创立了《环境伦理学》（*Environmental Ethics*）杂志，标志着环境伦理学作为一门学科真正建立起来了。随后一些新的学术刊物相继出现，如《农业与环境伦理学杂志》（加拿大）、《地球伦理学季刊》（美国）、《环境价值观》（英国）、《深层生态主义者》、《号角》、《物种之间》及《伦理学与动物》等。⑥

---

① Naess A. , "The Shallow and the Deep, Long - range Ecology Movement. A Summary", *Inquiry*, Vol. 16, No. 1 - 4, 1973, pp. 95 - 100.

② 杨通进：《环境伦理：全球话语，中国视野》，重庆出版社 2007 年版，第 130 页。

③ Sylvan R. , "Is There a Need for a New, an Environmental Ethic?", *Proceeding of the XVth World Congress of Philosophy（Varna, Bulgaria）*, Vol. 1, 1973, pp. 205 - 210.

④ Passmore J. , *Man's Responsibility for Nature：Ecological Problems and Western Traditions*, Scribner Press, 1974.

⑤ Rolston H. , "Is There an Ecological Ethic?", *Ethics*, 1975, pp. 93 - 109.

⑥ 余谋昌：《环境伦理学》，高等教育出版社 2004 年版，第 30 页。

20 世纪 80 年代是环境伦理学发展的转折点，环境伦理学的理论建构日益完善，并开始逐步走向成熟。在这一过程中，大学开始开设环境伦理学课程，一批重要著作也相继问世，如克里斯汀·西沙德－弗莱切特（K. Shrader-Frechette）的《环境伦理学》（1983 年）、唐纳德·斯切欧里（D. Scheorer）和汤姆·阿提格（T. Attig）的《伦理学与环境》（1983 年）、罗宾·阿提费尔德（R. Attfield）的《关心环境的伦理学》（1983 年）、罗伯特·爱利奥特（L. Eliot）和阿兰·伽尔（A. Gare）的《环境哲学》（1983 年）、汤姆·雷根（Tom Regan, 1938—）的《根植地球：环境伦理学新论》（1984 年）、比尔·德韦尔和乔治·塞欣斯的《深层生态学》（1985 年）、保罗·泰勒（Paul Taylor）的《尊重自然》（*Respect for Nature*）（1986 年）、霍尔姆斯·罗尔斯顿的《哲学走向荒野》（1986 年）、《环境伦理学：大自然的价值及其人对大自然的义务》（1988 年）、马克·萨戈夫（Mark Sagoff）的《地球经济学》（*The Economy of the Earth*）（1988 年）、诺顿的《为何要保存自然的多样性?》（*Why Preserve Natural Diversity*）（1988 年）、哈格洛夫的《环境伦理学基础》（*Foundations of Environmental Ethics*）（1989 年）和克里考特（J. Baird Callicott）的论文集《为大地伦理学辩护》（*In Defense of the Land Ethic*）（1989 年）等。[1] 由此，环境伦理学真正进入了成熟期，环境伦理学的现代建构工作已基本完成，各种不同的环境伦理学主张均已出现，形成了人类中心主义、动物解放/权利学说、生物中心主义和生态中心主义的基本格局。[2]

（二）从人类中心主义到非人类中心主义

环境伦理学兴起之初的基本主题是我们保护生态环境的伦理基础是什么，以及由此引发的其他相关问题，例如我们到底对哪些存在物负有直接的道德义务，我们为什么有义务去保护生态系统的平衡与完整，对动物、对植物生命尊重的伦理依据是什么，我们是否对非生命存在形式（河流、土壤等）有道德责任等。环境伦理学正是围绕着对上述问题的讨

---

① 刘耳：《当代西方环境哲学述评》，《国外社会科学》1999 年第 6 期，第 32—36 页。
② 关于环境伦理学流派的其他划分方式，可参见杨通进《环境伦理：全球话语，中国视野》，重庆出版社 2007 年版，第 34—37 页。

论而建立起来的。从其兴起到成熟的过程中，环境伦理学家们一直试图扩展道德关怀的边界，从人类到动物、植物，再到整个自然界，人们提出了各种不同的关于自然价值为什么值得直接道德关怀的哲学解释，并因此形成了开明的人类中心主义、动物解放/权利学说、生物中心主义和生态中主义等各种理论和学说。从这个意义上说，环境伦理学的发展路径是一种伦理"扩展主义"，其基本旨趣在于超越人类中心主义，进行非人类中心主义的理论建构。但同时，不像其他的应用伦理学（如生物和医学伦理学、工程伦理学），环境伦理学又是"反扩展主义"的，它不是把传统后果论、道义论或者美德伦理等扩展到具体环境问题之中去建立环境伦理学，而是试图通过对非人类存在物的道德义务的确认而建立一种全新的环境伦理理论，即非人类中心主义，以至于很多时候，环境伦理学一词（environmental ethics）已基本等同于非人类中心主义①，这一进路成为过去三四十年间环境伦理学的主导思想。

　　传统的人类中心主义思想主要表现为四种形态：自然目的论、神学目的论、灵魂与肉体的二元论以及理性优越论，分别以亚里士多德、阿奎那、笛卡尔和康德为代表。② 环境伦理学和环境哲学家们普遍认为人类文化中的这种人类中心主义传统是导致近代生态环境危机的主要原因，与人类中心主义相关联的机械自然观、原子主义方法论、绝对主体主义和人类主宰论等为人类破坏和伤害自然的行为提供了辩护。现代人类中心主义环境伦理学企图修正这些观点，它们不再在本体论或认识论意义上接受人类中心主义这一概念，而只坚持在价值论意义上使用它，并对其进行了新的阐释以建立环境伦理规范。早期的代表人物包括帕斯莫尔（J. Passmore）、诺顿（Bryan Norton）和哈格洛夫（E. C. Hargrove）等。而更多的环境伦理家们走得更远，他们完全拒绝人类中心主义，认为人类中心主义不足以为环境保护提供道德支持，由此开始了非人类中心主义扩展之路，从而造就了环境伦理学的蓬勃发展。

---

　　① 实际上，在绝大多数英文文献中，环境伦理学（environmental ethics）一词就是指非人类中心主义伦理学。

　　② 余谋昌：《环境伦理学》，高等教育出版社 2004 年版，第 48—51 页。

　　第一个对人类中心主义伦理学提出挑战的是动物解放/权利哲学。动物解放/权利学说把人类的道德义务扩展到动物身上，认为人也对动物负有直接的道德责任。彼得·辛格（Peter Singer）在《动物的解放》（1975年）一书中将功利主义原则、平等原则和动物解放思想紧密结合起来，认为能体验快乐和痛苦的感觉能力（sentience）才是获得道德关怀的充分条件，所以具有感受苦乐能力的动物也有权获得道德关怀，应该被平等地对待。他指出："我们没有任何理由拒绝把我们的基本道德原则扩及动物。我要求你认知你对其他物种的态度是一种偏见，其可议程度绝不亚于种族偏见和性别歧视。"[①] 雷根（Tom Regan）则从康德的道义论出发，建立了关于动物权利的义务论环境伦理。他把动物与人做类比，认为像婴儿、白痴等之所以拥有道德权利是因为他们具有某种自我同一性，是有生命和意识的存在主体，即他们拥有内生价值（inherent value），而动物也同样具备这些条件，是有生命的生活主体（the subject of a life），因而动物也有权获得道德关怀。动物伦理虽然不是全面的环境伦理理论，但是它对传统哲学中被忽视的特定道德问题给予了关注，开启了环境伦理学的"伦理扩展主义"路线，为生物中心主义和生态中心主义学说奠定了基础。

　　生物中心主义（biocentrism）认同动物权利哲学，并进一步认为所有的生命存在都有资格获得我们的道德关怀。代表人物是古德帕斯特（Kenneth Goodpaster）、保尔·泰勒（Paul Taylor）和阿特费尔德（Robin Attfield）。古德帕斯特的《论道德关怀》（1979年）是建构生物中心主义的一篇奠基之作。他认为只要一个主体有生命，就可能受到伤害或得到帮助，那么它就拥有利益，这种利益本身就是一个自在的目的，是一种内在价值，拥有内在价值是获得道德关怀的充分必要条件。[②] 保尔·泰勒的《尊重大自然：一种环境伦理学理论》（1986年）则以康德的道义论为武器，阐述了平等主义生物中心主义的基本主张，认为所有的生物，

───────────────

　　① ［美］彼得·辛格：《动物解放》，孟祥森、钱永祥译，光明日报出版社1999年版，第7页。

　　② 何怀宏：《生态伦理》，河北大学出版社2002年版，第318页。

包括动物和植物，都有其"自身的善"，"一种行为是否正确，一种品质在道德上是否良善，将取决于它们是否展现或体现了尊重大自然这一终极性的道德态度"，① 由此他建立了包括尊重大自然的态度、生物中心主义世界观和环境伦理规范在内的完整的环境伦理学体系。阿特费尔德从后果主义出发，认为所有生物都可以从某些行为中获得帮助或受到伤害，因而它们都拥有自己的利益，拥有自己的善（good），从而也就应当获得道德关怀。一项行为在道德上正确与否取决于该行为有没有在可遇见的范围内能使生命的潜能、天性和能力得到实现。②

　　走得更远的环境伦理理论是生态中心主义（ecocentrism），包括利奥波德的"大地伦理"（land ethics）、奈斯的"深生态学"（deep ecology）和罗尔斯顿的"自然价值论"。与动物解放/权利哲学和生物中心主义相比，生态中心主义关注的是生态共同体而非有机个体，它是一种生态整体主义，而非个体主义。利奥波德把人看作是大地共同体的一个成员而非征服者，把道德关怀的边界进一步拓展到了包括土壤、河流、大地、植物和动物等在内的生态共同体，认为人不仅对社会共同体本身及其成员负有道德义务，也对生态共同体本身及其成员负有道德义务。大地伦理学所提倡的伦理整体主义思想是极其丰富的，对此学界有许多不同的解读，比较著名的包括克里考特、马瑞塔（D. E. Marietta）、莫林（J. N. Moline）和诺顿等人。罗尔斯顿从自然价值论角度进一步维护了生态整体主义。他在《环境伦理学：大自然的价值以及人对大自然的义务》（1988年）一书中确立了自然的客观价值，并在此基础上论证了人对自然生态系统负有一种直接的道德义务。他认为生态系统具有的价值可以用系统价值来描述（systemic value），并认为对个体和物种的义务与对生态系统的义务在深层次上是统一的，并且我们只有通过体验的通道才能了解它们的价值属性。深生态学主要是通过与浅生态学（shallow ecology）的对比而展开的，它提出了八项行动纲领作为深生态学的表层结构，而自我

① Taylor P. W. , *Respect for Nature: A Theory of Environmental Ethics*, Princeton University Press, 1986, p. 80.

② Attfield R. , *The Ethics of Environmental Concern*, University of Georgia Press, 1991.

实现论和生物圈平等主义代表着它的深层结构。至此，环境伦理学在生态中心主义这里达到顶峰。

(三) 整合与转向

纵观整个环境伦理与环境哲学史，它看起来几乎就是一部人类中心主义与非人类中心主义、个体主义与整体主义、工具价值与内在价值之间的对峙戏，其中生态中心主义占据着主流话语地位。不过，长久的理论争论已渐渐挫败了人们的学术兴趣，使得环境伦理学无法继续在整个哲学学科内得到广泛认同和关注；抽象化的理论言说方式也脱离了现实环境实践，难以对相关非哲学领域（如自然资源保护、环境政策、森林科学）施加影响。全球生态环境的进一步恶化和全球环境保护意识的普遍觉醒也迫使越来越多的学者意识到环境伦理学研究视野的狭窄，开始从更为宽广的角度研究环境保护相关的哲学问题，因此，从 20 世纪 90 年代开始，新的理论关注点、新的哲学基础、新的现实观照将环境哲学引入了一个新的阶段，沟通与整合成为当代环境哲学研究的显著特征。

环境正义 (environmental justice) 是环境伦理学近年来关注的热点问题之一。许多学者注意到全球环境保护中权利与义务的不平等现象和由此掀起的环境正义运动，比如贫穷的国家与地区更容易遭受环境污染与破坏，而关于环境保护的政策与计划更有益于富裕国家和精英，而不是贫穷地区和弱者（如有色人种，儿童，妇女）。他们把这种特征称之为环境种族主义，并进行批判。他们的研究重点是强势和弱势的国家、地区和群体在实际环境保护议题中面临的不公与冲突等，强调正义理论，并联系法学和政治学等内容尝试建构环境正义理论。

90 年代以来，环境伦理学也在不断地寻求新的哲学基础和视角，如女性主义、实用主义、后现代主义、现象学和美德伦理等正在成为环境伦理学家们深化和拓展其理论视域的思想武器。生态女性主义 (ecofeminism) 强调女性与自然的紧密联系，认为人类对自然的统治与男性对女性的压迫之间存在着相似的逻辑，从而从批判这个逻辑基础着手，以期建立一种男女平等、人与自然平等的伦理关系。代表作品如米斯（Maria

Mies）和席娃（Vandana Shiva）的《生态女性主义》（1993 年）①、普洛姆伍德（Val Plumwood）的《女性主义与自然的主宰》（1994 年）②、沃伦（Karen J. Warren）主编的《生态女性主义》（1994 年）③ 和沙列（Ariel Salleh）的《作为政治学的生态女性主义：自然、马克思与后现代》（1997 年）④。环境美德伦理（environmental virtue ethics）建议人们回归于古代伦理学关于理想人性的关注，要求人们在人的完善与丰盈过程中减少对自然的破坏与伤害，形成一种与自然相关联的美德，做一个"好的生态公民"（good ecocitizenship）⑤。现象学对环境伦理的影响则诞生了生态现象学（Eco-phenomenology），它从现象学的基本观点出发，追问生态危机的伦理学前提和认识论根源。代表作品有伊瑞兹姆·考哈可（Erazim Kohak）的《灰烬与星辰》（1987 年）⑥、富尔茨（Bruce Foltz）的《栖息于地球：海德格尔、环境伦理学与形而上学》（1995 年）⑦、麦考利（David Macauley）的《灵化自然：生态哲学家》（1996 年）⑧ 和戴维·伍德（David Wood）的《什么是生态现象学》（2001 年）⑨、莱斯特·伊姆布斯（Lester Embrees）的《建构一门环境现象学的可能性》（2003 年）⑩。

随着后现代主义思潮对人文学科的影响增大，探讨后现代主义思想

---

① Shiva V. , Mies M. , *Ecofeminism*, Atlantic Highlands, NJ: Zed, 1993.

② Plumwood V. , *Feminism and the Mastery of Nature*, Routledge, 1994.

③ Warren J. (ed.), *Ecological Feminism*, Routledge, 1994.

④ Salleh A. , *Ecofeminism as Politics: Nature, Marx and the Postmodern*, London: Zed Books, 1997.

⑤ Frasz G. Philip Cafaro and Ronald Sandler, eds. , "Virtue Ethics and the Environment", *Philosophy in Review*, Vol. 32, No. 4, 2012, pp. 240 – 244.

⑥ Kohak E. , *The Embers and the Stars*, University of Chicago Press, 1987.

⑦ Foltz B. V. , *Inhabiting the Earth: Heidegger, Environmental Ethics, and the Metaphysics of Nature*, Atlantic Highlands, NJ: Humanities Press, 1995.

⑧ Macauley, D. (ed.), *Minding Nature: The Philosophers of Ecology*, Guilford Press, 1996.

⑨ Wood D. , "What is Ecophenomenology?", *Research in phenomenology*, Vol. 31, 2001, pp. 78 – 95.

⑩ Embree L. , "The Possibility of a Constitutive Phenemenology of the Environment", In Charles S. Brown and Ted Toadvine eds. , *Eco-Phenomendogy: Back to the Earth Itself*, SUNY Press, 2003, pp. 37 – 50.

与环境伦理学的关系也成为人们关注的一个重点话题。后现代主义思想家认为自然不是独立于人类存在的客体，而是社会建构的，他们否认存在着某种独立于特定文化的价值或评价框架（valuational frameworks）。①他们甚至拒绝主体与客体之间的区分——人类感知者与自然世界的区分——而这是大多数环境伦理理论的前提。因此，后现代主义者主张应该在寻求确定基础的时候止步，呼吁用多元的、道德的、政治的、美学的标准去判断特定情境下自然的特定表现。很多人把后现代主义看作是摧毁性的、无政府主义的、虚无主义的，或至少是有问题的相对主义。然而当代一些后现代主义者们却开始尝试建构一种后现代环境伦理学（postmodern environmental ethics）。比如费雷（Frederick Ferré）从后现代出发，发展了一种全面的哲学体系去支持自然拥有美丽和其他价值的观点；② 克罗侬（William Cronon）提出要以一种避免压迫现有观念的方式去彻底改变我们对荒野的观念；③ 克里考特从后现代主义的视角对大地伦理进行了新的辩护；④ 切尼（Jim Cheney）为环境伦理学划出的纲要则把"地点"（place）放在了中心位置，支持一种生物区域主义的叙事观；⑤其他作品包括齐默曼（Machael Zimmerman）的《为地球的未来而抗争：激进生态学与后现代性》⑥ 与奥斯切理格（Max Oelschelaeger）主编的《后现代环境伦理学》⑦ 等。

实用主义哲学与环境伦理学的结合也是当代环境伦理学发展的一个

---

① Jenni K. , "Western Environmental Ethics: An Overview", *Journal of Chinese Philosophy*, Vol. 32, No. 1, 2005, pp. 1 – 17.

② Ferré F. , *Being and Value: Toward a Constructive Postmodern Metaphysics*, SUNY Press, 1996.

③ Cronon W. , The Trouble with Wilderness: Or, Getting Back to the Wrong Nature, Environmental History, 1996, pp. 7 – 28.

④ Callicott J. B. , "The Case Against Moral Pluralism", *Environmental Ethics*, Vol. 12, No. 2, 1990, pp. 99 – 124.

⑤ Cheney J. , "Postmodern Environmental Ethics: Ethics as Bioregional Narrative", *Environmental Ethics*, Vol. 11, No. 2, 1989, pp. 117 – 134.

⑥ Zimmerman M. E. , *Contesting Earth's Future: Radical Ecology and Postmodernity*, University of California Press, 1994.

⑦ Oelschlaeger M. (ed.), *Postmodern Environmental Ethics*, SUNY Press, 1995.

重要路径，而且是其中现实诉求表达最为明确的一个进路。受美国实用主义哲学的影响，一些学者开始更多地关注环境伦理学的实践性。他们发现，诸如内在价值这样的理论争论妨碍了环境政策与环境实践的达成；为环境政策寻求新的道德基础，也并没有很好地激励普通民众拥护和践行环境友好行为。① 所以他们主张伦理学家应该抛弃对单一的、确定性的环境伦理学的基础性探寻，而把焦点转移到动态真实的生活世界，支持"情境的""探究的"和"多元的"方法，以"参与者"的立场进行环境伦理和环境哲学的理论建构，并探索实际参与环境议题的方式。这些观点逐渐得到越来越多环境哲学家的赞同，并且在生态学、保护生物学和自然资源管理等息息相关的领域引起了关注，最终促成了环境实用主义（Environmental Pragmatism）的兴起。

二　实用主义转向

许多学者发现，虽然环境伦理学看似一片繁荣景象，但是它却没有对环境问题的实际解决提供帮助。布朗（Donald A. Brown）观察到，环境伦理学家的著作"几乎从来没有被政策制定者阅读过，也没有在日常关于环境议题的决策中被考虑过"②。巴克（Susan Buck）也得出过相似结论："关于环境哲学与环境伦理学的讨论对于政府管理机构关于环境事务的日常选择只有很少的影响……公共管理者遵从宪法，而不是瓦尔登湖，尽管他们可能会在情感上赞同后者。"③ 许多经验上的证据同样可以表明这一点，这可以从许多同时在哲学系和其他相关院系或环保机构任职的学者那里得到证明，例如诺顿、贾米森（Dale Jamieson）、内尔松（Michael P. Nelson）和汤普森（Paul Thompson）等。

---

① Jenni K. , "Western Environmental Ethics: An Overview", *Journal of Chinese Philosophy*, Vol. 32, No. 1, 2005, pp. 1 – 17.

② Brown, D. , "The Important of Creating an Applied Environmental Ethics: Lessons Learned from Climate Change", In Ben A. Minteer ed. , *In Nature in Common? Environmental Ethics and The Contested Foundations of Emvironmental Policy*, philadelphia: Temple Vniversity Pless, 2009, p. 215.

③ Buck, S. , "Forum on the Role of Environmental Ethics in Restructuring Environmental Policy and Law for the Next Century", *Policy Currents*, 1997, pp. 1 – 13.

如何解释环境伦理学在环境政策和管理领域的失败呢？为什么环境
伦理学不像其他的应用伦理学（如医学伦理学）一样，能走出专业的学
术层面而进入核心的政策、法律和管理方面的争论，并以自己的方式影
响决策呢？环境伦理学中的实用主义者尝试对这些问题进行回答，并把
阐释某种形式的环境实用主义作为努力的一个目标，由此开启了环境伦
理学的实用主义转向。主要的代表人物包括韦斯顿（Anthony Weston）、
莱特（Andrew Light）、明特尔（Ben Minteer）和诺顿等。他们主张，"哲
学家应该走出象牙塔，做更实际的研究和讨论，并认为美国实用主义的
哲学在当前的环境问题的讨论和解决中有很大的帮助"①。"尽管实用主义
的创立者几乎没有明确指出他们的观点与环境相关，但是在他们的工作
中确实有关于环境伦理的见解和洞悉。"② 作为环境哲学中的一股新力量，
环境实用主义者们不仅为环境伦理的理论建构贡献了新观点，更重要的
是，他们将环境伦理学重新转向了正确的地方——促进解决或改善环境
问题的政策及实践。

为了实现这一转向，环境实用主义者主要采纳了美国的古典实用
主义哲学，如皮尔士（Charles Sanders Peirce）、詹姆斯（William
James）和杜威（Dewey）的学说。其中反基础主义（Antifoundational-
ism）、可谬论（Fallibilism）、多元主义（Pluralism）、实验主义（Ex-
perimentalism）、经验主义（Empiricism）以及对共同体（Community）
和情境性（Context）的强调成为环境实用主义者的主要武器。借助这
些武器，环境实用主义者贡献了大量论文和著作，阐明了环境哲学中
的许多重要主题。

最早全面讨论环境实用主义思想的是由莱特和卡茨（Eric Katz）编辑
出版的论文集《环境实用主义》（1996 年）。③ 其中收录的重要文献包括

①　[美] 贾丁斯：《环境伦理学：环境哲学导论》，林官明、杨爱民译，北京大学出版社
2002 年版，第 302 页。
②　Light A. , Katz E. （ed. ）, *Environmental Pragmatism*, Routledge Press, 1996, p. 21.
③　Ibid. .

帕克（Kelly A. Parker）的《实用主义和环境思想》①、诺顿的《综合或还原：环境价值的两种方法》②、莱特的《政治生态学中的相容论》③ 和《作为哲学或者形而上学的环境实用主义?》④、韦斯顿的《环境伦理学之前》⑤ 和《超越内在价值：环境伦理学中的实用主义》⑥ 等。此外，该论文集也涵盖了环境实用主义进路的应用研究，包括水资源管理、湿地定义、环境伦理学教育、森林资源管理等几个方面。莱特和卡茨认为，环境实用主义不是一个单一的概念，而是一组相互联系又有交叉重合的概念。在引言中他们指出了环境实用主义至少包含的四种截然不同的形式，并区分了哲学实用主义（philosophical pragmatism）和方法论实用主义（methodological pragmatism）。莱特在之后的其他著作中仍坚持这样的区分，并认为环境实用主义不需要赞同任何实质性的实用主义的哲学承诺，而只需要认同广义的多元主义和人本主义，因此他把自己的立场称之为"方法论的环境实用主义"（methodological environmental pragmatism），倡导把实用主义理解为一种解决环境问题和建立联盟的方式，从而在具体的背景之下建立一种完整的、负责任的环境伦理理论或者说公共哲学（public philosophy）。⑦

　　相比莱特，诺顿试图把广义的实用主义和古典实用主义观点结合起来。他在环境保护机构任职的经历使他认识到，科学分析和政策决策没

①　Park K. A. , "Pragmatism and Environmental Thought", In A. Light & E. Katz (eds.), *Environmental Pragmatism*, Routledge Press, 1996, pp. 21 – 37.

②　Norton B. , "Integration or Reduction: Two Approaches to Environmental Values", In A. Light & E. Katz (eds.), *Environmental pragmatism*, Routledge Press, 1996, pp. 105 – 138.

③　Light, A. , "Compatibilism in Political Ecology", In A. Light & E. Katz (eds.), *Environmental pragmatism*, Routledge Press, 1996, pp. 161 – 184.

④　Light, A. , "Environmental Pragmatism as Philosophy or Metaphilosophy?", In A. Light & E. Katz (eds.), *Environmental Pragmatism*, Routledge Press, 1996, pp. 325 – 338.

⑤　Weston A. , "Before Environmental Ethics", In A. Light & E. Katz (eds.), *Environmental Pragmatism*, Routledge Press, 1996, pp. 139 – 160.

⑥　Weston A. , "Beyond Intrinsic Value: Pragmatism in Environmental ethics", In A. Light & E. Katz (eds.), *Environmental pragmatism*, Routledge Press, 1996, pp. 285 – 306.

⑦　Light A. , "Contemporary Environmental Ethics From Metaethics to Public Philosophy", *Metaphilosophy*, Vol. 33, No. 4, 2002, pp. 426 – 449.

有很好地联系起来是环境保护事业受阻的一个重要原因，因此他在其代表作《可持续性：一种适应性生态系统管理的哲学》（2005 年）① 一书中提出了他的实用主义替代策略，即适应性管理（adaptive management）理论。他的这一理论包含了可持续性环境管理方案的社会、政治、经济和文化等多个方面，因而较保护生物学中的适应性管理概念更为宽泛。他从"可持续性"出发，鼓励在环境哲学领域发展自我纠正过程，通过不断地参与、反馈、调节、适应，从而实现开放的、实验性的理论建构之路，以使其在行动中发挥最大作用，实现人类社会的可持续发展。《寻求可持续性：保护生物学哲学的跨学科论文集》（2003 年）② 和早期著作《实现环境主义者的统一》（1991 年）③ 也同样持这样的开放立场。其他一些重要论文包括《实用主义、适应性管理与可持续性》（1999 年）④、《生物多样性和环境价值：寻求统一的地球伦理》（2000 年）⑤、《环境价值与适应性管理》（2001 年）⑥、《作为实用的、适应性管理的环境保护主义的重生》（2005 年）⑦、《超越实证主义生态学：走向一种全面的生态伦理学》（2008 年）⑧、《面向政策相关的生物多样性定义》（2008 年）⑨、

① Norton B. G. , *Sustainability*：*A Philosophy of Adaptive Ecosystem Management*, University of Chicago Press, 2005.

② Norton B. G. , *Searching for Sustainability*：*Interdisciplinary Essays in the Philosophy of Conservation Biology*, Cambridge University Press, 2003.

③ Norton B. G. , *Toward Unity Among Environmentalists*, Oxford University Press, 1991.

④ Norton B. G. , "Pragmatism, Adaptive Management, and Sustainability", *Environmental Values*, Vol. 8, No. 4, 1999, pp. 451 – 466.

⑤ Norton B. G. , "Biodiversity and Environmental Values：In Search of a Universal Earth Ethic", *Biodiversity and Conservation*, Vol. 9, No. 8, 2000, pp. 1029 – 1044.

⑥ Norton B. G. , Steinemann A. C. , "Environmental Values and Adaptive Management", *Environmental Values*, Vol. 10, No. 4, 2001, pp. 473 – 506.

⑦ Norton B. G. , "Rebirth of Environmentalism as Pragmatic, Adaptive Management", *Virginia Environmental Law Journal*, Vol. 24, 2005, p. 353.

⑧ Norton B. G. , "Beyond Positivist Ecology：Toward an Integrated Ecological ethics", *Sci Eng Ethics*, Vol. 14, No. 4, 2008, pp. 581 – 592.

⑨ Norton B. G. , "Toward a Policy-Relevant Definition of Brodiversity", In Robert A. Askins, Glenn D. Dreyer, Gerold R. Visgilio, and Diana M. eds. *Saving Biological Diversity*, Springer, 2008, pp. 11 – 20.

《在经济学和生态学中塑造可持续性》（2011 年）①。

　　另一位环境实用主义的代表人物明特尔出版了《重建环境伦理学：实用主义、原则和实践》（2012 年）② 一书。此书被 Jay Odenbaugh 评价为目前为止对环境实用主义辩护的最好作品。③ 它从内在价值争论、多元主义、可持续性、动物伦理、自然资源管理和生物多样性保护等角度重新反思了环境伦理学，在现实环境保护层面对其进行了重建，并对保存（preservation）和保护（conservation）之争做出了全新回答。此书对环境实用主义思想的独特贡献在于，它关注到常常被人们忽略的杜威的宗教思想在环境伦理学中扮演的角色。明特尔认为，对杜威的"自然的虔诚"（Natural Piety）这一概念的工具主义解读可以为非人类中心主义者的道德直觉辩护而不要求赞同形而上学的自然内在价值承诺。另外，他和曼宁（Robert E. Manning）编著的《重建保护：发现共同基础》（2003 年）④ 一书也集中阐明了他对现实背景下环境保护基础的看法。

　　明特尔关于环境实用主义的研究兼顾了理论和实践两个方面。在理论论证方面，主要代表作有《环境伦理学中的实用主义：民主主义、多元主义与自然管理》（1999 年）⑤、《环境哲学和公共利益：实用主义的调解》（2008 年）⑥、《实用主义、虔诚和环境价值》（2008 年）⑦、《从环境

① Norton B. G., "Modeling Sustainability in Economics and Ecology", In Dov G., Thagard P., Woods J. eds., *Handbook of the Philosophy of Science*, Elsevier, 2011, pp. 363 – 398.

② Minteer B. A., *Refounding Environmental Ethics*, Philadelphia: Temple University Press, 2012.

③ Odenbaugh J., "Reconstruction in Environmental Philosophy", *Bioscience*, Vol. 62, No. 8, 2012, pp. 769 – 770.

④ Minteer B. A., Manning R. E., *Reconstructing Conservation: Finding Common Ground*, Island Press, 2003.

⑤ Minteer B. A., Manning R. E., "Pragmatism in Environmental Ethics: Democracy, Pluralism, and the Management of Nature", *Environmental Ethics*, Vol. 21, No. 2, 1999, pp. 191 – 207.

⑥ Minteer B. A., "Environmental Philosophy and the Public Interest: A Pragmatic Reconciliation", *Environmental Values*, Vol. 14, No. 1, 2005, pp. 37 – 60.

⑦ Minteer B. A., "Pragmatism, Piety, and Environmental Ethics", *World Views: Environment, Culture, Religion*, Vol. 12, No. 2 – 3, 2008, pp. 179 – 196.

伦理学到生态伦理学：面向生态学家和保护学家的实践伦理学》（2008年）①、《生态伦理学的兴起》（2008年）② 和《实用主义的内在价值?》（2001年）③ 等；在实践研究方面，他与生态学家和保护生物学家广泛合作，论文发表在一些主流的自然科学杂志上，如《面向国家森林管理的价值、伦理与态度：一项经验研究》（1999年）④、《超越原则性的环境伦理学：实用语境主义的案例研究》（2004年）⑤、《生态伦理学：为生态学家和生物多样性管理者建立一个新的工具》（2005年）⑥、《为什么我们需要生态伦理学》（2005年）⑦、《保护或灭绝？气候改变下物种迁移的生态伦理学》（2010年）⑧、《新的保护之争：伦理基础、策略权衡与政策机遇》（2011年）⑨ 和《物种保护、快速的环境变化和生态伦理学》（2012年）⑩ 等。明特尔的环境实用主义立场和诺顿类似，他们更倾向于和古典实用主义站在同一条战线上，支持皮尔士和杜威等人的观点，而不仅仅

① Minteer B. , Collins J. "From Environmental to Ecological Ethics: Toward a Practical Ethics for Ecologists and Conservationists", *Science and Engineering Ethics*, Vol. 14, No. 4, 2008, pp. 483 – 501.

② Minteer B. , Collins J. , Bird S. "Editors' Overview: The Emergence of Ecological Ethics", *Science and Engineering Ethics*, Vol. 14, No. 4, 2008, pp. 473 – 481.

③ Minteer B. A. , "Intrinsic Value for Pragmatists?", *Environmental Ethics*, Vol. 23, No. 1, 2001, pp. 57 – 75.

④ Manning R. , Valliere W. , Minteer B. , "Values, Ethics, and Attitudes Toward National Forest Management: An Empirical Study", *Society & Natural Resources*, Vol. 12, No. 5, 1999, pp. 421 – 436.

⑤ Minteer B. , Corley E. , Manning R. , "Environmental Ethics Beyond Principle? The Case for A Pragmatic Contextualism", *Journal of Agricultural and Environmental Ethics*, Vol. 17, No. 2, 2004, pp. 131 – 156.

⑥ Minteer B. A. , Collins J. P. , "Ecological Ethics: Building A New Tool Kit for Ecologists and Biodiversity Managers", *Conservation Biology*, Vol. 19, No. 6, 2005, pp. 1803 – 1812.

⑦ Minteer B. A. , Collins J. P. , "Why We Need an 'Ecological ethics'", *Frontiers in Ecology and the Environment*, Vol. 3, No. 6, 2005, pp. 332 – 337.

⑧ Minteer B. A. , Collins J. P. , "Move it or lose it? The Ecological Ethics of Relocating Species under Climate Change", *Ecological Applications*, Vol. 20, No. 7, 2010, pp. 1801 – 1804.

⑨ Minteer B. A. , Miller T. R. , "The New Conservation Debate: Ethical Foundations, Strategic Trade-offs, and Policy Opportunities", *Biological Conservation*, Vol. 144, No. 3, 2011, pp. 945 – 947.

⑩ Minteer B. A. , Collins J. P. , "Species Conservation, Rapid Environmental Change, and Ecological Ethics", *Nature Education Knowledge*, Vol. 23, No. 6, 2012, p. 14.

像莱特一样只赞同方法论意义上的实用主义。

　　一些综合百科全书也对环境实用主义进行了介绍，例如克里考特和费雷德曼（Robert Frodeman）编辑出版的《关于环境伦理学与哲学的百科全书》（2009 年）① 和 Sage Knowledge 出版的《绿色伦理学与哲学》百科全书（2011 年）②。前者在"环境实用主义"词条下简单地介绍了诺顿的思想并讨论了环境实用主义在实际中应用的两个领域，包括汤普森在食品生物技术领域和布罗姆利（Daniel W. Bromley）在生态经济学领域的应用；后者则简要地概括了环境实用主义的主要特征及其优缺点。这些见诸综合百科全书的文献，由于篇幅关系，通常只有一两页的简单介绍，缺乏深入全面的分析。

　　相比较而言，专著和学位论文是较为细致的研究，例如唐纳德（Hugh P. McDonald）的《杜威与环境哲学》（2004 年）③ 一书较细致地分析了杜威思想与环境哲学的关联。他把杜威的实用主义解读为一种以生命为中心的整体主义，并认为这是一种一般意义上的环境伦理和环境哲学。又如，《环境实用主义在经济决策中的价值》（2009 年）④ 这篇博士论文在批评当前环境决策中经济分析占主导地位的情况后，尝试从实用主义角度重新建构环境决策框架，并支持价值多元主义和诺顿的适应性管理理论，试图把它应用于南美国家预算案例中。另外，唐纳德的博士论文《实用主义和环境内在价值的问题》（2000 年）⑤ 讨论了实用主义哲学家，特别是刘易斯（Clarence Erving Lewis）的内在价值观念，并最终得出结论：实用主义的某些成分可以作为环境伦理学的基础，实用主义为环境伦理学提供了替代方案。他的论证抓住了实用主义环境观念中

---

① Callicott J. B. , Frodeman R. , *Encyclopedia of Environmental Ethics and Philosophy*, Macmillan Reference USA/Gale Cengage Learning Farmington Hills, MI, 2009, pp. 174 – 177.

② SAGE Knowledge, *Green Ethics and Philosophy：An A – to – Z Guide*, Thousand Oaks, CA: SAGE Publications, Inc. , 2011.

③ McDonald H. P. , *John Dewey and Environmental Philosophy*, SUNY Press, 2004.

④ Seeliger L. , On the Value of Environmental Pragmatism in Economic Decision-Making, Stellenbosch University, 2009.

⑤ McDonald H. P. , Pragmatism and the Problem of the Intrinsic Value of the Environment, The New School University, 2000.

最为清楚明确的一部分，那就是作为情境存在的环境，这一点为环境实用主义的理论建构奠定了重要基础。《杜威思想对环境伦理学中的启示》①则抓住杜威的"经验"概念，认为杜威的哲学为生态女性主义的环境伦理学提供了理论支持。还有一些学位论文虽然没有直接研究环境实用主义思想，但从环境问题解决、环境价值等角度触及了环境实用主义的某些内容，也为本书的研究提供了参考，例如《实用主义与环境问题解决：关于蒙大拿州比尤特民主决策的一个系统的道德分析》②《生态重建：实用主义以及超越人类共同体》③《关于环境价值多元论的理论和实践研究》④ 等。

在国内研究方面，从 20 世纪 80 年代西方环境伦理学的引入开始，大批的论文和著作问世，但是关于环境实用主义思想的介绍和研究工作却非常稀少。在著作方面，2002 年林官明和杨爱民翻译的戴斯·贾丁斯的《环境伦理学：环境哲学导论》⑤ 一书中，原作者在第 3 版后记中补充介绍了环境实用主义思想，讨论了它的多元主义价值观。虽然只有几页篇幅，不过这可以算作关于环境实用主义思想最早的中文介绍了。张岂之等人编辑的《环境哲学前沿》（第 1 辑）⑥ 中翻译收录了莱特的《唯物论者、本体论者和环境实用主义》与卡茨的《探寻内在价值：环境伦理学中实用主义及其失望》两篇论文，不过因为这本书籍的发行量十分有限而未能引起人们对环境实用主义进路的关注。随后，杨通进在其《环境伦理：全球话语中国视野》一书⑦和《探寻重新理解自然的哲学框架——

---

① Miller P. , The Implications of John Dewey's Ideas for Environmental Ethics, Indiana University, 1997.

② Michael O. C. , Pragmatism and Environmental Problem-Solving: A Systematic Moral Analysis of Democratic Decision-Making in Butte, Montana, University of Oregon, 2010.

③ Bower M. S. , Ecological Reconstruction: Pragmatism and the More-Than-Human Community, University of Toledo, 2010.

④ White K. , Researching Environmental Value Pluralism in Theory and Practice, The University of Edinburgh (United Kingdom), 2011.

⑤ ［美］贾丁斯：《环境伦理学：环境哲学导论》，林官明、杨爱民译，北京大学出版社2002 年版。

⑥ 张岂之、舒德干、谢扬举：《环境哲学前沿》第 1 辑，陕西人民出版社 2004 年版。

⑦ 杨通进：《环境伦理：全球话语，中国视野》，重庆出版社 2007 年版。

当代西方环境哲学研究概况》一文①中用短短一两页的篇幅把环境实用主义思想当作环境哲学发展与整合的一个路径进行了简要介绍。2010年，林官明在《环境伦理学概论》②一书最后一章中从生态系统的复杂性、道德多元论角度简单讨论了环境实用主义，并肯定了它在环境决策方面的重大作用，但这仍然只是非常宏观和粗略的介绍。

在学位论文方面，田宪臣在其博士学位论文《协调、适应、行动——诺顿环境实用主义思想研究》③中以诺顿的《寻求可持续性：保护生物学哲学的跨学科论文集》和《可持续性：一种适应性生态系统管理的哲学》等著作为基础，系统地梳理了诺顿的环境实用主义思想，具有很大的借鉴意义，不过这篇论文只单单从诺顿个人的思想出发，没有对整个环境实用主义思想进行系统整合，更没有联系实际环境问题进行实践分析，局限性也比较明显。钱喜阳的硕士学位论文《论实用对内在价值的超越——实用主义的环境伦理研究》④从实用主义对环境伦理学争论的中心——内在价值困境的解决角度分析了环境实用主义思想的意义所在，该学位论文的核心思想同时也以《实用主义环境伦理研究》为题发表在第三届全国科技哲学暨交叉学科研究生论坛上。周玉杰的硕士学位论文《环境哲学新走向——环境实用主义》⑤也关注到了环境哲学的实用主义进路，它主要对莱特的环境实用主义思想（他称之为渐进主义）进行了介绍，并在最后尝试结合环境公共政策进行讨论，但是作为一篇硕士学位论文，介绍的成分偏多，缺少对环境实用主义整体思想的把握和分析。

在期刊论文方面，姬志闯的《语境的逃离与重建——从实用主义观

① 杨通进：《探寻重新理解自然的哲学框架——当代西方环境哲学研究概况》，《世界哲学》2010年第4期，第5—19页。
② 林官明：《环境伦理学概论》，北京大学出版社2010年版。
③ 田宪臣：《协商、适应、行动——诺顿环境实用主义思想研究》，博士学位论文，华中科技大学，2009年。
④ 钱喜阳：《论实用对内在价值的超越——实用主义的环境伦理研究》，硕士学位论文，北京化工大学，2011年。
⑤ 周玉杰：《环境哲学新走向——环境实用主义》，硕士学位论文，西南大学，2012年。

点看环境伦理的话语建构》①和《环境伦理的实用主义图景》② 二者都从批判传统环境伦理学的人与自然、理性与非理性、理论和现实相互之间的二元断裂和孤立出发，分析了实用主义对其的有机统一，在实用主义视域中勾画出环境伦理话语重建的路径和未来图景，可以说是国内把实用主义运用于环境伦理学研究的有益尝试。杨通进在《论环境伦理学的两种探究模式》（2008 年）③ 一文中，讨论分析了诺顿和莱特倡导的作为公共哲学或应用伦理学的环境伦理学探究模式，并把它作为与道德哲学探究模式互为补充的一种方式给予了肯定，这是从环境伦理学发展的大框架下对环境实用主义进路做出的一种定位。王国聘在《论自然价值的冲突与协调》（2010 年）④ 一文中论述了自然价值的多元性与层次性，并提出走出人类中心论和自然中心论需要立足于实用主义指向生活现实的立场和哈贝马斯的商谈伦理模式，而这正是环境实用主义思想中的一个重要方面。另外，还有一些论文虽然没有直接讨论环境实用主义，但是它们从实用主义角度进行的伦理学研究也对本书有借鉴意义，比如徐椿梁的《伦理的实用主义：造就道德》⑤、张晓东的《"价值真理论"之伦理意蕴——詹姆士实用主义道德观探析》⑥ 和《实践理性向工具理性的蜕变——杜威工具主义伦理观探析》⑦ 等。

非常明显，环境实用主义思想在国内并不如其他的环境伦理学思想更能引起人们注意。关于它的介绍和研究仍然非常缺乏，这无疑是学术上的一种欠缺。国外环境实用主义的研究材料是非常丰富的，但是它们过于庞杂和零乱。不同学者的环境实用主义立场并不相同，对内在价值

① 姬志闯：《语境的逃离与重建——从实用主义观点看环境伦理的话语建构》，《科学技术与辩证法》2007 年第 24 卷第 1 期，第 23—26 页。
② 姬志闯：《环境伦理的实用主义图景》，《理论界》2008 年第 2 期，第 116—117 页。
③ 杨通进：《论环境伦理学的两种探究模式》，《道德与文明》2008 年第 1 期，第 11—15 页。
④ 王国聘：《论自然价值的冲突与协调》，《学术交流》2010 年第 7 期，第 18—20 页。
⑤ 徐椿梁：《伦理的实用主义：造就道德》，《江汉论坛》2012 年第 8 期，第 61—65 页。
⑥ 张晓东：《"价值真理论"之伦理意蕴——詹姆士实用主义道德观探析》，《南京社会科学》2009 年第 2 期，第 38—43 页。
⑦ 张晓东：《实践理性向工具理性的蜕变——杜威工具主义伦理观探析》，《学术研究》2009 年第 9 期，第 12—18 页。

等关键问题的看法也并不一致，行动诉求的着眼点更是各种各样，这些都需要经过仔细缜密的分析才能够准确把握。对环境实用主义的系统梳理正是本书研究的一个起点，本书试图从实用主义进路出发，去探析走出环境伦理学理论与实践困境的出路。

三　理论与实践的张力

虽然有越来越多的学者自称为环境实用主义者，但是到目前为止，环境实用主义仍只是一个松散的联盟。他们内部存在着许多理论上的不一致与分歧，在实践策略上也千差万别，也即是说，他们分别在理论与实践的阵营中共同关注着日益严重的生态环境问题，关注着环境伦理与环境哲学的发展。不过，如果他们想要真正帮助环境伦理学走出其理论和实践的困境，在理论与实践之间保持必要的张力，那么他们就必须要团结起来使其更具凝聚力和号召力。实际上，许多不同背景的学者都在暗暗地遵从和践行这一进路，只是他们要么没有意识到，要么不想被贴上实用主义的标签罢了，而本书就是要将环境实用主义进路彻底浮上水面，把环境实用主义进路作为一个整体、一个流派、一个团队来看待，尝试系统梳理它的共同特质和核心主张，并在此基础上，努力呈现出一幅相对完整与和谐的环境实用主义画面。

从现有的资料来看，环境实用主义的研究材料非常丰富，并且已取得了许多理论和实践上的成果，但是到目前为止，以下几个方面尚显不足，急需进一步深入研究，这也是本书研究的出发点和可能取得进步的地方。

第一，环境实用主义的概念辨析。环境实用主义只是一个广泛的联盟，许多不同甚至相互冲突的主张都被归在了环境实用主义的大旗之下。有的学者将环境实用主义看作是实用主义与环境伦理学的简单杂糅，有的把利用实用主义的原则和方法来解决现实环境问题的策略称为环境实用主义，有的则把实用主义对环境伦理和环境哲学中的理论争论的解决当作是环境实用主义……在目前，人们尚无关于环境实用主义的一致概念，人们在非常不同的情况下使用环境实用主义一词。因此，本书试图通过不同学者的使用情况梳理环境实用主义的不同层次，并在此基础上提供一个可能被大多数学者所接受的环境实用主义的概念界定。

第二，环境实用主义的哲学特征。在大多数时候，人们往往把实用主义哲学的特征赋予环境实用主义，比如对情景性、对探究、对实验的强调，但是却未能给出环境论域下的具体阐释与解读。环境实用主义确实深受实用主义哲学的影响，但是这并不表示，我们可以把实用主义简单地当作环境实用主义的哲学基础和逻辑依据。我们仍然需要对环境实用主义的理论特征进行仔细剖析和具体阐释。因此，本书在具体的环境论域下讨论环境实用主义对实用主义哲学的吸收和借鉴，以期展示环境实用主义在世界观、价值观、知识论和道德观方面的特征。

第三，环境实用主义的定位。许多学者建构环境实用主义的目标是提供一个对环境伦理学主流研究范式——非人类中心主义的扩展——的替代版本，也就是说，他们企图提供一个新的环境伦理或环境哲学理论作为环境伦理学的未来发展方向，或者更宏大地说，他们企图将环境实用主义作为环境伦理学实践转向的目标，把环境实用主义作为一种环境实践哲学。但是，也有其他学者更倾向于把环境实用主义仅仅当作一种提升环境伦理学实践影响力的工具和方法，而不具体进行环境伦理学理论问题的讨论与证明。本书将对这些不同目标进行区分和阐释，并最终确立环境实用主义的恰当定位。

第四，环境实用主义的实现途径。环境实用主义进路会聚了来自不同领域和学科方向的学者，他们从不同角度具体践行着环境实用主义的实践主张，比如汤普森[1]在食品安全，布罗姆利[2]在生态经济学以及约克（Jeffrey G. York）[3]在商业伦理方面对环境实用主义的应用。这些不同领域的应用涉及许多环境伦理学家和哲学家并不熟悉的知识与理论，因而他们较难意识和体会到环境实用主义在实践上可能起到的影响和作用。

---

[1] Thompson P., "The Reshaping of Conventional Farming: A North American Perspective", *Journal of Agricultural and Environmental Ethics*, Vol. 14, No. 2, 2001, pp. 217–229.

[2] Bromley D., "Reconsidering Environmental Policy: Prescriptive Consequentialism and Volitional Pragmatism", *Environmental and Resource Economics*, Vol. 28, No. 1, 2004, pp. 73–99.

[3] York J., "Pragmatic Sustainability: Translating Environmental Ethics into Competitive Advantage", *Journal of Business Ethics*, Vol. 85, No. 1, 2009, pp. 97–109.

这或许也是环境实用主义在职业环境伦理学和环境哲学家中得不到重视的一个原因。因此，如何整合这些不同的实践进路成为本书的目标。最终本书选择了环境决策作为突破口，试图将环境实用主义多样化的实践路径都整合到环境决策领域，将环境决策作为环境实用主义最主要的实践通道，以帮助环境理论工作者和环境实践工作者之间的交流和沟通。环境决策一方面依赖于科学知识与方法，另一方面也离不开伦理与价值判断，其最终导向的结果是与环境行动密切相关的政策、法律、法规、管理、保育等现实措施。因此，影响和帮助具体的环境行为决策，将拉近环境理论与环境实践之间的距离，环境决策也因此成为环境实用主义最可能也是最好的实现途径。

在对以上问题的分析和理解基础之上，本书试图对环境实用主义进路进行系统的梳理与分析，并希望借此提供一副相对完整的环境实用主义图景，特别是为环境伦理和环境哲学参与现实环境议题提供一个可行的实践通道。为了实现这一目标，本书主要从以下几个方面具体展开：

首先，在分析环境实用主义的现实背景和理论渊源的基础之上，论证了环境实用主义进路产生的可能性，并对环境哲学中的实用主义与实用主义中的环境哲学两种路径进行了区分，进而给出了环境实用主义的内涵与基本内容。

其次，探讨了环境实用主义进路得以成形的致思理路，其中多元主义是环境实用主义得以成立的前提，规避形而上学争论是实现实践参与的必经途径，而环境议题的实践性解决是其最终的伦理归宿。具体来说，环境实用主义对多元主义的支持建立在实用主义的经验论立场和对生态系统的复杂性理解基础之上，规避形而上学争论主要表现为对人类中心主义与非人类中心主义、个体主义与整体主义、工具价值与内在价值之间的二元对立的反叛，而具体的环境实践策略则被本书解析为应用哲学模式和实践哲学模式两大类。

再次，从世界观、价值观、知识论与道德观方面考察了环境实用主义的理论特征。在世界观上，环境实用主义强调人与环境的交互作用，并将此作为看待世界的基础，倡导以行动和实践为指向的环境哲学观；在价值观上，环境实用主义主张从关系的视角来理解与诠释价值，并因此建立了以共识为基准的环境价值观；在知识论上，环境实用主义支持实用主义的探究理论，并认为对真理的探究与对价值的追寻是统一的；在道德观上，环境实用主义破除了基础主义和普遍主义的神话，并从工具主义的立场来解放和改造道德实践。

复次，重点就环境实用主义进路的理论旨趣与现实实现途径进行了研究。本书主要抓住了可持续性作为环境保护与环境哲学的共同目标，然后分析了环境实用主义对可持续性的重构，以及围绕可持续性如何实现不同环境主义者的联盟；在其现实实现途径上，本书主要以环境决策为研究视角，将环境决策作为联系环境实用主义与环境实践的中介，在分析环境决策的伦理向度基础之上，具体阐释了环境实用主义对环境决策的调适与改善策略以及相应的决策操作框架。

最后，对环境实用主义进路进行了反思和批判，揭示了它对哲学理论争议的过分悲观、对实用主义哲学承诺依赖的非必要性，以及采取中间路线在理论和实践上面临的尴尬，并尝试为其未来发展方向提供了一些宏观的意见和建议，比如强化应用研究、加深元伦理和哲学层次的思考、实现与其他环境伦理学研究进路的沟通与交流、重视与马克思主义的融合以及在中国现实背景下的重建等。

虽然环境实用主义在目前尚未能完全走出环境伦理学的理论与实践困境，但是，它确实，至少在实践之路上做出了最大努力。通过本书的系统梳理和整合，环境实用主义呈现给人们更多的不是某种新的关于环境的伦理与哲学理论，而是一种看待和理解环境以及人与环境关系的新视角、一种提升和实现环境伦理和环境哲学实践影响的工具、一种处理和应对环境议题和环境困境的方法，又或者说，是一种鼓励探究、鼓励行动的态度。本书最终不是要建构一种关于环境的实践哲学，而是努力要把环境伦理与环境哲学之光照进环境实践。

第 一 章

实用主义进路何以可能

环境哲学中实用主义进路的产生绝不是偶然，它有着深刻的现实背景和理论基础，正如马克思所言，"任何真正的哲学都是自己时代精神的精华"①。环境实用主义的产生一方面是增强环境伦理学的政治与政策影响力的现实要求使然，另一方面，发端于环境伦理学自身发展的困境，同时也深受实用主义哲学、马克思主义实践观、生态经济学的影响，但更为重要的是，实用主义为环境伦理学的实践应用提供了理论和方法上的支撑，二者在本质上具有高度的契合性。这些为环境伦理学中的实用主义进路的产生奠定了基础，并为其在当代的发展提供了源源不断的精神食粮。

第一节　现实背景

环境哲学的实用主义进路兴起于 20 世纪八九十年代。如果说职业环境伦理学在 20 世纪六七十年代兴起的社会背景是五六十年代西方发达国家工业革命后普遍爆发的环境污染与退化问题，那么在八九十年代环境实用主义进路的兴起则根植于环境问题在全球范围内、在深度和广度上的扩展，以及随之引发的全球环境保护共识。也就是说，全球环境危机和环保共识为环境实用主义进路的兴起提供了现实基础和社会背景，成为其最初的推动力。环境实用主义进路在当代持续发展的现实动力则是当今社会普遍面临的发展与保护的两难困境。而当前生态文明建设的新

---

① 《马克思恩格斯全集》第 1 卷，人民出版社 1956 年版，第 120—121 页。

理念新要求也成为环境实用主义发展的时代指引。在保护与发展的双重压力和生态文明理念的指引下,更为折中、更具现实性和操作性的环境实用主义进路为人们提供了行动指南而得以持续发展。

一 环保共识:实用主义进路的原初推力

20 世纪 80 年代初,大多数西方发达国家的环境污染问题开始得到缓解,但是更为广泛的环境问题开始在全球范围迅速蔓延开来。资源短缺、大气污染、水土流失、土地荒漠化、酸雨、生物多样性锐减、核污染、固体废物污染、臭氧层空洞、全球变暖等正在成为地球共同体挥之不去的梦魇。

这些环境问题大致可以分为三类:一是由于人类社会活动引起的生态退化和由此衍生的各种生态效应,即生态破坏问题,如森林锐减、草原退化、水土流失和荒漠化等;二是由农业、工业发展和人类生活直接或间接地造成的各类污染,即环境污染问题,例如水污染、大气污染、放射性污染、工业废弃物与生活垃圾等;① 三是由于资源与能源的不合理开发与过度消费而造成的环境安全、能源危机及相应的污染与破坏问题,即资源能源问题。虽然狭义的环境问题(环境污染)在西方发达国家得到了较大缓解,但是广义的环境问题(包括以上三类)日益成为全球未来发展亟须面对的中心问题。环境问题已经从区域性、小范围、中等规模逐渐发展到全球性、大范围、大规模,从发达国家逐渐发展到发展中国家。② 环境问题的全球扩展加深了人们对于环境问题的认识,并唤醒了全球的环境保护意识。

1972 年,由 133 个国家参加的"联合国人类环境会议"通过了《斯德哥尔摩人类环境宣言》,第一次在全球范围内吹响了全面解决环境与发展问题的号角,标志着全球环境保护意识的觉醒。1973 年 1 月联合国成立了"环境规划署"(UNEP),1983 年底又批准成立了世界环境发展委员会(WECD),并于四年后提交《我们共同的未来》,正式提出了"可

---

① 高中华:《环境问题抉择论》,社会科学文献出版社 2004 年版,第 8—11 页。

② 余谋昌:《生态哲学》,陕西人民教育出版社 2000 年版,第 7—8 页。

持续发展"的要求。随后，各类环境保护的协议与宣言相继出台，各类正式和非正式的环境保护组织相继成立。到 1992 年巴西里约热内卢的联合国环境与发展会议，更是把环境保护事业推向了高潮。此次大会共有178 个国家代表团和 70 个国际组织代表参加，是联合国成立以来规模最大、级别最高的国际盛会。会议通过了《里约环境与发展宣言》（又称《地球宪章》）和《21 世纪议程》两个纲领性文件，并签署了《气候变化框架公约》和《生物多样性保护公约》。这四个重要文件标志着生态环境危机成为世界性的议题，生态环境保护成为全球共识。

自此之后，环境保护进入新的阶段，越来越多的国家和组织开始把环境保护纳入发展框架。1994 年 3 月 25 日，中国颁布了《中国 21 世纪议程》白皮书，提出了中国可持续发展的总体战略、对策和行动方案。随后，又相继实施了国家环境保护"九五""十五""十一五"等计划，大力推进了环境保护事业。到目前为止，中国已加入了 50 多项国际环境公约，涉及生物多样性保护、气候变化、化学品与危险废物、核与辐射安全、臭氧层保护等多个方面，并建立了相关的国内机制，为应对生态环境危机做出了积极不懈的努力。其他的国家和地区也根据自身的情况参与或制订了相应的环境保护计划。比如，迄今为止，已有 160 个国家和欧洲共同体正式签署了《气候变化框架公约》和《生物多样性保护公约》。[1] 环境问题的全球化使人们认识到，任何一个国家都不可能光靠自己的力量取得成功，只有合作与携手，才能求得全球的可持续发展。

全球环境问题在深度和广度上的扩展促使许多伦理学家和哲学家们表现出扩展环境哲学研究视域的紧迫感，而全球环境保护意识的觉醒则为把这一紧迫感转化为现实提供了有利的社会氛围。从 20 世纪 90 年代开始，许多环境伦理学的研究者已不满足于人与自然的伦理问题研究，他们开始在广义的环境哲学背景下研究环境问题，致力于提升和拓展环境伦理学的研究领域，并积极地尝试实践研究。1990 年，国际环境伦理学会（International Society for Environmental Ethics）在美国波士顿东区的美国哲学协会（APA）内正式成立；1991 年《环境价值》（*Environmental*

---

① 周厚丰：《环境保护的博弈》，中国环境科学出版社 2007 年版，第 55 页。

Values）杂志在英国兰卡斯特大学（Lancaster University）创刊发行；1996
年《伦理学与环境》（*Ethics & the Environment*）杂志由美国印第安纳大学
出版社发行；1997 年，《环境哲学》杂志在美国创刊发行；1998 年，国
际环境哲学学会（International Association for Environmental Philosophy）和
生态伦理学国际联盟（Eco-Ethics International Union）分别在美国和德国
成立。①

　　这些事件和活动为环境伦理和环境哲学拓展研究视域提供了良好的
社会氛围，也为环境伦理学中的实用主义进路兴起奠定了良好的社会背
景。比如《环境哲学》杂志就在其创刊辞中明确表示包含环境政策、环
境伦理实践、环境美学、生态现象学、环境正义等各个视角的研究；再
比如，克里考特和诺顿针对利奥波德的不同解读展开的几场论战都发表
在《环境价值》杂志上。② 关于环境哲学研究的新话题与新视角因为有了
新的平台而得到了良好的交流与沟通，环境实用主义的产生也受惠于此。
另一方面，许多环境伦理学家参与环境保护运动的实践使他们意识到，
以前的环境伦理学太过于抽象而几乎没有对实际的环境保护提供帮助，
而实用主义的实践指向正好为此提供了指南，所以他们在环境保护运动
实践中走向了实用主义。

　　在实用主义改造哲学的影响下，许多学者力图对环境伦理学和环境
哲学进行相应的改造，希望把它们从形而上学的神坛拉向真实的生活世
界。他们放弃了为自然价值辩护、激励人们的环境意识这项传统工作，
而把精力转向了环境伦理学如何能在现实环保实践中更好地发挥作用这
一主题。他们认为，环境伦理学家虽然可以专注于理论问题，但是他必
须能随时为现实环境问题提供具体帮助，这是由环境伦理学本身的实践

---

　　① 杨通进：《探寻重新理解自然的哲学框架——当代西方环境哲学研究概况》，《世界哲
学》2010 年第 4 期，第 5—19 页。

　　② Callicott J. B., Grove-Fanning W., Rowland J., et al., "Was Aldo Leopold a Pragmatist?
Rescuing Leopold from the Imagination of Bryan Norton", *Environmental Values*, Vol. 18, No. 4, 2009,
pp. 453 –486. Norton B. G., "What Leopold Learned from Darwin and Hadley: Comment on Callicott et
al", *Environmental Values*, Vol. 20, No. 1, 2011, pp. 7 – 16. Callicott J. B, Grove-Fanning W., Row-
land J., et al. "Reply to Norton, re: Aldo Leopold and Pragmatism", *Environmental Values*, Vol. 20,
No. 1, 2011, pp. 17 –22.

性要求所决定的。在全球环保共识的背景下，环境伦理学寻求实践转向的诉求和实用主义的精神结合在一起，最终催生了环境实用主义的诞生。

二　两难困境：实用主义进路的现实动力

虽然环境保护已在国际和国内范围达成了广泛共识，但是生态破坏与环境污染问题并没有得到根本遏制。翻开近年来的各类环境统计报告可以发现，我们的地球家园仍然在承受着巨大压力，各类生态破坏与环境污染问题仍然触目惊心。

作为最权威的全球环境评估报告，联合国环境规划署（UNEP）发布的《全球环境展望5》（Global Environment Outlook 5）报告①（2012年6月发布）向我们真实地展现了全球生态环境问题的严峻。它评估了90项最重要的环境目标，发现只有4项取得了重要进展，包括消除消耗臭氧层物质的生产和使用、去除燃料中的铅、对改善水供给的获取增加及减少海洋环境污染研究的增加；另外的40项目标只取得一些进展，包括国家公园的扩大和森林砍伐的减少等；而气候变化、鱼类资源、荒漠化和干旱等24项目标几乎或根本没有取得任何进展；鱼类资源、湿地和珊瑚礁等8项目标则进一步恶化；其他的14项目标由于缺乏数据而无法评估。UNEP发布的《2012年排放差距报告》也显示，目前全球的温室气体排放水平比预定的目标高出约14%，大气中的二氧化碳、二氧化硫等温室气体的含量不但没有下降，还比2000年增加了约20%。②

如果说《全球环境展望5》中描述的生态环境状况还是在全球环境观念和行动都相对落后的情况下发生的，那么，最新版本的《全球环境展望6》（2019年3月发布）则警示我们恢复生态平衡和环境质量的任务是多么的艰巨。报告警告称，"地球已受到极其严重的破坏，如果不采取紧迫且更大力度的行动来保护环境，那么，地球的生态系统和人类的可持

① UNEP：《全球环境展望5》（Globol Evironment Outlook 5），2013年9月6日，http：//apps. unep. org/publications/index. php? option = com_ pmtdata&task = download&file = - UNEP% 202013% 20Annual% 20Report - 2014UNEP - AR - CHinese - low% 20res. pdf。

② UNEP：《2012项目进展报告》，2013年9月6日，http：//www. unep. org/annualreport/2013/docs/ppr. pdf。

续发展事业将日益受到更严重的威胁"①。可见，虽然生态环境保护在 20
世纪 90 年代已达成全球共识，但是经过几十年的行动之后，全球的生态
环境问题依然十分严重。究其原因，可以归结为环境保护与经济发展之
间的复杂关系。

从短期来看，有限的资源与脆弱的生态环境与经济社会的发展之间
存在着矛盾。人类必须对涉及发展与保护的人力资源、金钱资源、自然
资源等做出妥善配置；对其中一方的投入必然会减少对另一方的投入，
在短期内很难实现二者的双赢。以生物多样性保护为例，如果要使全球
的濒危物种免于灭绝，每年需要花费 30.41 亿美元到 47.64 亿美元，如果
再加上陆地生物多样性热点地区，这个花费会增加到每年 761 亿美元，但
实际上，当前全球每年用于生物多样性保护的花费只是所需资金的十分
之一。② 这意味着，我们不得不接受某些物种的灭绝和栖息地的退化，不
得不在生物多样性保护方面做出妥协与权衡。而从长期来看，经济发展
并不一定与环境保护矛盾，环境的改善可能有助于经济社会的发展，经
济社会的发展则能为环境保护提供技术与资金等，它们可以相互依存，
共同进步。所以人类当前面临的关键问题是：如何处理保护与发展之间
的这种张力以使二者进入良性循环，如何在促进人类福祉的同时推进环
境保护事业，实现人类社会的真正可持续发展，实现人与自然的动态
平衡。

这对发展中国家提出了更大的挑战。中国的情况则更是如此。根据
全国第六次人口普查数据（2010 年），③ 中国人口已达 13.39 亿，比第五
次人口普查数据（2000 年）增加 7390 万。而中国的自然环境状况相比世
界平均水平具有先天的脆弱性，这些都给中国的经济社会发展与环境保

---

① UNEP：《全球环境展望 6》（Globol Evironment Outlook 6），2020 年 1 月 3 日，https：//
www. unenvironment. org/resources/global – environment – outlook – 6。

② McCarthy D. P., Donald P. F., Scharlemann J. P. W., et al., "Financial Costs of Meeting
Global Biodiversity Conservation Targets：Current Spending and Unmet Needs", *Science*, Vol. 338,
No. 6109, 2012, pp. 946 – 949.

③ 国家统计局统计资料管理中心，2013 年 9 月 12 日，http：//www. stats. gov. cn/tjsj/pcsj/
rkpc/6rp/indexch. htm。

护造成了巨大压力。据资料显示，① 中国 65% 以上的国土面积是山地丘陵，三分之一的国土面积是干旱或荒漠地区，55% 的国土面积不适合人类居住，水土流失面积将近 400 万平方千米，只有 14% 的土地可以耕种，在牧业、农业、工业、矿业、基础设施、自然保护、生态恢复方面的成本也远远高于世界平均水平。并且，中国历史悠久，具有极强的开发规模与强度，给本来脆弱的生态环境又施加了附加压力。与此同时，中国仍处于发展中阶段，虽然党的十八大以来我国加快了脱贫攻坚的工作进度，但截至 2019 年末，全国农村仍有 551 万人② 没有脱离穷困，人均 GDP、人均寿命、人均受教育程度等也远远落后于发达国家，生产和发展的任务异常艰巨。所以对于像中国这样的发展中国家而言，问题的关键不在于我们是否意识到日益深重的环境危机，而在于我们如何正确处理好经济社会发展与生态环境保护之间的关系，实现经济、社会与环境的协调发展，为我们的子孙后代留下一个可持续性的生态环境。

在当前，全球仍然面临着深重的发展任务，处理好发展与保护之间的张力，对于当代世界而言，是重中之重。我们似乎不需要更多的理论范式告诉我们为什么要保护生态环境，周遭的各种环境污染、生态破坏与资源能源等问题已经一遍一遍地警示过我们粗暴地对待自然的恶果；我们无须为这些警示一一寻求证据，只要翻开各类生态环境教科书或各类绿色组织及政府报告，或者打开电视，浏览各大网站或阅读各类报刊，你都可以轻易地察觉：严酷的生态环境现实正在被广泛传播和接受。PM2.5、核辐射、重金属污染、温室效应这些词汇正在进入普通大众的认知，广泛的环境问题正在被越来越多的普通民众所意识到。激进的环境伦理思想已经不能告诉我们更多。它或许提供了关于自然为什么拥有价值的最好回答，提供了环境保护思想最深刻的理论基础，但是对于现实环境实践而言，它充满歧义与矛盾的伦理指导根本无助于环境问题的解决。从这个角度上，我们可以说，它要么没有为现实环境实践提供任何

---

① 《中华人民共和国 2019 年国民经济和社会发展统计公报》，2020 年 3 月 5 日，http：// www. stats. gov. cn/tjsj/zxfb/202002/t20200228_ 1728913. html。

② 中国科学院可持续发展战略研究组：《2012 中国可持续发展战略报告》，科学出版社 2012 年版。

指导，要么它提供了太多指导以至于我们无所适从。在此背景下，寻求更为折中和更具操作性的环境伦理指导似乎更具吸引力。当代世界需要的不仅仅是一种关于环境的深刻哲学洞见，更需要的是一部面向现实的行动指南。实用主义思想为人们提供了环境伦理学实践转向的理论工具，而广大发展中国家的保护与发展双重压力为发展环境伦理学的实用主义进路提供了强劲的现实动力。

三　生态文明：实用主义进路的当代指向

如果说环境伦理与环境哲学中的实用主义进路对于广大发展中国家来说具有特别的吸引力，那么中国，作为世界上最大的发展中国家理应对环境实用主义进路有相当的关注。这种关注不仅来自于环境伦理与环境哲学研究内部，还来自于基于生态文明的更广泛的社会、政治和文化讨论。这是由实用主义的实践诉求和生态文明理念的内在契合性所决定的。因而，在某种程度上，我们似乎可以说，环境实用主义进路在当代中国发展的理论指向就是生态文明建设。

从人类文明发展的基本形态来看，目前人类正处于工业文明向生态文明转型的进程中。中国由于其独特的文化传统与现实的发展需求一直高度重视生态文明建设。2007 年，党的十七大报告中，"生态文明"首次作为建设中国特色社会主义的目标之一写入报告中；2012 年，党的十八大报告明确了大力推进生态文明建设的总体要求："树立尊重自然、顺应自然、保护自然的生态文明理念，坚持节约资源和保护环境的基本国策，坚持节约优先、保护优先、自然恢复为主的方针，着力树立生态观念、完善生态制度、维护生态安全、优化生态环境，形成节约资源和保护环境的空间格局、产业结构、生产方式、生活方式。"2017 年，党的十九大报告更是树起了生态文明建设的里程碑，报告中指出，"建设生态文明是中华民族永续发展的千年大计"，并把"美丽中国"纳入了国家的奋斗目标之中，从而把"生态文明建设"的目标提到了一个新的高度。在中国大力推进生态文明建设的大背景下，环境伦理与环境哲学思想无疑可以看作是生态文明的一个组成部分，并且许多中国学者也正是从这个角度来阐述环境伦理与生态文明的关系。比如中国环境伦理学早期开创者之一的余谋昌先生就曾指出，我国的环境伦理学研究正在逐渐超出道德哲学的讨论范围，渗透到政治、经济、科技和文化等各个领域，并推动社会的生产方式、生活方式和思维方式的变革，成为建设生态文明的积极力量。① 从这个意义上讲，从环境伦理到生态文明是当前环境伦理实践转向不可回避的一个重要主题。如果按照实用主义的观念与方法论指引，环境伦理必然必须从理论优位的道德哲学领域转向更为现实的生态文明领域。

国内关于生态文明的研究成果较为丰富，对于生态文明的基本内涵、主要特征、指标体系以及中国背景下进行生态文明建设的制度优势和实践路径等问题，学界已经进行了比较充分的讨论。环境伦理参与生态文明讨论的路径也是多样化的，比如"生态"与"环境"基础概念的区分、生态文明的哲学基础、可持续性发展伦理、公众生态意识培养等。对于环境哲学中的实用主义进路而言，由于其主要起源于西方，因而它指向生态文明建设的讨论目前仍主要局限于可持续发展和保护生物学研究的旗帜下。

可持续发展作为生态文明的一个核心理念在国内和国外诸多背景下讨论得比较广泛，本书在第四章对环境实用主义的核心旨趣梳理中将其作为环境哲学的主要目标进行讨论，在这里就暂不详细展开，但是我们必须明确：环境实用主义进路对生态文明的讨论目前尚没有突破可持续发展的研究框架，这是它在中国现实背景下的一大缺陷，它忽略了更为广泛背景下的社会、历史、文化和制度层面。

几乎是和环境伦理学同时代兴起的保护生物学（conservation biology）是一门以生物多样性保护为核心的综合学科，其主要目标是使地球生物圈维持稳定性、多样性与系统性，从而保证人类与自然的协调可持续发展。② 它之所以对环境实用主义进路具有特殊的吸引力就在于，传统环境伦理学对环境的关注主要表现在对生物及自然生态系统的关爱上。不管

① 余谋昌：《从生态伦理到生态文明》，《马克思主义与现实》2009 年第 2 期，第 112—118 页。
② 张恒庆、张文辉：《保护生物学》（第 2 版），科学出版社 2009 年版，第 2—4 页。

是动物解放论者，还是生物中心主义者，或者生态整体主义者，他们都更为关注动物、植物以及生物和非生物组成的整个生态系统。说到底，他们关注的核心是生物多样性，包含遗传多样性、物种多样性和生态系统多样性等不同层次和类型。环境实用主义继承了环境伦理学对于自然生态系统的关注，这也是他们参与生态文明讨论最主要面向的领域，尽管生态文明还应该包括更多的更为广泛的话题。

相比传统环境伦理学对保护生物学这一学科的新思路和新方法视而不见，环境实用主义进路显然已经关注到保护生物学领域中普遍面临的各种价值选择难题与伦理决策困境。比如，明特尔就在这个方面做出了突出贡献。他发现，现有的传统生物伦理学和环境伦理学无法为保护生物学家和管理人员在实际工作中遇到的决策问题提供伦理规范指导，因为整个自然生态系统表现出非常复杂多变的特征，这使得我们很难依靠简单、明确、操作性强的方法来进行把握（尽管传统环境伦理学也没有提供相对一致的方法），相反，在现实的研究中，简单、明确、操作性强的方法又往往是最受青睐的。这种简单方法和复杂系统之间的矛盾使得自然保护决策工作变得异常艰难。① 明特尔试图从实用主义出发，为环境保护的实践工作者们提供分析各种困境的有效方法和工具，这是他称之为"实践伦理学"的主要内容。②

总之，我们应当看到，如果环境实用主义进路想要像他们宣称的那样，在科学家、管理者和哲学家之间架起沟通桥梁，期望更切实有效地帮助改善环境的话，他们目前的研究视域仍然是不够的。环境实用主义的现实可能性，或至少说在中国背景下的现实可能性必须也应当指向生态文明。只有在生态文明理念的指引下，在保护与发展的双重压力下，更为折中、更具现实性和操作性的环境实用主义进路才可能获得更广泛的讨论。也即是说，环境实用主义必须实现从"伦理"到"文明"的转化，才可能得以持续向前发展。

---

① Soulé M. E., "What is Conservation Biology?", *BioScience*, 1985, pp. 727 – 734.

② Minteer B. A., Collins J. P., "Ecological Ethics: Building a New Tool Kit for Ecologists and Biodiversity Managers", *Conservation Biology*, Vol. 19, No. 6, 2005, pp. 1803 – 1812.

第二节　理论渊源

促成环境哲学中实用主义进路兴起及发展的理论来源是多元化的，除了美国古典实用主义哲学的影响而外，它还吸收了包括马克思主义、生态经济学、保护生物学等在内的与环境问题解决息息相关的各类观念与理论，并继承了利奥波德等人的部分伦理观点。这些理论与思想为环境实用主义进路的蓬勃发展提供了理论上的可能性。

一　实用主义哲学

实用主义（pragmatism）一词在日常语境中，而非严格的哲学背景里，一般暗示着强调获得结果而不是对某种普遍原则或教义的追逐，这在一定程度上迎合了政治上的方便权宜与日常的世俗话语。虽然这层含义与实用主义在哲学中的含义有相通之处，但是哲学中的实用主义一词在认识论和伦理学上都要复杂得多。

哲学中的实用主义传统可以追溯到 19 世纪 70 年代早期的"形而上学俱乐部"（metaphysical club），其成员包括第一代实用主义哲学家皮尔士和詹姆斯。他们通过拥护达尔文主义和后笛卡尔主义思潮而致力于重建哲学的概念和方法。20 世纪初，古典实用主义在杜威那里达到顶峰。杜威的实用主义版本也被称为"工具主义"（instrumentalism），其显著的一个特征就是他试图将哲学分析与关于伦理的、社会的、政治的、教育的问题联系起来。实用主义在哲学中的影响在 20 世纪 40 年代由于逻辑实证主义和逻辑经验主义（关注语言、逻辑与语义的研究）的兴起而减弱，但是在这段时间，它并没有完全衰弱，比如蒯因（W. V. O. Quine）和卡尔纳普（Rudolf Carnap）的作品就被看作是与实用主义有密切关联的，有时候他们甚至被称为"分析的实用主义者"（analytic pragmatists）。70 年代，新实用主义（neopragmatism）的诞生使实用主义迎来了复兴。新实用主义者，比如伯恩斯坦（Richard Bernstein）、威斯特（Cornel West）、普特南（Hilary Putnam）、哈贝马斯（Jurgen Habermas）、罗蒂（Richard Rorty）等，将实用主义与其他哲学思想流派（主要是分析哲学和后现代主义）进行了结合，他们都被归在了"新实用主义者"的大旗下。不过，新实用主义其实是一个相当模糊的概念，他们内部，以及与古典实用主义之间存在着太多的分歧，并且，这一特征在当代哲学中继续延续着。

环境哲学中实用主义思潮的兴起主要得益于古典实用主义的影响，特别是詹姆斯和杜威的思想。古典实用主义对经验、对道德、对探究、对真理等概念的阐述为环境伦理学的实用主义改造开启了大门。归纳起来，实用主义的两大显著特征为环境伦理学和环境哲学提供了思想基础。

首先，实用主义的一个显著特征就是反基础主义。实用主义拒绝传统哲学的问题本身和提问方式。它认为，哲学的任务不是去寻找知识和信仰的某种确定的、坚实的、不容置疑的基础，而是要直接面对生活世界本身；关注的焦点不是绝对的、固定的、最终的起源，而是特殊的、多样化的、具体的经验世界。一句话，哲学的中心任务不是去"认识世界"，而是去"探究世界"。皮尔士在否定了笛卡尔的认识论中心主义之后，用探究取代了认识。他认为认识绝不是一种对某种绝对确定性的追逐，不是一种静态的对世界的反映，而是一种身临其境的探究；探究所要完成的是从怀疑走向信念，哲学的功能就是要帮助人们消除怀疑，确立信念，只有确立了信念，人们才有了与环境打交道的立足点。① 杜威从"有机体"概念入手，分析了人与环境的交互作用，并借此强调了"认识首先是一种适应环境的行为，是一种帮助我们应付环境的方式"，② 探究不是要将事物与固定不变的东西相联系，而是要追寻变化的类型，"断然放弃寻找绝对起源和绝对终极以便找到导致它们的特殊价值和条件"③。

在实用主义对传统哲学的基础主义立场的反叛影响下，一些环境伦理学家认为，主流的环境伦理学也应当来一场革命，破除对伦理学的基

---

① 江怡：《现代英美分析哲学》，载叶秀山、王树人主编《西方哲学史》（学术版）第 8 卷上，凤凰出版社 2005 年版，第 309 页。

② 涂纪亮：《从古典实用主义到新实用主义——实用主义基本观念的演变》，人民出版社 2006 年版，第 204 页。

③ ［美］杜威：《论实用主义和真理（1907—1909）》，南伊利诺伊大学出版社 1977 年版，第 10 页。转引自江怡《现代英美分析哲学》，载叶秀山、王树人主编《西方哲学史》（学术版）第 8 卷上，凤凰出版社 2005 年版，第 367—368 页。

础和原则的教条式迷恋，远离对确定性的追寻。套用普特南对传统哲学的批评话语，"给伦理学或社会提供一个形而上学基础——例如，为我们为什么应该完全成为社会存在者提供一个理由——的整个计划错误地定位了哲学能够和应该作的贡献"①。类似地，我们可以说，给环境伦理学提供一个形而上学基础——例如，为我们为什么应该在道德上关爱保护环境提供一个理由，或者，为我们为什么对自然有道德义务提供一个理由——的整个计划错误地定位了环境伦理学能够和应该做的贡献。环境伦理学不是要为环境保护提供一个坚实的、固定的、最终的基础，或者说，它的任务远远不止于此，它应该，也能够为环境议题的争论与环境问题的解决贡献实际的力量。

　　实用主义的另一个特征是实践至上（primacy of the practice），这是实用主义哲学基本立场和相关方法的根本要求。实用主义传统中实践至上的主张远远比人们所认为的要深刻，它比起将理论应用于实际问题的主张来说更为根本。正如莱肯（Todd Lekan）的评价，"实用主义者不是在理论和实践之间做出选择，而是在理智的实践（intelligent practice）和不理智的实践之间做出选择。说哲学家应该关注理智的实践就是要拒绝任何把理论和实践彻底分裂的假设。实用主义致力于这种观念：有必要把理性、人性、道德和形而上学等哲学观念解释为一种理论工具，这种理论工具是出于我们要使实践更加理智化的需要而产生出来的"②。也就是说，道德概念等理论工具是在理解和解决具体的实际问题中发展出来的，没有"价值""义务"和"原则"等理论抽象作为独立于实践的实在而存在。所以对于实用主义者来说，伦理学应该关注的不是普遍抽象的原则、价值、概念等，而是实践问题的解决。这里的"实践问题"用普特南的话来说，仅仅意指"我们在实践中遇到的问题，特定的和处于情境中的问题，与抽象的、理想化的，或理论的问题相对"③。并且，对于

①　［美］普特南：《无本体论的伦理学》，孙小龙译，上海译文出版社 2008 年版，第 102—103 页。

②　［美］托德·莱肯：《造就道德：伦理学理论的实用主义重构》，陶秀璈等译，北京大学出版社 2010 年版，第 1 页。

③　［美］普特南：《无本体论的伦理学》，孙小龙译，上海译文出版社 2008 年版，第 25 页。

"杂乱的"实践问题，哲学家没有确定的解决方法，"只有处理一个特定的实践问题的好一些的和差一些的方法"。① 因此，本书认为，如果人们打算消除环境伦理学的理论与实践之间的鸿沟，那么实用主义将是一条非常可能的路径。对环境哲学家、环境活动家和环境相关职业者面临的具体哲学和伦理学问题进行分析，从而为其提供经验和行动上的指南，正是环境实用主义者们努力的目标。

实用主义是一种非常丰富和生动的学说，其对环境伦理学和环境哲学的启发远不及此，但是这两大主要特征确实是最为根本的支柱，有时候，人们甚至可以说，实用主义哲学就是一种环境哲学。本书将在后面章节中对其进行具体的阐述。

二 马克思主义实践观

比实用主义稍早问世的马克思主义在世界范围内产生了巨大影响。在哲学领域，马克思主义哲学完成了对近代哲学的历史性变革，终结了包括近代哲学在内的所有西方古典哲学，开辟了现代西方哲学的基本走向。如果我们从"实践"的观点来剖析，会发现，马克思在哲学上的变革核心就在于提出了科学的实践观，从根本上实现了西方哲学的实践转向。正如刘放桐先生所概括的那样，"西方哲学家们虽然对转向的解释各有不同，但是，他们所谓生命、生活、意志、力量、活动、行动、趋势、进化、变化都与实践相关，是实践的不同的表现形态，因此他们所要求实现的转向可以概括为实践的转向"②。如果这个提法成立，那么我们也应该注意到另一个事实，那就是实用主义哲学，特别是杜威哲学，在近代哲学到现当代的转向中在某种程度上同样实现了实践的转向，因为实践的观点就是实用主义哲学中最首要的、最基本的观点。深受实用主义哲学影响的环境实用主义者们信奉实践至上的基本理念，不管他们有没有意识到，他们都无法回避马克思主义实践观的深刻影响。

---

① ［美］普特南：《无本体论的伦理学》，孙小龙译，上海译文出版社 2008 年版，第 25—26 页。

② 刘放桐：《再论重新评价实用主义——兼论杜威哲学与马克思哲学的同一和差异》，《天津社会科学》2014 年第 195 卷第 2 期，第 4—12 页。

马克思的实践观经历了不同时期的艰苦探索最终形成了我们所熟知的经典表述：实践是人类所特有的对象性感性活动。相比于马克思之前的实践观，这个表述的核心是将人的现实生活作为哲学的起点和归宿。马克思曾明确表示："我们的出发点是从事实际活动的人。"① 因此，在摒弃西方哲学传统的理智主义追求上，在从哲学的彼岸实在到达此岸的生活实践上，杜威与马克思站在了同一阵营之中。有越来越多的学者开始关注到实用主义与马克思主义的这种深层次关联并将其作为实用主义现代意义的研究出发点。比如杨文极教授总结了实用主义与马克思主义在十个方面的共同之处：②（1）共同的时代背景；（2）共同的自然科学前提；（3）共同的欧洲哲学背景；（4）都实现了哲学"范式"的转变；（5）都重视实践，重视生活；（6）都介乎科学主义与人文主义之间；（7）二者对经验的理解具有一致性；（8）都重视功利和价值；（9）都讲"哲学革命"和"哲学改造"；（10）都有共同理想。虽然对于这十个方面我们并不一定全部赞同，但是他至少指出了实用主义与马克思主义二者在实践转向上的共同立场。陈亚军教授也认为，"实用主义和马克思主义之间在'实践优先'这一点上的共同立场是显然的、毋庸置疑的。不论是从本体论的角度还是从认识论的角度，马克思主义实践优先的内涵，都和实用主义有着大体一致的内容"③。这也是启发环境实用主义者的核心要义。如果说哲学的中心问题不再是"如何与实在相对应"，而是"如何生活得更好"，那么，环境伦理学的中心问题也不再是"自然何以具有内在价值"，而是"如何与自然和谐相处"。

同时，我们仍需注意到，马克思主义的实践转向与实用主义的实践转向二者具有原则性区别，并且，"马克思主义的实践转向高于实用主义

① 《马克思恩格斯选集》第 1 卷，人民出版社 1995 年版，第 73 页。
② 杨文极：《实用主义研究的现代意义》，《西北人文科学评论》2012 年第 5 卷第 00 期，第 15—27 页。
③ 陈亚军：《作为"居间者"的实用主义——与中国哲学、马克思主义哲学的对话》，《学术月刊》2015 年第 47 卷第 7 期，第 5—12 页。

的实践转向"①。首先，在马克思那里，物质资料生产劳动是实践的最基本形式，是人类得以生存的基本前提，也是人类从事其他一切实践活动的基础，因而，是人最本质的规定性。这既体现了从现实生活和现实实践出发的唯物主义立场，又肯定了人的主观能动性，并且，作为社会性的物质生产活动，它必然必须面对以生产关系为基础的人与人的各种社会关系，这使马克思的实践概念具有明显的社会和历史属性。其次，马克思的实践观与全人类解放的意识形态相统一，展现了改造自然、改造社会的无产阶级哲学勇气，正如马克思所一再强调的，哲学的目的不仅在于解释世界，更重要的是改造世界。

实用主义的实践观也涉及人的社会性和历史性，也谈论对自然、对社会的改造。比如他们在分析实践概念时关注的不只是主体和客体概念的直接统一，而是更关注在主客统一过程中主体如何相对于客体而成为主体，客体又如何相对于主体而成为客体，这个过程的解读必然涉及相关主体与客体统一的社会过程，体现出一定的社会性、阶级性和历史性。但是，实用主义者由于其阶级局限性，没有也无法将其实践概念与全人类解放统一起来。比如杜威对实践的解读是从达尔文进化论出发的，是基于人作为生物有机体的行为而言，相比之下，马克思主义的实践观则更有力量，能够真正成为社会行动的指南。当然，如果我们仔细去考察他们关于自然、经验、行动等概念时，问题分析将变得更加复杂。显然，环境实用主义者并没有在这方面付诸更多努力。

环境实用主义者并不关心马克思主义实践观与实用主义实践观之间的异同，甚至于对于它们之间的显著差异也视而不见，这是由他们折中的、妥协的基本立场所决定的，这也表现在他们对待环境伦理学内部的许多争议上。这可能也是环境实用主义至今仍是一个松散联盟的原因：如果他们没有对相关的分歧做出相应回应的话，他们很难在以理论著称的哲学学科内获得认同。不过，他们的这种态度并不妨碍他们吸收马克思主义的观点为自己辩护，比如对马克思主义自然观的解读，对生态危

① 刘放桐：《对实用主义转向的马克思主义解读》，《学术月刊》2020 年第 52 卷第 1 期，第 11—16 页。

机根源的分析，寻求生态文明的途径和道路等，仍然可以在环境实用主义的话语框架内进行。

三　大地伦理思想

奥尔多·利奥波德被认为是生态整体主义环境伦理学最有影响力的大师，他的《沙乡年鉴》（1949 年）几乎成为环境保护领域的圣书，尤其是在 70 年代的再版，使"大地伦理"（land ethic）思想广泛传播。利奥波德大地伦理思想的主要观点在于：其一，人与大地是一个共同体。这里的大地指包括土壤、水、植物、动物、微生物等在内的一个整体。人不仅是这个大地共同体的成员，还对共同体本身负有道德义务。"道德与共同体之间存在着一种双重的相互联系：（1）人们所理解的共同体的范围，同时也是道德共同体的范围；（2）一个共同体的结构和组织反映着该共同体的伦理原则。"① 其二，人与大地的共同体是一个"生物金字塔"或"大地金字塔"。大地金字塔是由生物和非生物共同组成的一个"高度组织化的结构"，底层是土壤，往上依次是植物层、昆虫层、鸟类与啮齿动物层，最顶层是大型食肉动物，这最后两层之间还包括一系列由不同动物组成的较小的层。大地金字塔的正常运转取决于两个条件：一是结构的多元性与复杂性，二是各个部分的合作与竞争。② 所以大地伦理思想在行为规范上可以具体为两点：第一，保护生物共同体在结构上的复杂性以及支撑这种复杂性的生物多样性（种类和数量上的）；第二，大地共同体虽然是一个可以自我调节的系统，但是它的这种调节需要较长时间，人为干预越小，金字塔自我修复的能力越大。③

虽然学界对大地伦理思想有不同的解读，但是他们大都把它理解为一种非人类中心主义论，一种赞成整体"利益"而牺牲个体"利益"的伦理整体主义，常常用来作为反对个体主义（如动物解放/权利论者）的武器。例如大地伦理学在当代最著名的代言人克里考特指出，"大地伦理

---

① 杨通进：《走向深层的环保》，四川人民出版社 2000 年版，第 161 页。
② 同上书，第 163 页。
③ 同上。

学并不公开地把同等的道德价值授予生物共同体的每一个成员。个体（包括人类个体）的价值是相对的，要根据它与利奥波德所说的大地共同体的特殊关系来加以衡量"①。但是，关于如何衡量个体与共同体的特殊关系，利奥波德似乎没有给出答案。如果我们将大地共同体的完整和稳定放在首要位置，那么我们是否应该允许牺牲个体物种（包括人类个体）来维护大地共同体的利益呢？雷根认为这里面很明显地包含了一种可能导致"环境法西斯主义"的主张，即允许猎杀人类个体，如果这样做能够维护生物共同体的完整与稳定。

对于这种危险倾向，马瑞塔和莫林分别从多元论和美德伦理的角度对伦理整体主义进行了重新解读，希望以此来避开道德的二难选择。② 克里考特则从休谟和斯密的道德情感论以及达尔文的进化论出发做了解释。他认为大地伦理学的基础是人的情感，而不是人的理性，"在我们变成理性存在物之前，我们肯定已经变成了道德存在物"③，大地伦理学不会导致环境法西斯主义，它通过把道德意识和同情概念建立在广阔的生态学背景之下而扩展了我们的道德关怀，扩大社会情感范围这一过程是通过竞争来实现的，正如自然界里所发生的那样。④ 即使我们接受克里考特的此番解释，我们还是会面对与此相关的另一个批评，即大地伦理学没有或很少为"我们应该做什么"（what ought to be done）这一问题提供帮助。这个批评对于环境实践来说是严肃的，因为大地伦理学看起来确实没有为如何处理生物共同体内部的利益冲突提供方向，而这对于那些处于这些困惑中的工作者来说，显然是非常重要的。克里考特为此提供的辩护是自然拥有价值所以应该被尊重。但是实际上他并没有正面回答此问题，即使我们赞同自然拥有价值，且价值不依赖于人们对它的评价，

① Callicott J. B., "Animal liberation and Environmental Ethics: Back Together Again", *Between the Species*, Vol. 4, No. 3, 1988, p. 3.

② 杨通进：《环境伦理：全球话语，中国视野》，重庆出版社2007年版，第116—117页。

③ Callicott J. B., "The Conceptual Foundation of the Land Ethics", In Machael Zimmerman et al. (eds.), *Environmental philosophy*, Prentice-Hall, 1993, pp. 110 – 134.

④ Miller P., The Implications of John Dewey's Ideas for Environmental Ethics, Indiana University, 1997, p. 25.

我们仍然没有为解决实际利益冲突提供点类似于判决书的东西。我们只有整体利益这一条原则,可是现实中纷繁复杂的不同个体的利益冲突如何协调,以及它们对整体有何影响,我们无从知晓。

环境实用主义研究者对大地伦理思想做了明显不同于克里考特的解读。他们认为,大地伦理学提供给我们的洞见里已经包含了实用主义教给我们的某些成分,我们可以从中提炼出一个类似于杜威实验法的版本,从而为现实的环境实践提供指导;在环境实用主义者看来,利奥波德实际上就是一个自然主义者和一个行动主义者,因为他维护了弱人类中心主义立场,注意到人类的利益和价值在他的大地伦理学中的重要性,甚至为了人类应该通过道德和生态学教育而带来人类心理状态的变化这一需要辩护。他在《沙乡年鉴》中这样写道:"如果没有一种智识重心、忠诚、情感和信念方面的内在变化,我们的道德观上的重大变化就永远不会完成。"①

诺顿更是将利奥波德归为"适应性管理"(adaptive management)②理论的第一人。他通过仔细分析利奥波德的思想基础,对大地伦理学进行了实用主义的解读。他认为大地伦理学仍然是一种人类中心主义,不过是一种把保护伦理建立在对未来子孙的责任感基础之上的有远见的人类中心主义(forward-looking anthropocentrism)。③ 他的适应性生态管理理论大量地吸收了利奥波德的思想,特别是对"像山那样思考"的多层级解释和对大地伦理暗含的行动主义以及经验主义的强调,为适应性管理提供了一个更全面、更系统化的解释。

作为一种环境伦理和环境哲学,环境实用主义明显是赞同大地伦理思想的,并且,环境实用主义者对大地伦理思想的实用主义解读为环境伦理和环境哲学思想提供了新鲜的视角,也为沟通不同的环境伦理理论贡献了力量。

① 杨通进:《走向深层的环保》,四川人民出版社 2000 年版,第 158 页。
② 参见本书第四章第二节。
③ Light A. , Katz E. , *Environmental Pragmatism*, Routledge Press, 1996, p. 85.

四　生态经济观

经济学在环境问题的研究中占据着重要的位置，无论从哪个角度对环境问题进行讨论都不可能忽略它。环境实用主义也不例外，它的许多观点和主张都受到了新兴起的生态经济学的影响，特别是在关于环境价值与环境决策的研究中，它的新思路与新方法为环境实用主义的实践策略奠定了基础。

生态经济学（ecological economics）兴起于 20 世纪六七十年代，是生态学和经济学结合而形成的一门交叉学科，其研究对象是生态经济复合系统的结构和运行规律，包含不同层次的社会、生态和经济问题。与传统经济学研究思路不同，生态经济学将生态和经济看作一个不可分割的有机整体，并试图把经济系统整合进更大的自然生态系统之中。它与环境经济学的思路也不同，环境经济学主要建立在外部性、公共物品、产权理论等基础之上，侧重于研究如何使资源配置更优、如何使收益最大化，而生态经济学建立在对经济发展与自然关系的生态学认识基础之上，所以环境经济学普遍采用的是主流新古典经济学的分析范式，而生态经济学多采用生态—社会—经济系统的分析方法。[①] 虽然二者的基础和方法不同，但是它们的研究问题是基本重合的，都主要关注环境污染、气候变化、生物多样性等问题。有时候，人们也将生态经济学看作环境经济学在后期发展的变种。另外，本书在导论中提到，环境哲学、生态哲学、环境伦理学、生态伦理学等学科的讨论也都是融合在一起的，比如环境伦理学讨论的问题很大程度上也涵盖了生态方面的问题，本书从一开始并没有对这些概念进行区分，所以在后文的讨论中，本书也没有严格地将生态经济学与环境经济学区分开来，只不过环境实用主义似乎更赞同生态经济学的理论起点，而受此影响更深，所以本书以生态经济学为背景讨论二者对环境实用主义的理论建构和实践应用策略的启示。

首先，生态经济学把生态环境耗损因素纳入了社会福利审计，从而为解决生态环境问题、制定正确的环境和经济政策提供了更为合理的操

① 关于二者的区分参见 van Den Bergh J. C. , "Ecological Economics: Themes, Approaches, and Differences with Environmental Economics", *Regional Environmental Change*, Vol. 2, No. 1, 2001, pp. 13 - 23.

作建议。美国经济学家巴克莱和塞克勒为协调经济发展与环境质量的关系试图对国民净收入（NNP）进行"绿化"，而提出了社会净福利函数（NSW）的方程：NSW = NNP +（B − GC）− AL，其中 NNP 是国民净收入，B 为未被认识的非市场性经济发展有利条件，如增长的业余时间、知识的积累、保健的改善等，GC 为发展经济（包括信息、管理等方面）以及减少污染所付出的劳力和费用，AL 为环境恩惠的损失，例如噪声增加、烟雾增多、风景区的商业化变革等。[①] 这个方程式表明"在经济发展过程中，效益的追加部分增加时，为它支付的费用也必须增加，当追加费用等于追加效益时，经济就必须停止发展，否则会引起环境恶化"[②]。这对于协调经济发展与环境质量关系起到了重要作用。目前，绿色 GDP（GGDP）、绿色国内生产净值（EDP）等概念已得到越来越多的认可，绿色经济、循环经济等也开始走向实践。

　　其次，生态经济学试图把生态环境的非使用价值纳入到总的环境价值的计算和评价中。环境总价值（TEV）被分为使用价值（UV）和非使用价值（NUV）两大类，前者又分为直接使用价值（DUV）（如食物）、间接使用价值（IUV）（如风暴防护）和选择价值（OV）[③]（如生物多样性）；后者也被称为存在价值（EV），常见的来源包括同情、遗赠、利他、看护（stewardship）等。因此，环境总价值的公式可以表示为：TEV = UV + NUV = DUV + IUV + OV + EV。[④] 这种环境价值计算方法纳入了对自然存在价值的考虑，对自然资源的现期使用和未来保留提供了依据。不过，对存在价值的分析和度量很难利用传统经济学工具来实现，所以生态经济学家们试探了各种各样新的非市场价值评估法，比如调查人们对濒危物种的支付意愿等，但是这里面仍然没有考虑到人的伦理与情感等重要维度。环境实用主义者正好看到了这一点，他们认为把存在价值

---

① 严法善：《环境经济学概论》，复旦大学出版社 2003 年版，第 7 页。

② 同上。

③ 选择价值是指当代人为了保证后代人对资源的使用而对资源所表示的支付意愿，即将来的直接或间接的使用价值。

④ 麻彦春、魏益华、齐艺莹主编：《人口、资源与环境经济学》，吉林大学出版社 2007 年版，第 220 页。

纳入到环境价值计算中是必要的，环境哲学不能只提供一些存在价值的伦理和哲学证明，而不提供一些可供经济学家们参照和使用的原则与标准，所以他们在其实践策略中主张将伦理学运用于对存在价值的评估和度量中，通过经济学家、伦理学家和其他相关学者的讨论和沟通发展各类更适宜的评估工具和评估方法，从而更合理地对环境价值进行评估，为环境决策提供参考。

环境实用主义赞同绿色审计和度量环境存在价值的思路，不过它反对与此紧密相关的成本收益分析框架在环境决策中的简单应用。成本收益分析①（cost-benefit analysis，CBA）被用作在各种环境行为和方案之间做出取舍的决策工具，简单点来说，它认为当总收益大于总成本时，则该方案可行。诺顿把此方法看作是处理环境价值问题的两大范式之一②，并对它的功利主义伦理基础和理性人假设提出了批评。不过成本收益分析工具的简洁、明确、操作性强等特点确实在相关环境问题中有很大的吸引力。环境实用主义也并不是要完全地拒绝它，而只是拒绝对它简单而粗糙地使用。与主张把伦理学等考虑纳入到存在价值的度量中相关，环境实用主义赞同更综合的决策工具如多准则决策分析［Multi-criteria decision analysis（MCDA）③］，强调反思与行动的循环，强调程序和结果的

---

① 关于 CBA 及其运用，参见 Mishan E. J. , Quah E. , *Cost-benefit analysis*, Routledge, 2007. Pearle D. W. , Atkinson G. , Mourotos. , *Cost-benefit Analysis and the Environment：Reclent Development*, Organisation for Eoonomic Cooperation and Dovelopmont（OECD），2006. Ackerman F. , Heinzerling L. , "Pricing the Priceless：Cost-benefit Analysis of Environmental Protection", *University of Pennsylvania Law Review*, 2002, pp. 1553 – 1584。

② 另一个就是自然内在价值论，后文有具体介绍。

③ Multi-criteria decision analysis（MCDA）指在具有相互冲突、不可共度的有限或无限方案集中进行选择的决策，它是分析决策理论的重要内容之一，在第五章中有具体的分析。关于 MCDA 及其运用，参见 Köksalan M. M. , Wallenius J. , Zionts S. , *Multiple Criteria Decision Making：From Early History to the 21st Century*, World Scientific, 2011. Moffett A. , Sarkar S. , "Incorporating Multiple Criteria into the Design of Conservation Area Networks：A Minireview with Recommendations", *Diversity and Distributions*, Vol. 12, No. 2, 2006, pp. 125 – 137. Kiker G. A. , Bridges T. S. , Varghese A. , et al. , "Application of Multicriteria Decision Analysis in Environmental Decision Making", *Integrated Environmental Assessment and Management*, Vol. 1, No. 2, 2005, pp. 95 – 108. Regan H. , Davis F. , Andelman S. , et al. , "Comprehensive Criteria for Biodiversity Evaluation in Conservation Planning", *Biodiversity and Conservation*, Vol. 16, No. 9, 2007, pp. 2715 – 2728。

公平和正义。

一方面，环境实用主义受到了生态经济学的启发，远离了传统经济学的强一元论立场；另一方面，环境实用主义力图和生态经济学进行交流和合作，尝试为环境决策提供更具操作性的伦理建议。将伦理学与哲学考虑与经济学考察结合起来是环境实用主义在实践策略上的主要特征之一，这不仅体现在对环境决策的研究中，还体现在它们对可持续性的解读上。

第三节　环境实用主义的可能性

虽然为了论述的方便简洁，本书在前面已经使用过"环境实用主义"一词，但是却没有给出准确的概念定义。环境实用主义（Environmental Pragmatism）是环境伦理学和环境哲学发展中的一个新的研究进路，从"环境实用主义"一词引入之初，它就是作为一个综合的概念而使用的，包含了关于环境问题的多个不同立场。对于什么是环境实用主义以及环境实用主义如何可能，不同的学者有不同的理解。比如，有的把环境实用主义当作实用主义与环境伦理学思想的简单杂糅，有的把将实用主义的原则和方法应用于解决现实环境问题的策略称为环境实用主义，有的把实用主义对环境哲学和环境伦理学中理论争论的解决当作环境实用主义的主旨。[①] 归纳起来说，环境实用主义可以是环境伦理学和哲学中的实用主义，也可以是实用主义哲学中的环境伦理学和哲学，即对环境实用主义一词可以有两种不同的解释，一是"环境哲学的实用主义"，二是"实用主义的环境哲学"。本书将这两种主要的进路都看作是环境实用主义。

一　环境哲学的实用主义

实用主义哲学产生于 19 世纪 70 年代。20 世纪初，其在美国发展成

①　Park K. A. , "Pragmatism and Environmental Thought", In A. Light & E. Katz (eds.), *Environmental Pragmatism*, Routledge Press, 1996, p. 21.

为一种主流思潮，并蔓延至欧洲大陆等其他地方，加之20世纪七八十年代的复兴，其对法律、教育、政治、艺术等人文和社会科学领域产生了巨大影响。在这样的背景下，似乎对环境伦理学和哲学中的实用主义思潮兴起不必感到惊讶，当实用主义成为一种时髦时，环境伦理学追一把潮流也无可厚非。但是，这对于那些熟悉兴起于60年代的职业环境伦理学的人来说，却是不大可能的，因为人们通常将实用主义哲学视为对个体主义、对人类中心的宣扬，认为实用主义把所有价值都根植于人的主观经验，而这与环境伦理学中占统治地位的非人类中心主义立场无法兼容。为此，明特尔指出，环境伦理学似乎是实用主义最不可能出现的一个领域，更不用说扎下牢固根基和进一步传播了。① 直到现在，环境伦理学中的实用主义仍然不是主流，要使它在大多数非人类中心主义的哲学家圈子中被接受显得困难重重，但这并不是没有可能。

环境伦理学和哲学的实用主义主要是指把实用主义哲学（主要是美国古典实用主义）的概念、原理和方法运用于环境伦理学和哲学中，以实现对传统环境伦理学的实用主义改造。正如杜威对传统哲学所做的改造一样，人们尝试用实用主义哲学重新定义环境伦理学的内容和任务。例如，帕克认为，关于环境的伦理和哲学是用来决定什么是善以及什么行为是正确的一种处于不断进行中的尝试，并且，环境伦理学应该与创新性的公共政策决策程序相联系，所以环境实用主义应当包含以下四个方面的内容：一是关于环境的概念；二是环境伦理学在哲学中的地位；三是环境伦理学的社会与政治维度；四是实用主义对道德多元论、人类中心主义以及自然内在价值等争论的贡献。② 诺顿和明特尔等其他学者大多也采取了类似的策略，即从实用主义哲学出发，然后用实用主义的哲学承诺去保证方法论的实用主义，以实现环境实用主义的建构，但是一个明显的例外就是莱特。

---

① Minteer B. A., "Pragmatism, Piety, and Environmental Ethics", *World Views*: *Environment*, *Culture*, *Religion*, Vol. 12, No. 2 - 3, 2008, pp. 179 - 196.

② Park K. A., "Pragmatism and Environmental Thought", In A. Light & E. Katz (eds.), *Environmental Pragmatism*, Routledge Press, 1996, pp. 21 - 37.

　　莱特明确区分了关于环境的哲学实用主义（philosophical pragmatism）与方法论实用主义（methodological pragmatism）。① 前者是指将美国实用主义哲学的基本理论（比如关于真理的实用主义概念和实用主义的认识论等）应用于环境哲学，后者致力于从道德上促进决策者和公众对环境保护政策和行动的达成。在区分哲学实用主义与方法论实用主义的基础之上，莱特确定了环境伦理学的两个主要任务：第一，产生于哲学的实用主义，考察自然价值的传统哲学任务；第二，产生于方法论的实用主义，关于环境保护的道德激励论题的阐明。② 莱特把第二个任务看作是环境哲学的主要论题。对于他来说，方法论的实用主义才是首要的，很多时候他甚至明确拒绝将哲学实用主义应用于环境哲学中。他说道："我把自己归为方法论的环境实用主义者（methodological environmental pragmatist），尽管有时候在某些论题上我是一个隐秘的哲学环境实用主义者（philosophical environmental pragmatist）。但更为重要的是，我对方法论的实用主义的承诺可以使我选择在什么时机和什么地方引入我的哲学实用主义。"③ 在之后，莱特意识到，他根据哲学实用主义与方法论实用主义的区分而提出的环境哲学的两个中心任务并不一致：假如方法论的环境实用主义成功地拉近了环境哲学与公众对环境政策的讨论之间的距离，它仍然无法作为环境伦理学中元伦理争论的出发点，即为另一个环境伦理学任务服务，也就是说，方法论实用主义无法解决环境伦理和环境哲学中的理论问题。例如，坚持所有的环境哲学家放弃他们的非人类中心主义承诺而支持杜威的自然主义，可能会陷入更深的争论，并且这个争议只可能通过长久的关于人类、自然与行为评估关系的形而上学讨

---

　　① Light, A., "Environmental Pragmatism as Philosophy or Metaphilosophy?", In A. Light & E. Katz (eds.), *Environmental Pragmatism*, Routledge Press, 1996, pp. 325 – 338. Light A., "Methodological Pragmatism, Animal Welfare, and Hunting", In E. McKenna & A. Light (eds.), *Animal Pragmatism: Rethinking Human-nonhuman Relationships*, Indiana University Press, 2004, pp. 119 – 139.

　　② Light A., "Taking Environmental Ethics Public", In D. Schmidtz & E. Willott (eds.), *Environmental Ethics: What Really Matters? What Really Works*, New York: Oxford University Press, 2002, pp. 556 – 566.

　　③ Light A., Katz E., *Environmental Pragmatism*, Routledge Press, 1996, p. 331.

论而解决。①

明茨（Joel A. Mintz）也采取了环境哲学的实用主义这一进路，提倡将实用主义运用于环境哲学中。他认为实用主义具有的以下两大优点可以为环境伦理和环境哲学服务：一是对事实、适应性、经验，以及现实问题的实际解决的强调，二是对建立民主共识与社会公平的清晰偏爱。② 相比之下，明茨更为强调第二点，他认为实用主义对民主共识与社会平等的关注将有助于引导关于环境的法律与政治。在当代的环境法律与政治话语中，实用主义思想能在众多层面上为环境决策提供理智的支持，从而帮助实际的环境政策与法律的建立。他曾区分过当代实用主义关于环境思想的三种不同的形式，分别是哲学实用主义、法律实用主义和环境实用主义。③ 这三种形式最终都需要指向实际的环境议题（包括政策、法律和具体问题等），而现实的环境问题是异常复杂的（科学与技术的议题、不确定性、文化、政治等因素），它的顺利解决需要依赖于实用主义在认识论和方法论上的优点：经验的、多元的、实验主义的。在这一点上，他的立场同莱特类似，即方法论的实用主义是首要的。

可以看出，环境哲学的实用主义主要采取两种策略：第一种策略将哲学实用主义看作是首要的，试图将环境伦理学和环境哲学建立在实用主义的哲学承诺之上；第二种策略认为环境实用主义不需要赞同实用主义的哲学承诺，但是可以运用实用主义的方法去建构环境哲学。这两种将美国实用主义哲学运用于环境哲学的策略实际上是相通的。实用主义本身一直处于建构之中，很难为实用主义找到一个基本的原理或观点作为它的理论基石，正如伯恩斯坦指出的，"我不认为实用主义有一个'本质'，或者甚至一套严格界定的承诺或原则，它们为所有的实用主义者所

---

① Light A.，"Taking Environmental Ethics Public"，In D. Schmidtz & E. Willott（eds.），*Environmental Ethics: What Really Matters? What Really Works*，New York: Oxford University Press，2002，p. 560.

② Mintz J. A.，"Some Thoughts on the Merits of Pragmatism as a Guide to Environmental Protection"，*Boston College Environmental Affairs Law Review*，Vol. 31，No. 1，2004，pp. 1 – 26.

③ Ibid. .

共享"①。所以，运用于环境伦理学和环境哲学中的实用主义论点不是那个一般的"本质"，而是经过挑选和过滤了的具体理论，这种"实用"的策略本身就包含了对实用主义方法论的肯定。同时，正如莱特后来所意识到的，把哲学实用主义与方法实用主义断然分离并不合理，方法论实用主义根植于哲学实用主义，关于环境的理论争议也无法仅仅通过方法论实用主义得到解决。所以，环境哲学的实用主义不是要全面接受美国实用主义的所有概念、原理和方法去改造环境伦理和环境哲学，而是批判地吸收和借鉴；实用主义可以为环境哲学服务，但这并不是环境哲学的全部。环境实用主义包含了这种策略，同时，还存在着另一条可能的建构方式，那就是实用主义的环境哲学。

二　实用主义的环境哲学

实用主义的环境哲学主要是指在实用主义哲学内部挖掘与环境相关的伦理与哲学思想，认为实用主义哲学本身就是一种环境哲学。比如，唐纳德就把实用主义解读为一种以生命为中心的整体主义，并认为这是一种一般意义上的环境伦理学和环境哲学。他认为皮尔士、刘易斯和杜威等人（特别是杜威）的思想目标，就是建立一种自然主义的、非主体主义的、非人类中心主义的伦理学与哲学。② 暂且不管这种解读是否准确，但是它确实为环境实用主义的建构提供了一条可能路线。沿着这条路线，对实用主义的重新解读为环境伦理学打开了新的方向。

本书在第二节中已经简单地分析了实用主义对环境伦理学和环境哲学有所启发的一些特征，接下来，本书需要仔细审视一下，实用主义是否可以看作是一种环境哲学。通过分析古典实用主义哲学，笔者发现，实用主义至少在以下几个方面可以看作是某种意义上的环境哲学，从而为环境实用主义的建构进一步提供了可能。

第一，关于人与环境的关系。人与环境的关系问题是环境伦理学和

---

① ［美］伯恩斯坦：《美国实用主义：诸叙事的冲突》，载［美］萨特康普《罗蒂和实用主义》，范德比尔特大学出版社 1995 年版，第 62 页。转引自江怡《现代英美分析哲学》，载叶秀山、王树人主编《西方哲学史》（学术版）第 8 卷上，凤凰出版社 2005 年版，第 289 页。

② McDonald H. P., *John Dewey and Environmental Philosophy*, SUNY Press, 2004.

哲学的基本问题。环境伦理学一直努力宣扬一种人与自然环境的和谐理念，"动物权利""大地共同体""尊重自然""自然价值"等建立了不同程度、不同范围的与环境的亲密关系。实用主义哲学也为我们揭示了人与环境的深层交互作用，它对待个体与环境关系的看法可以看作是环境关怀的基础。杜威在达尔文学说的启发下向我们展开了一幅人与经验世界的有机统一画面。他说道："活的生命的事业和命运都依赖于它与环境之间的相互交换，这种交换关系不是外在的，而是亲密的。"① 我们和其他有机体一样，是这个世界中的成员，我们与环境的交互作用不仅促成了我们的进化演变，同时，也促成了世界的变化。我们在世界之中，世界也在我们之中。正是从这种世界观出发，杜威改造了传统哲学主客二分下的经验概念，又从经验出发，强调了人与世界的相互统一。对于杜威来说，"'经验'是一个双向词，它能够同时强调人类有机体与环境之间相互作用的过程（process）及其互动的内容（content）"②，经验是主体对环境提出的种种要求的一种适应性反应。詹姆斯也和杜威一样表达了对传统经验主义的批评，他们认为，传统哲学没有从"经验应该是什么"出发去描述经验，而是从"经验应该是什么"出发去描述经验。③ 杜威指出，这种对经验的错误认识与二元分裂式的思维方式直接相关，只有纠正了这种错误认识，"人与世界的关系才会回到哲学反思前的原初状态，才能从根本上化解传统哲学造成的人与世界的分裂"④。可以看出，实用主义哲学内在地包含了人与世界相互统一的观念，人不能把环境作为对象和自己分离开来，人首要的是与环境纠缠在一起，这为驳斥那种对自然的傲慢与自大提供了依据，同时也就为关爱与保护环境提供了理论基础。

第二，关于环境价值的问题。环境伦理学之所以成为一种"新"的

---

① ［美］塔利斯：《杜威》，中华书局 2002 年版，第 24 页。
② ［美］詹姆斯·坎贝尔：《理解杜威：自然与协作的智慧》，杨柳新译，北京大学出版社 2010 年版，第 68 页。
③ 江怡：《现代英美分析哲学》，载叶秀山、王树人主编《西方哲学史》（学术版）第 8 卷上，凤凰出版社 2005 年版，第 371 页。
④ 同上书，第 370 页。

伦理学，其主要的路径就在于为自然的价值或权利辩护，其基本策略是将价值等概念扩展到人之外的自然存在物。诸如"自然的价值""自然的尊严""自然的权利""生命的价值""动物权利"等词汇经常见诸关于环境问题的著作中，不过大多数情况下，这些词汇都被当作一种不证自明的前提在使用，而没有进行明确清晰的论证。而环境伦理家们为自然拥有内在价值或固有价值提供了详细的证明，这是职业环境伦理学们最主要的工作之一。例如，罗尔斯顿从生态学出发，总结了自然的十四种价值，肯定了自然价值的客观性并认为我们只有通过体验的通道才能了解事物的价值属性。他的自然价值论在环境伦理学中占据着重要的地位。不过，暂且不论他的证明是否牢靠，本书要关注的是实用主义是否也能为此提供一条证明路径。通常情况下，人们认为实用主义哲学家是否认自然内在价值概念的，特别是杜威的工具主义，给人们留下了拒斥内在价值的印象。不过，杜威反对的并不是内在价值概念本身，而是反对把伦理学建立在既定的内在价值之上的观念；而其他的实用主义者并没有拒绝内在价值概念，特别是更具理想主义气息的实用主义者（more ideal-istic pragmatists），如刘易斯，他们为内在价值辩护。刘易斯在区分四种价值（固有价值 inherent value，工具价值 instrumental value，内在价值 in-trinsic value，外在价值 extrinsic value）的基础之上，肯定了自然的价值，认为自然能被经验为一个客体或赋予了价值属性的客体的整体。① 不过，实用主义对整体主义和行动主义的强调使实用主义伦理学较少地依赖于内在价值概念，实用主义有可能为环境伦理学提供一条比内在价值更为重要，把环境放在了比内在价值理论所能给予的更高的地位的路线。正如唐纳德的评论，实用主义哲学能从两个方面为环境伦理学提供养分，一是在标准的环境伦理学范式之内，即建立在内在价值基础之上的；二是从环境伦理学的其他路径，比如提高环境伦理学的实践性。②

第三，关于事实与价值的关系。事实与价值的关系问题不仅是环境

---

① McDonald H. P. , Pragmatism and the Problem of the Intrinsic Value of the Environment, The New School University, 2000, pp. 145 – 148.

② McDonald H. P. , Pragmatism and the Problem of the Intrinsic Value of the Environment, The New School University, 2000, p. 144.

伦理学的一个重要问题，也是现代西方伦理学的重要问题。在西方伦理学史上，大多数伦理学家肯定价值判断具有客观性，是有意义的，这关系到伦理学能否成立。环境伦理学同样承认价值判断，并且，它进一步肯定了事实判断与价值判断的统一性。例如罗尔斯顿通过"体验通道"达到了事实与价值的相融，从而为环境保护提供了伦理基础。实用主义者对事实与价值的关系看法经历了一个转变的过程。詹姆斯倾向于赞同传统哲学对事实与价值的区分，认为自然事实本身并不涉及价值判断，只有当相对于人来说时，才能说什么是好什么是不好，对于他来讲，价值判断与人的情感密切相关。杜威虽然也承认价值判断与人的情感相关，但是他认为价值判断也是事实判断，二者是统一的。他认为，既然价值的存在是事实，那么关于价值的判断也应该是事实判断，价值就是事实的一种，即"价值事实"，这是从发生学的角度进行的一种论证。他指出"没有任何东西在方法论上（以判断的身份）能使'价值判断'与在天文学、化学、生物学的研究中得到的结论有所区别"，"'价值与事实的关系'问题，完全是人为的，因为它依赖于和来自于一些毫无事实根据的假设"，① 并且，他认为实验或工具的方法可以排除理论与实践、人与自然、事实与价值之间的障碍。② 这表明，杜威强调的是价值与事实的联系，把价值当作价值事实来看待。刘易斯则比杜威更近了一步，他通过区分三种价值判断（表达性陈述、终端的判断、非终端的判断）所具有的有不同程度的客观性，③ 从而论证了所有的价值判断都是客观的。普特南等受后现代思潮的影响，进一步明确了要破除传统哲学关于事实与价值二元划分立场。因此，实用主义之所以可以看作是一种环境伦理学或环境哲学，在于它对事实与价值相融性和统一性的强调。并且，实用主义还强调价值与行动效果的密切关联，这种强调在很大意义上也是对行

---

① Dewey J., "The Field of Value", In R. Lepley (eds.), Value: *A Cooperative Inquiry*, Greenwood Press, 1949, pp. 64 – 77.

② 向玉乔：《人生价值的道德诉求——美国伦理思潮的流变》，湖南师范大学出版社 2006年版，第 182 页。

③ 涂纪亮：《从古典实用主义到新实用主义——实用主义基本观念的演变》，人民出版社 2006 年版，第 389 页。

动的一种彰显，可以看作是对环境伦理学实践诉求的表达。

在这里本书只是简单地提及了实用主义的环境哲学成立的三个方面，而实用主义哲学中显然还存在着其他丰富的关于环境的伦理和哲学思想，本书只是想借此表明，实用主义，至少是其中某些重要的成分，不仅没有对环境持有敌意和偏见，并且，它还为我们关爱环境、保护环境提供了理论基础，为确定和解决人类与非人类的利益冲突提供了方法指导，为跨越环境伦理的理论与实践之间的鸿沟提供了帮助。说实用主义是一种环境哲学，可以是在传统环境伦理学视域内，也可以是在更为广泛的环境哲学视域内。这为环境实用主义的建构提供了可能的方向。

三　环境实用主义的建立

前文分别讨论了环境实用主义包含的两个不同方面：环境哲学的实用主义与实用主义的环境哲学。由于二者是紧密相关的，所以在实际中本书并不对其进行严格区分。环境实用主义的成立，可以来自于环境伦理学和环境哲学中的实用主义立场，也可以来自于实用主义中的环境伦理学或环境哲学主张。在环境实用主义的建构策略上，有的学者主张在传统环境伦理学框架内引入实用主义的观点，比如用实用主义哲学为自然的内在价值辩护；有的学者则明确拒绝主流的非人类中心主义环境伦理框架，认为它排斥了其他可能对环境保护基础有益的思想；有的主张以实用主义哲学为基础建立一种比传统环境伦理学视角更为广阔的环境哲学，这种环境哲学以强调问题取向和政策行动为主要特征，是一种以环境问题为取向的环境行动哲学；有的主张借用实用主义的方法为环境伦理学的实践应用服务，即开启环境伦理学的应用伦理学模式；有的则干脆把实用主义当作一种环境哲学，并从不同层面对其进行论证……这些不同的策略和立场都可以看作是某种形式的环境实用主义，环境实用主义一词包含了关于环境理论与环境实践的不同实用主义洞见。

在《环境实用主义》论文集导言中，莱特和卡茨归纳了环境实用主义的四种基本形式：一是探索美国实用主义与环境议题之间的联系；二

是详细阐明在环境理论、环境政策、环境运动和公众参与之间架起桥梁
的实践策略；三是为政策选择提供规范基础，以便为不同的理论对话提
供共同前提和达成环境运动的一致性；四是对环境规范理论中的多元主
义进行理论与元理论的一般辩护。① 这四个基本主题代表了早期环境实用
主义者关注的主要内容，这些在之后不同的环境实用主义进路中均有体
现。虽然不同学者的环境实用主义思想侧重点各有不同，但是他们都一
致认为传统环境伦理学对理论的过分关注使其丧失了实践关涉，在抽象
化的理论言说中迷失了原本的方向。因此，他们都把探究某种形式的环
境实用主义作为努力的目标，以实现环境伦理学的"实践转向"。例如，
里坦（Eric Reitan）指出，"环境危机的紧迫性已经不允许我们奢侈地追
逐纯粹学术上的论辩了，环境伦理学和环境哲学应该更多地提供实用的
意义"②。从这个角度出发，本书认为可以把环境理论与环境实践中以问
题解决为取向的视角当作是环境实用主义，这是对环境实用主义一词最
宽泛的理解，同时，这也反映了环境实用主义的核心精神：帮助解决或
改善环境问题。

莫里亚蒂（Paul Veatch Moriarty）根据莱特对两类实用主义的区分，
总结了环境实用主义的成立条件：（1）赞同哲学实用主义是成为环境实
用主义者的充分而非必要条件；（2）赞同方法论的实用主义是成为环境
实用主义者的充分而非必要条件；（3）赞同哲学实用主义或者方法论实
用主义，以及同时赞同二者，是成为环境实用主义者的必要条件。③ 也即
是说，成为环境实用主义者至少要赞同哲学实用主义和方法论实用主义
中的一个。根据此标准，莫里亚蒂认为自己并不是一个环境实用主义者，
他声称他不赞同哲学实用主义和方法论实用主义中的任何一个，但是，

① Light A., Katz E., "Environmental Pragmatism and Environmental Ethics as Contested Terrain", In A. Light & E. Katz（eds.）, *Environmental Pragmatism*, Routledge Press, 1996, pp. 1 - 20.

② Reitan E., "Pragmatism, Environmental World Views, and Sustainability", *Electronic Green Journal*, Vol. 1, No. 9, 1998, pp. 1 - 12.

③ Paul Veatch Moriarty, Pluralism Without Pragmatism, http://www.cep.unt.edu/ISEE2/2006/Moriarty2.pdf.

他支持环境实用主义在以下几个方面的意见：第一，赞同多元主义的某种形式；第二，环境哲学应该面向环境政策制定者和活动家关心的实际议题；第三，持有不同价值观的人们（如人类中心主义者、生物中心主义者、生态整体主义者等）通常可能在实践层面发现共识。对于如何区分环境实用主义者，莫里亚蒂的看法是依据其对多元主义的态度，因为所有的环境实用主义者都赞同某种形式的多元主义，赞同道德或价值多元主义是连接不同环境实用主义者的聚合剂。对于某些环境实用主义者来说，例如韦斯顿、诺顿、莱特、温茨、明特尔和曼宁等，他们似乎都把实用主义等同于价值多元主义，不过莫里亚蒂力图去证明，不支持实用主义也一样可以为多元主义辩护。其实，莫里亚蒂与环境实用主义者分享的三点意见就足以表明他实际上就是一个环境实用主义者，只是他并不喜欢这样的标签，因为他讨厌美国实用主义著作的写作方式，也并不赞同实用主义的真理概念，或者说，他认为关于真理概念，实用主义内部也没有达成一致。

作为环境实用主义的主力学者，诺顿把环境实用主义当作逃离人类中心主义与非人类中心主义争论的出路。他在区分感性偏好（felt preference）与理性偏好（considered preference）、需要价值（demand value）与转换价值（transformative value）的基础之上，提出了弱式人类中心主义（weak anthropocentrism）或者叫扩展的人类中心主义（extended anthropocentrism），并在后期进一步转向了环境实用主义。① 他主张环境实用主义不会参照任何在哲学上难以证明的概念，比如内在价值，也不会在讨论前以任何方式假设某人需要采纳的某种世界观。同莫里亚蒂一样，他也把多元主义当作环境实用主义的必要条件，不过他是在皮尔士和詹姆斯真理概念基础上得出的结论，而莫里亚蒂并不赞同实用主义的真理概念。他还明确地谴责把所有自然价值还原为经济价值或内在价值的企图，认为这种还原论误解了环境价值和评价，并可能导致"坏的"环境伦理从

---

① Norton B. G. , *Sustainability*：*A Philosophy of Adaptive Ecosystem Management* , University of Chicago Press, 2005, p. 76.

而在概念和政治上误事。① 尽管他批评经济学成本收益分析的系统使用，警告条件估值法（contingent valuation, CV）② 的陷阱，但是他指出，环境实用主义与决策者分享的最根本最坚实的看法是：对环境问题的解决方法必须在经济系统的可持续发展中才能发现，所以诺顿采取了一种妥协的、折中的和务实的环境实用主义进路，把关注的焦点放在了关于环境议题的对话与协商中，支持一种民主的多元的策略，以便最大限度地实现有效的交流和政策的达成。

可以发现，要给环境实用主义下一个准确的定义非常困难。它不是美国实用主义与环境伦理学的简单杂糅，也不是关于实用主义的应用伦理学；它不是各种现有环境伦理和环境哲学理论的大杂烩，也不是打着实践旗号的某种新的环境哲学理论。准确地讲，环境实用主义只是一个宽松的联盟，它不要求赞同任何实质性的实用主义的哲学承诺，但必须以环境议题的实践性解决为根本宗旨，可以说，环境实用主义更多的是一种方法，而不是一种目标，正如林官明指出的，如果把实用当作目标本身就违背了实用主义的方法。③ 因此，本书主张，在最广泛的意义上，可以把环境理论与环境实践中以问题解决为取向的视角看作是环境实用主义；在一般的意义上，可以把环境实用主义看作是关于环境伦理和环境哲学的各种不同的实用主义进路的总和；在最严格的意义上，应当区分环境哲学的实用主义与实用主义的环境哲学。大多数时候，本书是在第二种意义上（一般的意义上）使用环境实用主义一词。但是，环境实用主义的建构并不是杂乱无章和盲目生硬的，它仍然有着一致的致思理路、逻辑框架和核心旨趣等。正是沿着这条内部的逻辑通道，环境实用主义才得以真正成立。那些"仅仅因为相信环境哲学应该与现

① Norton B. G. , "Why I am not a Nonanthropocentrist", *Environmental Ethics*, Vol. 17, No. 4, 1995, pp. 341 –358.

② 条件价值法（Contingent Valuation Method, CVM）是当前世界上流行的对环境等具有无形效益的公共物品进行价值评估的方法，主要利用问卷调查等方式直接考察受访者在假设性市场里的经济行为，以得到消费者支付意愿来对商品或服务的价值进行计量的一种方法。参见张志强、徐中民、程国栋《条件价值评估法的发展与应用》，《地球科学进展》2003 年第 18 卷第 3 期，第 454—463 页。

③ 林官明：《环境伦理学概论》，北京大学出版社 2010 年版，第 142 页。

实政策讨论相联系就自称为环境实用主义者的并不是真正的环境实用主义者"①。本书将在接下来的几章对环境实用主义的理论与实践进路进行详细剖析。

① Paul Veatch Moriarty，Pluralism Without Pragmatism，http：//www. cep. unt. edu/ISEE2/2006/Moriarty2. pdf.

第 二 章

实用主义进路的致思理路

环境哲学的实用主义进路包含了许多不同的立场与方向，简单来说，环境实用主义是持各种不同主张的环境实用主义者的一面共同旗帜。在这面旗帜下，不同的环境实用主义主张得到了有效表达。但是，各种各样的环境实用主义进路仍然有着一致的致思理路，本书将其归纳为三点：主张价值或道德多元主义，削减理论争论在环境伦理学中的地位，以及直面现实环境政策与环境问题。其中，拥护多元主义是环境实用主义得以成立的前提，规避形而上学争论是实现实践参与的必经途径，环境议题的实践性解决是环境实用主义的最终伦理归宿。正是沿着这一致思理路，环境实用主义才得以成功建构。

第一节　倡导多元主义

虽然不同的环境实用主义者对于什么是环境实用主义持不同意见，在许多具体问题上也存在分歧，但是他们似乎都把拥护多元主义当作是成为环境实用主义者的必要的或充分的条件。可以说，所有的环境实用主义者都是多元主义者，均认可价值多元主义或道德多元主义。对某种形式的多元主义的赞成是联系不同环境实用主义者的纽带。环境实用主义对多元主义的拥护一方面建立在对生态系统复杂性的理解之上，另一方面，来源于实用主义哲学的影响，特别是古典实用主义对于经验概念的诠释。生态系统的复杂性特征和实用主义的经验论成为道德多元论的基础。

一　多元主义：环境实用主义者的聚合剂

关于环境价值有两种流行理论，一是环境经济学中的功利主义价值论，二是非人类中心主义环境伦理学中的内在价值理论。这两个理论在不同领域主导了关于环境价值的讨论。虽然二者使用不同的词汇、概念与解释，但是从技术层面讲，它们是一致的，即最终都落脚于某种基础性原理。环境经济学企图将多样化的价值还原为经济价值以便能在环境政策与环境问题中操作，而非人类中心论试图为多元化的价值寻找一个共同的基础，即自然的内在价值，并企图从对内在价值的确认上改变人们对待生态环境的态度和观念。这两种流行理论暗含的还原论和基础论倾向已经表明：它们实际上是一种道德一元论。而这正是环境实用主义所极力批判的。

诺顿就将这两种理论视为道德一元论的典型范式进行批判。他指出，内在价值理论对自然内在价值的盲目追随实则已经将自然完全神圣化，在此观念之下，所有的价值要么是内在价值，要么是工具价值，所有的工具价值仅仅是内在价值的一种手段，从而掩盖了人与自然之间的工具价值关系，进而"将所有类型的环境价值都还原为某种单一的本体论存在形式"[1]。虽然在生态整体主义内部还存在着内在价值究竟是主观的还是客观的争论，但是它们所持的一元论立场仅仅为某一种形式的、包罗万象的价值理论留有空间。莱特[2]和布伦南（Andrew Brennan）[3]也指出，建立在一元论基础之上的内在价值伦理框架（如克里考特和罗尔斯顿）实际上并不能涵盖各类不同的道德关怀对象（人，生态系统，或地球自身），因为自然的价值来源具有多样性，单一的价值理论无法对其做出清晰解释，并且在多样化的生活背景之下，人类个体与他人、与自然的伦

---

[1]　Norton B. G. , *Sustainability*：*A Philosophy of Adaptive Ecosystem Management*, University of Chicago Press, 2005, p. 361.

[2]　Light A. , , " Contemporary Environmental Ethics From Metaethics to Public Philosophy ", *Metaphilosophy*, Vol. 33, No. 4, 2002, pp. 426 – 449.

[3]　Brennan A. , " Moral Pluralism and the Environment ", *Environmental Values*, Vol. 1, No. 1, 1992, pp. 15 – 33.

理联系也是多种多样的，没有任何单一的道德原则能应用于所有伦理问题。环境经济学进行的经济分析也类似，它试图把所有类型的环境价值还原为单一的经济价值，其对一元论的强调已经超过了对综合性的承认。诺顿还注意到，环境经济学和内在价值理论在诉诸具体的环境政策与环境问题时并不足够，加之两个学科之间缺乏沟通与交流，转向实用主义与多元主义是必要的。复杂的、情境化的环境问题很难在单一的框架内得到解决，人类与自然的经验联系也是变化的、不可预测的；预设一个普遍的、统一的伦理原则并假设其能服务于任何道德问题在实践上根本行不通。

明特尔在诺顿的基础之上，从政治角度对多元主义进行了辩护。他指出，从政治上讲，接受对环境价值的实践的或实验性的探寻具有重要的意义，并且，对环境伦理学的多元主义解读与民主文化是相吻合的，民主文化的多元性就在于道德思考和经验的多元性。作为一种生活形式的（way of life）民主，它要求对意义与价值进行真实而诚恳的讨论，在这样的讨论中，参与者不仅能充分地表达自己的立场，并能够倾听和理解他人的主张。但是，在关于环境政策的公共讨论中，如果我们采纳环境伦理学的一元论立场，那么在环境政策讨论之前实际上就已经预设了唯一的合理性而要求人们改变其思维方式；在讨论进行时，它也必然要求按照某种单一的原则引导公众的讨论。这样做实际上是压制了民主讨论，阻碍了多方利益主体意见的有效表达，因此，从政治上讲，这种环境政策讨论的一元论进路是极其不幸的。[①]

对于多元主义，莱特指出它不是某种单一的观点，而是许多观点的聚集。为了具体说明环境实用主义所拥护的多元主义，莱特将其分为三个层次。[②] 第一层次的多元主义指意识到存在各种不同的相互作用的关于自然的价值理论。这一层次的多元主义被大多数学者承认，所以第一层

---

① Minteer B. A., Manning R. E., "Pragmatism in Environmental Ethics: Democracy, Pluralism, and the Management of Nature", *Environmental Ethics*, Vol. 21, No. 2, 1999, pp. 191 – 207.

② Light A., "Environmental Pragmatism as Philosophy or Metaphilosophy? On the Weston-Katz Debate", In A. Light & E. Katz (eds.), *Environmental Pragmatism*, London: Routledge Press, 1996, pp. 325 – 338.

次多元主义与环境伦理学中一元论和多元论的争论无关。例如即使像克里考特和辛格这样的一元论者也赞同存在着各种各样的自然价值，只不过他们认为这些不同的描述自然价值的方式最终可以还原为某种单一的形式，例如还原为它们对有知觉的存在物的福利贡献，或者将它们表达为某种经济价值。第二层次的多元主义指这些不同形式的价值理论最终不能被一种价值形式解释，即不能还原为一种价值理论。这一层次的多元主义才是环境伦理学中一元论和多元论争论的核心。与非人类中心论不同，环境实用主义承认各种价值形式之间本质上的可冲突性与不相容性，认为不是所有的价值都能在某种单一的存在形式（如内在价值）中实现统一。第三层次的多元主义指一般环境哲学方法的元理论的多元主义（metatheoretical pluralism），即不承认某种伦理基础的存在可能，而在理论建构过程中对不同的伦理理论持容忍原则，这在后来被莱特进一步修订，称为结构多元主义（structural pluralism）。环境实用主义赞同这三个层次的多元主义，但作为一种对传统环境伦理学中的一元论倾向的反对，它更强调第二层次，并把这一多元维度作为谈论和处理环境议题的基础，倡导以多元化的方式履行我们的道德使命。

莫里亚蒂在莱特的基础上从多元主义发生的不同层面做了进一步解释。① 他指出，第二层次的多元主义主要发生在个体认知内部（intrapersonal），例如某人允许在他/她的价值框架中存在几种不同形式的价值评估形式，而不会试图把它们都还原为某一种形式。第三层次的多元主义发生在个体内部和人际，例如某人能容忍不同于自己的价值观和价值理论而不必赞同其他人的价值观或采纳其他的价值理论。因此，对多元价值或多元价值理论的容忍态度不会导致争议，除非声称所有的这些价值都是同等合理或同等重要的。对此辩护的承认能保证多元主义不会轻易掉入相对主义的泥潭。

诺顿对方法论的多元主义（methodological pluralism）中两种截然不同的类型进行了区分，一是理论多元主义（theoretical pluralism），二是

---

① Paul Veatch Moriarty, Pluralism Without Pragmatism, http：//www.cep.unt.edu/ISEE2/2006/Moriarty2.pdf.

元理论多元主义（meta-theoretical pluralism）。① 前者承认存在着彼此不可通约的多样化的理论模型作为自然道德考虑的基础。这些模型在理论上并不一致，但是在实践中几乎没有差别。例如建立在动物感知（sentience）标准上的理论模型（如辛格）与建立在有机个体作为生命的目的中心的理论模型（例如泰勒），二者在动物拥有道德地位问题上持一致意见。后者接受几种分歧的道德理论的存在，甚至在环境伦理学议题的决断上也不必达成一致，但是它们可以作为同一项道德事业的一部分而共同起作用。例如生态女性主义者和生态中心主义环境伦理学家可以相互合作去保护同一个自然栖息地，尽管它们各自在实践上的不同承诺建立在不同的理论基础之上。诺顿对多元主义的区分和莱特的思路很相似，他的元理论的多元主义与莱特的第三层次的多元主义基本可以等同，即并不存在一个最终的道德理论作为其他所有伦理理论的基础，表现在环境伦理学中，就是我们无法为自然保护寻找一个确定的、根本的、统一的伦理根源。成为环境实用主义者的前提是赞同这最高层次的多元主义，对最高层次的多元主义的赞同同时也保证了低级层次的多元主义的成立。

环境实用主义对多元主义的支持表现在伦理抉择上则是，坚持存在许多相匹敌的观点同样合理的可能，并且不必像一元论那样必须择其一，也不必如相对主义一样认为不存在真正合理的选项。面对一元论和相对主义的质疑，它的解决方式是在实践上的折中与妥协，鼓励一种民主的、开放的、多元的环境对话与政策协商框架，即在民主协商中忍耐、尊重与融合不同的甚至相矛盾的伦理判断，但是这并不表明人们无法形成共同的道德准则，对话与交流仍是有合理性标准的："理智的和道德关怀的、关注细节的"②，这可以保证环境实用主义不会划向一元论和相对主义的任何一边，正如贾丁斯（Des Jardins）的评价："环境实用主义严格

---

① Afeissa H. S., "The Transformative Value of Ecological Pragmatism: An Introduction to the Work of Bryan G. Norton", *Surveys and Perspectives Integrating Environment and Society*, Vol. 1, No. 1, 2008, pp. 51–57.

② ［美］贾丁斯：《环境伦理学：环境哲学导论》，林官明、杨爱民译，北京大学出版社2002年版，第305页。

采用了道德多元论，表达了一元论和相对主义之间的中间地带。"①

二　多元主义的科学依据：生态系统复杂性

从科学基础来看，环境实用主义对多元主义的拥护建立在对生态系统的复杂性特征的理解基础之上。生态学历来都是环境伦理学和环境哲学的科学工具，环境实用主义者们也不例外，他们汲取了现代生态学关于生态系统方面的知识，还借鉴了系统科学看待生态系统的视角，将它们作为多元主义成立的科学依据。

生态学家欧德姆（E. P. Odum）最早提出应该把生物与环境当作一个整体来进行研究，之后 1935 年坦斯利（Arthur George Tansley）正式提出了"生态系统"一词，把其定义为"一个'系统的'整体。这个系统不仅包括有机复合体，而且包括形成环境的整个物理因子复合体……这种系统是地球表面上自然界的基本单位，它们有各种大小和种类"。② 这里"生态系统"中的"系统"一词可以简单地用系统科学的核心观点"整体大于部分之和"来说明，也就是说，生态系统的各个组分共同构成了相互协调、共同合作的生态网络，并且这个整体的生态网络呈现出不同于单个组分的新的性质，可以用来解释适应、发育、进化、自组织、抵抗力、灵活性等，甚至也可以包括生态系统之美。随着现代生态学和系统科学的发展，生态系统这一概念得到了越来越广泛的承认，为我们思考和解决生态环境问题提供了一个思维框架。作为一个复杂巨系统，生态系统主要表现出以下几大特征：

第一，开放性。对于生态系统来说，系统的开放性绝对是一个必需的条件，即系统必须与外界进行物质的、能量的、信息的交换。从热力学的观点来说，如果生态系统在物理上孤立，那将存在一种无生命和生理梯度的热力学平衡，而系统的开放性能保证一个有生命的生态系统远离热力学平衡，即系统在远离平衡态的条件下，通过与外界进行交换能

---

① ［美］贾丁斯：《环境伦理学：环境哲学导论》，林官明、杨爱民译，北京大学出版社 2002 年版，第 302 页。

② 毕润成：《生态学》，科学出版社 2012 年版，第 19 页。

形成一种新型的有序组织结构，这就是普里高金称作的耗散结构。地球生态系统作为一个耗散结构，必须不断地与外界进行物质的、能量的、信息的交换才能维持其有序结构，如果某些过程或行为干扰了这种交换，那么将会导致生态系统不同程度的崩溃。例如，大气臭氧层耗损、温室气体、颗粒物等已经严重干扰了正常的辐射过程，影响到了地球和太阳之间的能量传输。如果我们不对这种情况进行防治，人类将面临越来越糟糕的地球生态状况。

第二，层次性。生态系统有很多不同的组织结构与水平，在不同层次上发挥着不同功能。层次性有时候也被称作等级性，各种不同的等级结构构成了完整的生态系统。生态学家把生态系统按照大小不同的组织层次谱系划分为基因、细胞、器官、个体、种群和群落等几个层次。[①] 每一个层次又相应地表现出较高水平的多样性，每个层次的生物成分和非生物成分之间的物质、能量与信息交换都产生了具有不同特征的功能系统。根据层次理论[②]，处于系统中不同层次的动态行为表现出不同的特点。一般而言，处于高层次的动态行为常常表现出尺度大、频率少、速度小的特征，而处于低层次的动态行为则表现出尺度小、频率高、速度大的特点，即，由于空间尺度和动态上的差异，较高等级水平上的变化相对较低等级水平来说更慢，所以，要保持生态系统的平衡必须注意每个层次的多样性与不同层次之间的差异性。

第三，自组织性。生态系统的自组织特征也是生态系统的基本规律之一。自组织是"指一种有序结构自发形成、维持、演化的过程，即在没有特定外部干预的情况下由于系统内部组分相互作用而自行从无序到有序、从低序到高序、从一种有序到另一种有序的演化过程"[③]。生态系统的自组织特征表明，生态系统与单个的有机体一样，是一个自我组织

① "What is Biodiversity?", United Nations Environment Programme, World Conservation Monitoring Centre, http: //terms. biodiversitya‑z. org/terms/23.

② Ahl V., Allen T. F. H., *Hierarchy Theory*: *A Vision*, *Vocabulary*, *and Epistemology*, Columbia University Press, 1996.

③ 秦书生：《复合生态系统自组织特征分析》，《系统科学学报》2008 年第 16 卷第 2 期，第 45 页。

自我调节的系统，它通过自我调节过程能达到一种稳态或平衡态，从而使系统内部所有成员都彼此协调，这种动态的协调是依靠反馈、协同等机制共同保障的。如果外在的干预达到一定程度，系统可能会面临灾难性的后果，有时候，即便是细小的干扰，如局部引入外来物种，也有可能会造成系统的失衡，所以面对复杂的生态系统，我们能够预测的还很少，对生态系统的行为应当慎之又慎。

从生态系统的三个基本特征可以看出，生态系统实际上是异常复杂的，它遵守许多基本的规律。约恩森（Sven Erik Jorgensen）总结了其中非常基本也是必不可少的七条，分别是：生态系统是远离热力学平衡的开放系统；生态系统具有层级结构；生态系统是高度多样性的；生态系统有很好的缓冲容量，使得它不易被外界的强调因素彻底改变；生态系统中的各个组分组成有序网络，允许循环和反馈调节，并且保持最高效率的做功；生态系统有很大的信息容量，包含在生物体的基因组中，可以用来解释高度发达的反馈和调节机制；生态系统由于具有远离热力学平衡的发达组织与结构，因而展现出系统的性质。① 本书简单地把这七条基本特征和其他相关的多种特征归结为生态系统的复杂性，即，生态系统最明显的特征是：生态系统是一个复杂巨系统。

环境伦理学家向来看重自然是一个复杂系统的观念，并将其作为环境伦理思想的科学基础。例如，泰勒把自然的系统特征具体为"有机体是生命目的中心"，也就是说，有机体是一个具有目的性的、有序的、完整的、协调的系统。利奥波德也指出，"大地"的完整性和自组织性决定了它是一个自我生成、自我塑造的动态系统。罗尔斯顿也主张荒野的系统性与完整性是自然内在价值的依据，它"有计划地朝向自身更高的价值前进"。② 然而，生态系统的这些复杂性特征同样可以用来为多元主义辩护，这是其他环境伦理学家所没有关注到的。

正是生态系统在客观上的复杂性特征致使人们很难获得关于生态环

---

① ［丹］约恩森：《系统生态学导论》，陆健健译，高等教育出版社 2013 年版，第 5 页。

② 孙道进：《环境伦理学的哲学困境：一个反拨》，中国社会科学出版社 2007 年版，第 15 页。

境的一致观念，那种普遍主义和基础主义的哲学谋划在环境哲学这里已经行不通。人们可以揭示生态系统各个不同层面的特征以及建立在这些特征基础之上的不同伦理和哲学观念，例如从生态系统之美激发人们的环境保护热情，但是，如果人们想要寻找生态系统复杂性特征背后的某种基础性原理，并将此作为所有环境观念的来源，将会是非常困难并可能是永远也无法实现的，因为整个人类和自然界组成一个动态的复杂巨系统，而人们关于这个复杂巨系统的经验少之又少，生态学的发展远没有达到物理学的精确而较多地建立在假设模型上。在面对这样一个复杂巨系统时，如果我们坚持关于环境的一元观点，就排斥了其他可能的有益方向。因此，放弃寻求基础性原理而接受多元的环境价值观念似乎更为合理，只有对自然采取审慎和严谨的态度，尊重多样化的不同层次的系统所遵循的不同行为规律，才更有益于我们探究人与自然的关系，更有益于人与自然的和谐共处。正是生态系统的复杂性决定了人们关于生态环境观念的多元性。另外，生态系统的复杂性、综合性与动态性特征也意味着人们必须从整体角度来审视环境问题，这是近40年来环境管理经验所清晰呈现的。把生态系统作为一个统一体，从系统角度综合考虑所有相关问题比仅仅考虑单一的问题更为重要，对所有可能解决方案的组合的考察比单一的、一劳永逸的方法更为明智。这同时意味着，我们在看待和解决环境问题的过程中，应该对所有的可能保持宽容的态度，即从根本上遵守莱特和诺顿等人坚持的多元主义原则。只有我们相信，这个世界本身就是多元的、复杂的、不可还原的，我们才有可能放弃对绝对确定性的病态追逐，放弃为环境问题提供一劳永逸的解决方案。

　　大多数环境伦理学家认为只要从根本上改变人们对待环境的态度和观念就可以解决环境问题，例如克里考特说道："环境伦理学的大部分工作应专注于阐明和帮助世界观的彻底改变"①，罗尔斯顿也认为环境伦理

---

① Callicott J. B. , "Environmental Philosophy is Environmental Activism: The Most Radical and Effective Kind", In D. Marietta Jr. and L. Embree (eds.), *Environmental Philosophy and Environmental Activism*, Lanham, MD: Rowman & Littlefield Publishers, 1995, p. 21.

学的目标最终只能通过对自然的爱和尊重来实现。[1] 但是，生态系统的复杂性特征决定了各种各样的生态环境问题（例如生物多样性保护、气候变化、水污染等）的情境性、动态性和变化性。从生态系统的复杂性特征来看，通过变革观念来调节人类与自然之间的关系并非万全之策，并且，改变人们的环境意识是一项长期而艰巨的任务，莱特形象地称之为"千年工程"[2]。观念变革的单一进路因为无法对复杂的生态环境问题做出有效的回应而失去了现实的价值。环境实用主义者的态度是：我们必须对生态系统（不管是自然的还是人工的）采取审慎和严谨的态度，尊重多样化的不同层次的系统所遵循的不同行为规律。不管是生态系统的价值来源，还是生态系统的行为规范，都无法还原为某种基础性原理，自然界是综合的、复杂的巨系统，这是我们坚持多元主义的科学依据。

三 多元主义的哲学基础：实用主义经验论

环境实用主义对多元主义的拥护深受古典实用主义的影响，特别是詹姆斯和杜威关于经验的论述为多元主义提供了哲学基础。在实用主义者看来，自然界中有各种各样不同的价值存在，并且，这些价值以不同的形式与其他的价值发生关系，互相影响，即，对于实用主义而言，价值是多元的和关系性的。关于价值的多元性和关系性理解建立在实用主义经验论基础之上。经验概念是实用主义哲学中的核心概念。大多数实用主义者承认自己的经验论立场，如詹姆斯将自己称为"彻底的经验主义者"，杜威提出他的"经验自然主义"，莫里斯和蒯因分别以"科学的经验主义"和"自然主义的经验主义"表明自己的立场。他们对经验概念的全新理解和考察为人们克服一元论和独断的成规教条提供了可能。

在皮尔士的基础上，詹姆斯提出了他的实用主义准则：实用主义"只不过是一种确定方向的态度。这个态度不是去看最先的事物、原则、

---

[1] Rolston H., "The Future of Environmental Ethics", *Royal Institute of Philosophy Supplement*, Vol. 69, No. 9, 2011, p. 25.

[2] Light A., "Finding a Future for Environmental Ethics", *The Ethics Forum*, Vol. 7, No. 3, 2012, p. 75.

范畴和假定是必需的东西；而是去看最后的事物、收获、效果和事实"①。
与他的实用主义准则相联系，詹姆斯强调，实用主义还使人考虑到未来，
一个概念的意义不是由过去的经验所提供的，而必须从未来的结果中去
发现，因为一个概念的实际结果只能是将来的。为此，他把自己的立场
称为"激进的经验主义"（radical empiricism），以区别于传统的经验主
义。传统经验主义只考虑过去的经验，而詹姆斯认为，经验始终处于流
变过程之中，总是在不停地生成和发展，他说道："我们的很多经验都没
有完成，都是在过程和过渡中。我们的经验之视野同我们的视野一样，
都没有明确的界线。二者永远在四周一层一层地加上新的东西，这些新
的东西不断发展，并随着生活的前进而逐渐取代了它们。"② 因此詹姆斯
的经验主义立场实则强调了作为一个整体、多变的、多样化的世界，并
且这个多样化的变化世界是通过经验的连接性或关系性所构成的。"经验
的各个部分通过关系而一个接一个地连在一起，这些关系本身也是经验
的组成部分。简言之，我们直接知觉的宇宙并不需要任何外来的、超验
的联系的支持，而是自身就拥有一个相连的或连续的结构。"③

　　詹姆斯的激进经验主义立场反映在道德观上则是：人的道德价值观
念并不是以过去的经验形式出现的，而是以将来的经验的可能原因的形
式出现的，所以不能依据过去的功利或苦乐来定义道德观念的来源；它
们的来源实则是多元化的。④ 因此，伦理学不能从一系列抽象原则中推导
出来，而必须随着时间的推移不断地修改其结论。这一观点的实际价值
在于，它反对为具体问题提供任何普遍的原则，反对为道德规范提供独

---

① ［美］威廉·詹姆斯：《实用主义》，陈羽伦、孙瑞禾译，商务印书馆1997年版，第31页。
② ［美］詹姆斯：《彻底经验主义论文集》，载《资产阶级哲学资料选辑》第5辑，上海人民出版社1964年版，第33页。
③ ［美］詹姆斯：《真理的意义：实用主义续篇》，1909年英文版，序言第 xii—xiii 页。转引自涂纪亮《从古典实用主义到新实用主义——实用主义基本观念的演变》，人民出版社2006年版，第109页。
④ James W. , *The Will to Believe and Other Essays in Popular Philosophy*, Harvard University Press, 1979. 转引自唐凯麟、舒远招、向玉乔、聂文军《西方伦理学流派概论》，湖南师范大学出版社2006年版，第293页。

断的一元论基础。可以看出，在伦理学上，詹姆斯是一个非决定论者和多元主义者。他曾经说道："我的经验主义本质上是一种镶嵌哲学，一种多元事实的哲学，和休谟及其后继者的哲学一样。……但是，我的经验主义和休谟类型的经验主义也有所不同，因此我把我的经验主义加上'彻底的'这个形容词，以表示它的特点。"① 詹姆斯对多元事实和关系性的强调就是他激进经验主义的主要特点之一。

　　杜威也给予了经验概念极大的关注。他认为传统经验主义对经验的错误认知是传统哲学二元分裂式思维方式的产物。在他看来，自然和经验并不是两个完全不同的东西，实际上，经验是把我们与自然联结起来的桥梁，而不是把我们与自然分割开来的屏障，自然与经验是不可分割的。二者的不可分割包含着两层含义：（1）经验是关于自然的经验，绝不可能把自然从经验中分离出去；（2）经验的对象经常受到人的影响，并不完全独立于人。② 也就是说，经验是有机体与环境的相互作用，是活动着的人与其环境之间的一种主动和被动的相互作用过程。这表明，对于杜威来说，经验并不主要与认识相关，而是与生活、与行动相关，"经验首先不意味着知识，而是意味着做和经历"③。在把自然与经验联系起来的基础之上，杜威接受了经验主义者的多元论观点。他指出，个人经验是生活的基本单位，生活是由一系列相互作用、相互渗透的经验组成，其中每一个经验都具有自己内在的、质的完整性。④ 并且，人的经验与人的理智及过去的经历、知识积累等密切相关，所以，一切经验都不可能是固定不变的，而是不断发展变化着。所有的经验组成了这个多元的、变化的世界，人置身于其中，而不是它的旁观者。作为经验世界的一部

---

　　① ［美］詹姆斯：《彻底经验主义论文集》，载《资产阶级哲学资料选辑》第5辑，上海人民出版社1964年版，第22页。

　　② 涂纪亮：《从古典实用主义到新实用主义——实用主义基本观念的演变》，人民出版社2006年版，第117页。

　　③ ［美］杜威：《哲学复兴的需要》，载［美］伯恩斯坦《关于经验、自然和自由：代表性选集》，鲍伯斯·梅林出版公司1960年版，第45页。转引自江怡《现代英美分析哲学》，载叶秀山、王树人主编《西方哲学史》（学术版）第8卷上，凤凰出版社2005年版，第373页。

　　④ 涂纪亮：《从古典实用主义到新实用主义——实用主义基本观念的演变》，人民出版社2006年版，第114页。

分，道德生活同样是多元的和变化的。在道德生活中，不可能存在着某种普遍的、一成不变的伦理原则作为最高的"善"来统领所有人的生活，人们对道德生活的反思在不断地修改和纠正着既有的道德观念，"如果对于是非对错先有一个确定的信念，那么道德理论就不会出现，因而也就没有反思的机会"①。

对"经验"的多元性和连续性解释为拒绝道德一元论提供了依据。既然经验不是对外在世界的一种被动的记录与认识，而是与外在世界相互作用的行为事件，那么，经验关注的主要不是过去，而是现在和将来，进行中的现在和规划中的将来，以及随之被改造的环境，所以，不确定性、可能性、变化性才是世界的特征，任何一元的、普遍化的谋划都注定要失败。这在伦理观上给予我们的洞见是：既然发展与变化是世界的本质，既然经验包括行为事件的结果和过程，包括事实和价值，那么我们关于伦理生活的判断也应当是变化的、复杂的和多元的。任何独断的偏见，严格的成规与教条在这里都没有生存空间。人的道德价值呈现复杂的多元性，它们不可能被仅仅归结为任何一种简单的快乐主义或是其他，环境的价值也不可能被仅仅归结为内在价值。多元化的价值来源不可能被单一的内在价值或是其他所解释。詹姆斯甚至认为，人的最佳道德观念是新的和革命性的，它们预言人的道德的未来，而不是记录人的道德的过去。② 所以对于环境实用主义者来说，环境伦理学不是对过去的环境行为规范的一种反思，而是关于现在的、正在进行的、将来的、规划的、处于流变过程之中的、多元的、不可还原的与环境的交互作用的一种思考。这种思考不以为环境保护提供某种确定性的伦理基础为己任，而是关注行为与实践，关注人类与环境本身的交互作用，从而为现实的环境保护决策等提供意见。

---

① Dewey J. , *Later Works of John Dewey*, 1925—1953, 17 Vols, Southern Illinois University Press, 1981, p. 164. 转引自 ［美］托德·莱肯《造就道德：伦理学理论的实用主义重构》，陶秀璇等译，北京大学出版社 2010 年版，第 5 页。

② James W. , *The Will to Believe and Other Essays in Popular Philosophy*, Harvard University Press, 1979. 转引自唐凯麟、舒远招、向玉乔、聂文军《西方伦理学流派概论》，湖南师范大学出版社 2006 年版，第 293 页。

第二节　规避形而上学争论

在倡导多元主义的基础之上，环境实用主义试图规避关于环境的形而上学争论，他们认为正是由于环境伦理学和环境哲学中无休止的理论争论才使环境哲学与现实环保实践之间存在过大张力。环境实用主义对此的态度是搁置理论争议，转而面向生活现实。他们规避了人类中心主义与非人类中心主义、个体主义与整体主义、工具价值与内在价值之间的二元对立，主张在实践上对其进行调和，从而把许多不同的立场都引向对现实环境问题的解决上。

一　超越"人类"与"非人类"中心之争

长期以来，传统环境伦理学的基本旨趣集中于非人类中心主义的伦理扩展，并因此建立了动物解放/权利学说、生物中心主义和生态中心主义（大地伦理学，深生态学，自然价值论）等众多的非人类中心主义理论。非人类中心主义从各个方面对人类中心主义进行了彻底批判，而人类中心主义的捍卫者们也对非人类中心主义给予的诘难进行了激烈的反驳。在环境实用主义看来，二者之间的争论和对立妨碍了环境哲学对环境政策与环境问题的关注，而通过避免这些争论可以使环境哲学集中力量来帮助环境问题的实际解决。所以环境实用主义者的态度是：以环境政策达成和环境问题解决为中心，在实践层面上实现二者的妥协与折中；环境伦理学并不必然是二者之一，它可以是一种"中间路线"，诺顿称之为"弱的人类中心主义"（wake anthropocentrism），莱特称之为"策略性的人类中心主义"（strategic anthropocentrism）。这种中间路线对人类中心主义与非人类中心主义的调和主要表现在以下几个方面：

第一，二者之间的争议很多时候都是由于对术语的不同理解而造成的，澄清概念是避免争议的一个途径。对人类中心主义（anthropocentrism）一词至少有三种不同形式的理解：生物学或地理学意义上的、认识论意义上的以及价值论意义上的。《哲学大辞典》中这样写道："人类中心主义，是以人类为事物的中心的理论。它的含义大致有：（1）人是宇宙的中心，即人类在空间范围的意义上处于宇宙中心，是从"地球中心论"的科学假说中逻辑地推导出来的一种观念；（2）人是宇宙中一切事物的目的，即人类在"目的"的意义上处于宇宙的中心；（3）按照人类的价值观解释或评价宇宙间的所有事物，即在"价值"的意义上，一切从人的利益和价值出发，以人为根本尺度去评价和对待其他所有事物。"① 伦理学中的人类中心主义主要是在第三个意义上说的，可以概括为"非人类存在物拥有价值是因为它们直接或间接地与人类的利益相关"。非人类中心主义（non-anthropocentrism）是指对此观念的反对，它可以采取各种不同的形式，比如它反对人类中心主义可以是因为认为每个有机体的价值依赖于它对生态系统健康的贡献，或者是因为认为每个无意识的存在物的价值依赖于有意识的存在物是否对其抱以关怀，或者是因为认为每一个自然存在物都拥有内在价值等。② 其中认为非人类存在物拥有内在价值是最为流行和占主导地位的观点。

在环境伦理中，不管是人类中心主义还是非人类中心主义，它们并不是某一个或某些具体的理论，而是一种立场，一种表明自然因为不同理由而拥有道德地位的态度。因此，对某种形式的人类中心主义或非人类中心主义的诘难并不能推倒整个人类中心主义或非人类中心主义立场。比如海华德（Tim Hayward）就指出：对宇宙论意义上的人类中心主义的批评不能用来反驳伦理学人类中心主义，如果要证明伦理学人类中心主义是错误的，必须提供一个独立的理由。③ 杨通进归纳了非人类中心主义对人类中心主义的六点批评，④ 分别是无视理性的有限性、混淆了道德代理人与道德顾客、利己主义的思维方式、道德进步的有限说、狭隘的元伦理预设和刚硬的现代主义。仔细分析可以看出，这些批评实际上是针对传统人类中心主义思想的，即以自然目的论、神学目的论、灵魂与肉体的二元论以及理性优越论等形态构成的，与机械自然观、原子主义方

---

① 金炳华：《哲学大辞典》，上海辞书出版社 2001 年版，第 1176 页。

② McShane K., "Anthropocentrism vs. Nonanthropocentrism: Why Should We Care?", *Environmental Values*, Vol. 16, No. 2, 2007, pp. 169–186.

③ Hayward T., *Political Theory and Ecological Values*, Oxford: Polity Press, 1998, pp. 43–45.

④ 杨通进：《环境伦理：全球话语，中国视野》，重庆出版社 2007 年版，第 133—140 页。

法论、绝对主体主义和人类主宰论等相联系的传统人类中心主义，而绝非经过修正和改造的现代人类中心主义环境伦理。现代的人类中心主义（如海华德、哈格洛夫、诺顿等）并不在本体论意义上坚持人类中心，并不拥护机械自然观和利己主义的思维方式，也不坚持本质主义和还原论。非人类中心主义批判的实际上不是人类中心主义，而是一种物种歧视主义或人类沙文主义，即对人类利益的不合理偏爱，在维护人类利益时排斥对其他物种利益的关心，甚至以牺牲其他物种的利益为代价。如果我们正确地理解人类中心主义与非人类中心主义的概念和不同层次，我们就可以避免许多不必要的误会与思维混乱。如果不将那些破坏环境的态度和行为错误地强加给人类中心主义，我们可以避免二者之间的激烈争论，在宽容与理解的前提下实现对话与沟通。

第二，开明的或弱式的人类中心主义立场对于环境保护是足够的，不需要新的非人类中心主义，因为非人类中心主义根本无法真正超越人类中心主义，反而掩盖了环境伦理真正需要面对与解决的问题。环境伦理学自建立之初，就一直试图扩展道德关怀的边界，并因此建立了各种各样的关于自然为什么拥有价值的非人类中心主义环境伦理理论。但是，它们并没有实现对人类中心主义的超越，或者至少说，它们没有实现对合理的现代人类中心主义环境伦理的超越。[1] 自然的存在物，包括人，只能从它自身的特定视角来看待世界，以它自身的立场生活于这个世界。"我们不可能把道德关怀给予那些与人类没有任何相似之处的存在物"，如石头、机器、尘埃。"如果一种伦理原则的终极目的是对人的行为产生决定性的引导作用，那么以人作为参照系就是不可避免的，甚至在把道德关怀扩展到非人类存在物时也是如此。"[2] 因为当我们选择把道德关怀投射给何种非人类存在物时，如动物权利论者投射给动物，生物中心主义者投射给所有有机体等，就已经隐秘地承认了某种人类中心主义的立场，我们的选择表明了我们是在以自己为参照。

---

① 陈剑澜、赵敦华：《非人类中心主义环境伦理学批判》，《哲学门》2006 年第 4 期，第178—179 页。

② Hayward T.，*Political Theory and Ecological Values*，Oxford：Polity Press，1998，p. 50.

虽然人们无法从根本上超越人类中心主义，但是对传统人类中心主义的修正与辨析却是需要注意的。所以本书在这里强调，对环境伦理和环境哲学的讨论最好不要和各种模棱两可的人类中心主义与非人类中心主义搅和在一起。在澄清概念的基础之上，人们会发现，人类中心主义并没有想象的那样有害，它的某些因素是不可避免的；而非人类中心主义也没有想象的那么彻底与根本，它不仅无法真正超越人类中心主义，其伦理扩展路径还掩盖了环境伦理真正想要面对与解决的问题。无论非人类中心主义在概念上是否正确，从实用主义的观点看，它至少在实践战略上是错误的。批判一般意义上的人类，掩盖了对环境造成伤害的具体个人与群体，掩盖了环境问题的真正原因。帕克提醒我们：从实用主义者的视角来看，我们无法逃离人为的评价，"实用主义在某方面是'人类中心的'（anthropocentric），或者更恰当的是'人类评测的'（anthropometric）：人类有机体不可避免地成为价值讨论者"①。实用主义者坚持认为，在价值产生于我们的经验这方面，所有的人类立场是人类中心主义的，这是必要的。不过，我们是评价者，并不意味着我们必须贬低非人类存在物的价值或者把我们的价值凌驾于非人类存在物的生存与稳定之上。所以，在人类中心主义与非人类中心主义（如生态中心主义）中做出选择是错误的，对人类中心主义的拒绝并不是建立环境伦理的必要前提。

第三，非人类中心主义和人类中心主义的分歧对实际的伦理抉择几乎毫无影响，所以环境实用主义主张，恰当的路径是拒绝二者之间的争论。在现实的伦理选择中，不同的环境伦理立场往往可以导向相同的选择结果。例如，对动物权利的捍卫既可以建立在非人类中心主义基础之上，又可以建立在人类中心主义基础之上。我们可以宣称动物可以像人一样拥有权利，也可以主张我们应该限制人类的权利，禁止对动物造成不必要的伤害，而不需要把权利赋予动物。这两条不同的路径可以达成相同的伦理选择结果，但是它们的基础性原则是不相同的。诺顿将此称

---

① Park K. A., "Pragmatism and Environmental Thought", In A. Light & E. Katz (eds.), *Environmental Pragmatism*, Routledge Press, 1996, pp. 21 – 37.

作"趋同假说"（convergence hypothesis）①，即不管我们对自然采取何种立场，人类中心的、生物中心的、生态中心的，从长远看最终都会导致相同的环境政策。比如有些人重视水鸟是因为打猎，有些人是因为观赏，但他们都支持对水鸟栖息地的保护和恢复政策。从这一角度来说，关于人类中心和非人类中心的理论争论的确是在浪费时间和精力，应该把时间和智力投入到对环境实践更有效的方面。

另外，本书还注意到，大多数外行（普通公众、管理者和决策者等）都是不加批判的人类中心主义者，他们对各式各样的非人类中心主义理论并不熟悉，也不会有兴趣去理解那些抽象的术语和理论争议。因此，如果我们希望环境伦理对实际的环境问题有所裨益的话，我们最好放弃无谓的理论争议而转向生活事实，或至少像莱特一样采用双管齐下的方法：一方面继续进行元伦理学层面的理论讨论，另一方面在某些情况下拒绝这些争论从而为现实环境实践服务。② 既然人类中心主义与非人类中心主义之间的分歧，即非人类存在物基于什么理由值得人类的道德关怀，对于实际的环境决策不会造成大的困扰，那么采纳一种宽容与理解的姿态将会有助于环境伦理实践诉求的实现。诺顿在其《走向环境主义者的联盟》一书中归纳了不同的环境主义者接近或已经达到了共识的四个政策领域，分别是经济增长、污染控制、保护生物多样性与土地使用。③ 至少在这四个领域中，合理的人类中心主义与非人类中心主义立场可能达成谅解与共识，导向相同的政策取向，这为我们在广泛的环境实践领域中实现人类中心主义与非人类中心主义的联盟提供了借鉴。

---

① Norton B. G. , *Toward Unity Among Environmentalists*, New York: Oxford University Press, 1991.

② Light A. , "Taking Environmental Ethics Public", In D. Schmidtz & E. Willott (eds.), *Environmental Ethics: What Really Matters? What Really Works*, New York: Oxford University Press, 2002, pp. 556 – 566.

③ Norton B. G. , *Toward Unity Among Environmentalists*, New York: Oxford University Press, 1991.

归纳起来讲，人类中心主义与非人类中心主义之间的争论是因为言说的不同层次和视角造成的，是由于对术语的不同理解造成的误会与混乱。通过澄清概念可以消除许多无谓的争论，保留各自合理的成分。但是，在元伦理学层面，二者依然存在着根本的分歧，即在价值王国中二者在对待人类及非人类存在物的道德的终极根据上是不同的。非人类中心主义在设计道德时隐秘了人类自身的存在，力图超越个人、群体和物种的偏好，而人类中心主义认为最终的落脚点依然逃离不了人类自身。但是，在实践层面上，二者常常是一致的，即都赞成对生态环境的保护与恢复计划。这一点成为环境实用主义调和人类中心主义与非人类中心主义的依据。既然二者在实践上有达成共识的强大可能，为什么不放弃那些已经纷扰环境哲学许久的、极其混乱的争议呢？如果我们彻底或者至少部分地放弃那些理论争议与对立，把部分精力转向现实的环境议题，那么环境伦理和环境哲学反而能寻得更广阔的生存空间。

二 打破"个体"与"整体"主义区分

环境伦理学中一直充斥着个体主义（individualists）与整体主义（holists）的争议。个体主义认为道德关怀应该扩展至人类以外的其他有感知的个体，比如说动物；而整体主义站在生态系统层次的角度认为个体主义是不够的，荒野和生态系统等都应当拥有道德地位。环境实用主义者拒绝接受个体主义与整体主义的人为划分，并且，他们认为这是导致环境哲学与环境实践分离的一个重要因素，个体主义与整体主义任何一方在具体情境中都是不够的、不充分的，不足以支撑现实环境决策。

首先，个体主义与整体主义环境伦理范式错误地将个体或整体当作了价值的承载者。前者认为价值存在于个体之中，后者认为价值集中于整个生态系统。但实际上，在环境实用主义看来，个体或整体都不是价值的载体；价值是个体和系统之间的关系的一种体现，这是实用主义哲学所揭示的深刻洞见。罗森塔尔（S. B. Rosenthal）和布赫兹（Buchholz）解释道："个体或整个系统并不是价值的承载者，但是价值从个体的相互作用中涌现出来，整体通过个体间的相互作用而获得它的价值，对个体价值的理解不能脱离于它所处的不断发展的关系网之中。"① 也就是说，个体与整体无可避免地联系在一起，价值通过它们之间的关系而展现。杜威就非常强调个体与整体的相互联系，认为一切事物都在世界中与其他事物处于普遍的联系之中。在杜威哲学中，对个体利益与需求的审思起源于个体关涉的，与他者（包括非人类存在物，树木、鸟等）相互联系的关系网络中，其结果就是反映了一种多样化的观念、需求与福利考虑。可以说，对于杜威来说，价值就是一种关系，它不是主体的某种需求属性，而是一种关系性的属性（relational property），不能被还原为某些个体的特征。② 圣塔斯（Aristotelis Santas）更进一步地说明了价值的三元结构，即价值以三元关系形式存在，说某物有价值是说它对于某物因为什么而有价值，价值是情境相关的。③ 因此，个体主义与整体主义任何一方都不能很好地说明环境价值问题。

其次，个体主义与整体主义环境伦理为环境实践提供的原则和处方对实际的环境决策指导意义有限，或者与实际环境工作者面临的复杂决策冲突非常不相关。一方面，辛格和雷根的个体主义学说在为濒危物种保护提供辩护的方面力量很有限，因为物种没有感受力（sentient）也不是"生活的主体"，同样，二者的学说也不能为不具有感觉能力的存在物的道德考虑提供辩护，比如植物和生态系统。根据感知这一标准，人们不去破坏一个荒野的唯一原因可能是这里居住着一些稀有动物，但当这里的最后一个动物死去或迁徙时，人们可以随意地处置这块荒野。这看起来是相当武断的。另一方面，根据整体主义环境伦理，判断一项行为的正确与错误取决于它对共同体福利的功能，而不是对组成共同体的个体成员的影响。其结果就是，去杀死个体的鹿或者移除树木在伦理上是可接受的，只要它们没有影响到鹿的种群和栖息地，或者树木的地位以

---

① Rosenthal, S. B. and R. A. Buchholz, "How Pragmatism is an Environmental Ethic", In A. Light & E. Katz (eds.), *Environmental Pragmatism*, Routledge Press, 1996, p. 46.

② Miller P., The Implications of John Dewey's Ideas for Environmental Ethics, Indiana University, 1997, p. 38.

③ Santas A., "A Pragmatic Theory of Intrinsic Value", *Philosophical Inquiry*, Vol. 25, No. 1 – 2, 2003, pp. 93 – 104.

及依赖于它的生命被保存了。在实际中，这也是保护生物学家和环境工作者们经常做的事情，即选择性地杀害某些动物或移除某些植物去保护一块栖息地，例如当入侵物种已经威胁到生境的健康性、完整性与稳定性时。但是现实的情况远远比这些例子更为复杂，我们常常需要在几个濒危物种、景观层次的生境保护和不同的生态系统服务之间做出抉择。独断地坚持个体主义与整体主义的任何一方都是非常幼稚的，它们没有为现实环境决策提供可供参考的具体意见或是策略。

再者，表面上个体主义与整体主义二者为环境伦理提供了根本不同的基础，但是他们都分享了一些共同的假设——关于价值和人类利益的本性的看法，正是这些假设导致了环境哲学与环境实践的分离。米勒（Pamela Miller）将暗含的这些假设归纳为三点：第一，内在价值和工具价值的分离，工具价值附属于内在价值；第二，人类个体利益被描述为与他者（他人或其他非自然物）的需要与利益是分离的；第三，人类世界经常被定义为文化，与被描述为自然世界（比如没有人类的世界）的东西是相分离的。① 第一点会在下文中进行论述，这里不再赘述。对于第二点，不管是个体主义还是整体主义的环境伦理，它们都将人类个体利益看作与其他非人类存在物的利益不相关，它们强调要考虑其他物种或整个生态系统的利益，而没有意识到，人类的利益与需求与其他存在物的利益与需求密切相关，二者不应该分离开来看待，人类的利益与需求也应该得到合理的彰显。第三点，关于人类世界与自然世界的分离，它是传统哲学二元对立思维方式的产物。个体主义和整体主义两种环境伦理要么将生命个体（如动物解放论者和生物中心主义者）要么将整个生态系统（如生态中心主义者）作为道德关怀的对象，而没有意识到，我们的道德关怀对象实际上是相互联系与纠缠在一起的。从实用主义对经验的描述中可以知道，人类世界与自然世界根本无法分离，二者通过交互作用纠缠在一起，我们很难把道德关怀只赋予某些生命个体而不管它们在系统中的关系，或者只关注系统整体利益而忽视个体成员的地位。

---

① Miller P. , The Implications of John Dewey's Ideas for Environmental Ethics, Indiana University, 1997, pp. 20, 28.

这三种形式的分离彼此相关，在这些分离中，"经验以一种被打了折扣的方式服务于环境伦理学的基础。这是导致环境伦理理论工作与环境伦理实践之间巨大鸿沟的主要因素"①。

总之，个体主义与整体主义两种立场在理论和实践上都不完善，它们之间的对立造成了人与自然的分离，进而导致了环境哲学与环境实践的分离。一味地坚持个体主义或整体主义的任何一方，不管是对于环境伦理理论研究还是现实的环境问题解决来说，都是不明智的选择。为此，本书主张，我们应该停止二者之间的冲突与对立，不在个体或整体之间划分明显界限，而是关注世界的相互作用关系，力图为现实中复杂的环境决策冲突提供切实有效的帮助与建议。在环境实用主义这里没有个体主义与整体主义的环境伦理，只有对现实实践有所裨益的具体的各种环境理论与方法的努力。

三　消融"工具"与"内在"价值对立

工具价值（instrumental value）与内在价值（intrinsic value）的问题是环境哲学中的重要问题之一。自然的内在价值被大多数环境伦理学家视为环境伦理学的重要理论基础。他们认为，只要自然的内在价值得到了证明，那么自然的道德主体地位就能得到保障。对自然内在价值的辩护成为许多环境伦理学家的主要工作，也是推动环境伦理学发展的重要动力。然而，环境伦理学发展到今天，关于工具价值与内在价值的无休止争议与对立已渐渐挫败了人们的学术兴趣，使环境伦理学在深奥和晦涩的理论言说中与现实的环境实践越走越远。在这种情况下，环境实用主义者呼吁，应该放弃二者之间的形而上学争论，在实践层面消融二者之间的对立，或者构建实用主义的内在价值概念以走出困境。内在价值是一个异常复杂的概念，我们很难在哲学上对其达成一致意见，但是应当尽量在关于环境议题的讨论中寻求共识。

亚里士多德最早区分了外在价值与内在价值，他认为外在的善（ex-

---

① Miller P., The Implications of John Dewey's Ideas for Environmental Ethics, Indiana University, 1997, p. 2.

trinsic goods）是纯粹工具的（pure means），内在的善（intrinsic goods）则来源于纯粹的目的（pure ends），他为此提供的判断标准是最终因（最终的状态或结局）（finality）和自我满足（self-sufficiency），并认为只有人类的幸福（human happiness）才满足标准。康德为内在价值提供了另一个标准：客观性（objectivity），并认为唯一满足条件的是理性意志（rational will），因此在康德那里，理性（rationality）成为内在的、客观的价值的标准。功利主义对康德的这一观点提出了挑战，他们认为，对于价值来说，还有比人类理性更为根本的东西，如边沁认为道德的标准是感知，他们把价值最终归结为喜悦或痛苦的感觉。这一争论在当代还在继续着。尽管在生命科学和哲学领域取得了许多重要成就，但比较而言，在价值理论方面很少有超越康德学说和功利主义的讨论，我们仍在努力地创造可行的关于内在价值的理论，这一项哲学工作看上去依然异常艰难。①

　　在环境伦理学和环境哲学中，许多学者都倾向于将内在价值赋予人类之外的自然存在物，如动物、植物、生态系统等，并以此作为环境保护的伦理基础，这是环境伦理学中的主流研究范式，正如英国当代环境伦理学家 J. 奥尼尔所说："持一种环境伦理学的观点就是主张非人类的存在和自然界其他事物的状态具有内在价值。这一简洁明快的表达已成为近来围绕环境问题的哲学讨论的焦点。"②泰勒也认为，承认环境伦理"就是承认一切非人类生命体都具有内在价值"，而承认"一切非人类生命体的内在价值"也就是承认环境伦理。罗尔斯顿就专门对自然的内在价值进行了系统论证，将其作为环境伦理学的核心范畴。他们一致认为，自然不仅拥有外在价值，还拥有以自己本身为尺度的内在价值，内在价值是外在价值的根源。对于自然的外在价值，它通常也称作工具价值，是指自然对人类或其他存在物来说的审美的、资源使用的、科学的、生存的价值等，这一概念几乎是无异议的。但是，对于自然的内在价值，

---

　　① 关于内在价值的详细的讨论可以参见 Rønnow-Rasmussen T., Zimmerman M. J., *Recent Work on Intrinsic Value*, Springer, 2006。

　　② 包庆德、李春娟：《从"工具价值"到"内在价值"：自然价值论进展》，《南京林业大学学报》（人文社会科学版）2009 年第 9 卷第 3 期，第 10—20 页。

不同学者常常有不同的理解，主要可以归纳为以下四个方面：

第一，自然的内在价值是自然物固有的内在属性，它不依赖于其他客体的存在。自然物本身的价值属性使得其不仅能通过适应和进化来求得自身的生存和发展，还能与其他存在物相互竞争相互协调。"说某类价值是内在的，仅仅意味着，某个事物是否拥有这种价值和在什么程度上拥有这种价值，完全依赖于这一事物的内在本性。"① 第二，自然的内在价值是能直接给主体带来愉快体验的状态，这种体验被认为是内在的好，而不是获取其他体验的手段。② 根据此观点，许多人将自然的审美价值当作是内在价值，以区别于作为工具价值的其他价值。第三，自然的内在价值是独立于评价者评价的客观价值，不管主体评价者有没有感觉到它，这些属性也是真实地存在着的。第四，自然的内在价值是作为自在目的的存在，而不是实现其他目的的工具，"这种价值独立于它对人的有限目的的工具意义上的有用性"③。大多数学者在第四个意义上使用内在价值这一概念，比如雷根和泰勒分别以"生活主体"和"生物的目的中心"去描述内在价值，不过内在价值这一概念仍然是十分复杂的，罗尔斯顿在他的自然价值论学说中对内在价值的使用就包含了好几种不同的意义。正是内在价值概念本身的复杂性，使得环境伦理学的讨论看起来艰涩而抽象。

正如内在价值概念本身在哲学中仍然处于争论之中一样，对自然内在价值的证明，至今仍不能令人满意。对自然内在价值的证明被考夫曼（Frederik A. Kaufman）称之为所有环境主义者的主要概念问题。他说道："内在价值看起来最终是神秘的，就像超自然神秘的特征一样，我们中的一些人无法看见……假如内在价值被理解为客体自身的客观存在特征（注：即在本书前面所讨论的第三个意义上），那么去理解事物价值不依

---

① Moore G. E. , *Philosophical studies*, Humanities Press International, 1922, p. 260.

② Taylor P. W. , *Respect for Nature*：*A Theory of Environmental Ethics*, Princeton University Press, 1986, p. 73.

③ Naess A. ,"A Defence of the Deep Ecology Movement", *Environmental Ethics*, Vol. 6, No. 3, 1984, pp. 265 - 270.

赖于评价者是很困难的。"① 假如内在价值没有被理解成这种方式，即不是说事物的价值独立于评价者，而仅仅是说我们应该把它们的价值看作是它们为其自身的存在目的而拥有，而不仅仅作为工具（注：即前面所讨论的第四个意义上），一个相似的问题又会出现：如何证明这个观点是正确的呢？对于人类自身拥有存在目的，进而拥有内在价值似乎是无争议的；对于非人类的动物，因为它们能感受到痛苦与快乐，认为它们拥有内在价值也仿佛是正确的。但是对于其他的事物拥有内在价值在哲学上是令人费解的。如果我们把内在价值赋予河流、山川、生态系统，为什么没有理由把它们赋予任何事物，比如机器和建筑呢？

环境伦理学对内在价值的论证大多从生态系统的属性出发，即揭示其多样性、复杂性、稳定性与创造性等特征，从而把生态学规律与自然的存在属性作为自然拥有内在价值的根据。不过，这似乎犯了摩尔所说的"自然主义谬误"（naturalistic fallacy）②，从"是"推出了"应该"，"把价值论同存在论等同起来了"。③ 对于这一难题，罗尔斯顿的解决方法是消融自然"事实"与"价值"之间的区分，认为二者皆是生态系统的属性，在整个生态系统的动态平衡与和谐统一中，"我们很难精确地断定，自然事实在什么地方开始隐退了，自然价值在什么地方开始浮现了；在某些人看来，实然/应然（注：即'是'／'应该'）之间的鸿沟至少是消失了，在事实被完全揭示出来的地方，价值似乎也出现了"④。他达到消融的途径是"直觉"，是对自然的一种膜拜和信仰，他并没有给出具体清晰的逻辑论证，而是通过对自然的深层体验完成了从"是"到"应该"的跨越。但是这种境界并非一般人所能达到。对那些更愿意看窗外广告牌而不是树木的人来说，自然的内在价值无论如何都不可能以这种

---

① Jenni K.，"Western Environmental Ethics：An Overview"，*Journal of Chinese Philosophy*，Vol. 32，No. 1，2005，pp. 1 – 17.

② 林兵：《西方环境伦理学的理论误区及其实质》，《吉林大学社会科学学报》2003 年第 2 期，第 92—97 页。

③ 刘福森：《自然中心主义生态伦理观的理论困境》，《中国社会科学》1997 年第 3 卷第 64 期，第 45—53 页。

④ ［美］罗尔斯顿：《环境伦理学——大自然的价值以及人对大自然的义务》，中国社会科学出版社 2000 年版，第 315 页。

方式呈现。①

　　环境实用主义为内在价值困境提供了新的解决思路。他们发现，关于自然具有内在价值或仅仅具有工具价值的争论已经严重脱离了现实的环境政策与环境实践，所以首要的任务应当是消融二者的对立，在实践层面寻求共识，而不是继续这样的形而上学争论。韦斯顿②和帕克③从传统实用主义立场出发否定内在价值的存在，认为没有超越人们经验以外的最终的价值；莱特主张应当"跳出"内在价值的讨论去建立公共哲学，认为环境伦理学家们应该帮助"环境共同体做出更好的伦理决策以支持达成共识的政策"。④ 明特尔承认"在某些情况下关于内在价值的讨论可能是最有力和有效的方式"，⑤ 但是他也认为自然的内在价值理论贬低了工具价值；圣塔斯则认为环境实用主义者不需要避免自然的内在价值概念，主张从实用主义角度去讨论内在价值，并且可以通过杜威哲学建立一个可行的实用主义的内在价值理论；⑥ 诺顿表面上是拒斥自然内在价值的，不过他反对的不是内在价值概念本身，而是它们背后隐藏的普遍主义和基础主义倾向。归纳起来，环境实用主义为消融工具价值与内在价值的对立提供了两条解决路线，即，要么放弃自然内在价值这一范畴本身，要么在实用主义中寻求自然内在价值的出路。其中，第一点是首要的。

　　在第一条路线上，莱特指出："我认为诠释内在价值是不可能或者说非常困难的任务，我们不可能将既定的伦理学理论应用于新的实践问题

① 杜红：《逃离内在价值的枷锁——解读环境实用主义》，《自然辩证法研究》2014 年第 30 卷第 5 期，第 49—54 页。

② Weston A. , "Beyond Intrinsic Value: Pragmatism in Environmental Ethics", *Environmental Ethics*, Vol. 7, No. 4, 1985, pp. 321 – 339.

③ Park K. A. , "Pragmatism and Environmental Thought", In A. Light & E. Katz (eds.), *Environmental Pragmatism*, Routledge Press, 1996, pp. 21 – 37.

④ Light A. , "Contemporary Environmental Ethics From Metaethics to Public Philosophy", *Metaphilosophy*, Vol. 33, No. 4, 2002, pp. 426 – 449.

⑤ Minteer B. A. , "Intrinsic Value for Pragmatists?", *Environmental Ethics*, Vol. 23, No. 1, 2008, pp. 57 – 75.

⑥ Santas A. , "A Pragmatic Theory of Intrinsic Value", *Philosophical Inquiry*, Vol. 25, No. 1 – 2, 2003, pp. 93 – 104.

之中，然后再成功地得出这些应用如何挑战了这个理论起点的结论。为了更好地解释非人类自然世界的道德本性而引入全新的价值理论完全是错误的。"① 紧接着，他用动物伦理和气候伦理的例子证明了在原有价值框架下伦理学成功的可能性以及那种企图建立新的价值理论的方案在实践上的失败，从而进一步说明了我们实际上并不需要新的价值理论来使人们意识到自然的价值。并且，他还指出，环境哲学与环境实践之间的巨大鸿沟一方面是处于象牙塔中的哲学普遍面临的问题，另一方面，则是由于环境哲学对自然内在价值的过分强调引起的。所以他主张环境伦理学和环境哲学家们应当把精力投资在帮助外行澄清他们实际所持有的环境价值上，帮助他们厘清在具体问题背景之下应该怎么去做，反对把一些新奇的、难以证明的、新的价值强加给外行。为此，莱特建议，我们应当跳出内在价值的讨论，去建立一种公共哲学（Public Philosophy）。作为一种公共哲学的环境哲学，它必须要放弃内在价值的教条，必须要抛弃对合理的人类中心主义论点的全面排斥，至少作为公共哲学任务的一部分来说是这样的。②

诺顿也认为关于自然内在价值的讨论已经使环境伦理学走入了死胡同，不过他没有直接去攻击内在价值理论本身，而是认为这些理论至少在某些元伦理学方面起到了解释作用，但不应该被认为是环境伦理学可供接受的唯一基础。"我们不必去坚持自然的内在价值理论是环境保护实践的基础这样一个有问题的本体论承诺（questionable ontological commitments），环境保护实践同样可以在弱式人类中心主义的工具主义价值论的构架下展开。"③ 诺顿意识到了内在价值理论在实际的价值批评和问题解决中的作用，但是关于内在价值概念的本体论和认识论的担忧使他更赞同工具主义的立场，因为在关于环境保护的讨论中，工具主义似乎是更

① Light A., "Finding a Future for Environmental Ethics", *The Ethics Forum*, Vol. 7, No. 3, 2012, pp. 71 – 80.

② Light A., "Contemporary Environmental Ethics from Metaethics to Public Philosophy", *Metaphilosophy*, Vol. 33, No. 4, 2002, pp. 426 – 449.

③ Minteer B. A., *Refounding Environmental ethics*, Philadelphia: Temple University Press, 2012, p. 61.

为合理和直接的方法。面对困境，诺顿主张应当跟随哈格罗夫，在人类
中心主义价值内部区分工具价值和非工具价值，但他拒绝在工具价值和
非工具价值之间划分明确界限，支持对价值的多元主义解释，既承认存
在不同形式的工具价值和非工具价值，又无须给予各种价值以统一的本
体论解释。他在《可持续性：一种适应性生态系统管理的哲学》一书中
指出："实用主义的多元论者意识到，人们以各种不同的方式评价自然，
不需要去否定人们以非工具性的形式来评价自然，例如人们从精神上感
知自然，这个价值是纯粹的、非工具性的，也是清晰的人类的价值。如
果我们一旦接受价值的多元性和连续性，那么精神的或其他的非工具主
义的价值将可以看作是不同类型的人类的价值。"①。

　　圣塔斯则更进一步，他认为环境实用主义者不需要避免自然的内
在价值概念，内在价值的困境可以在杜威哲学中寻得出路。他分析了
杜威的自然哲学中包含的三项基本原则：第一，实在或自然是动态的
进化过程；第二，手段和目的是一个连续体；第三，价值是三元函数
关系中的突现特性。② 具体来说，从进化论出发，杜威哲学将实在看
作是一个过程，而不是既定的、外在的宇宙存在。他用交互性来描述
有机体与环境的相互作用，并在此基础上论证了手段与目的的连续
性，即在系统中没有哪个事物能仅仅作为手段或仅仅作为目的而存
在。对一些目的来说，某物是手段，但它也可能是其他手段的一个目
的。因此，价值并不是独立的实在，而是以一种三元关系的形式存
在，说某物有价值是说它对于某物因为什么而有价值。这个三元关系
不依赖于人的感知，从这个意义上说，所有的价值是客观的，同样
地，所有的价值也是内在的，内在于三元关系之中，所有的事物都是
功能相关的，不需要诉诸人的理性（如康德）或是感知（如边沁）
去建立这种关系。由此，圣塔斯从杜威哲学中得到了对内在价值的另
一种辩护，而不像大多数学者一样将杜威对工具价值的热烈拥护看作

---

① Norton B. G., *Sustainability: A Philosophy of Adaptive Ecosystem Management*, University of Chicago Press, 2005, p. 374.

② Santas A., "A Pragmatic Theory of Intrinsic Value", *Philosophical Inquiry*, Vol. 25, No. 1 - 2, 2003, pp. 93 - 104.

是对内在价值的反对。这种辩护把价值放在了动态的系统背景之下理解，有助于人们理解和解决现实的环境冲突。

不管是激烈地拒绝自然内在价值概念本身，还是为其寻找实用主义的新依据，环境实用主义者的共同主张是：环境哲学应该停止工具价值与内在价值之间的对立了。各种教条式的内在价值理论在环境实用主义这里几乎没有什么用处，我们急需要做的就是在环境管理和环境政策等相关问题中更为清晰地表达环境的价值，而这个任务不能被对内在价值的本体论证明所解决，我们需要更加直接地面对现实。

第三节 直面现实环境问题

如果说倡导多元主义是环境实用主义得以成立的前提，规避形而上学是其实现实践参与的必经途径，那么，环境议题的实践性解决便是环境实用主义的最终伦理归宿：环境实用主义必须探究实际参与环境议题的方式，必须为现实的环境保护与生态恢复贡献实际的力量。

由此，环境实用主义开启了环境伦理学中的实践转向。不同的环境实用主义者转向实践的方式并不相同：有的认为应该像医学伦理学一样，把环境伦理学转变为应用伦理学，帮助生态学家和保护生物学家处理科学研究中的伦理问题，如明特尔[①]；有的则认为应用伦理学也是不够的，应该发展成为一种实践伦理学，参与环境科学和保护生物学等领域的具体议题，如罗齐（Ricardo Rozzi）[②]；有的则倡导将环境伦理学与环境公共政策结合，在政治和政策层面上对环境决策有所裨益，如诺顿[③]、费雷德

---

① Minteer B. , Collins J. , "From Environmental to Ecological Ethics: Toward a Practical Ethics for Ecologists and Conservationists", *Science and Engineering Ethics*, Vol. 14, No. 4, 2008, pp. 483 – 501.

② Frodeman R. , Jamieson D. , Callicott J. B. , et al. , "Commentary on the Future of Environmental Philosophy", *Ethics and the Environment*, Vol. 12, No. 2, 2007, pp. 142 – 145.

③ Norton B. G. , *Searching for Sustainability: Interdisciplinary Essays in the Philosophy of Conservation Biology*, Cambridge University Press, 2003.

曼（*Robert Frodeman*）① 和露丝（*Irwin Ruth*）②。综合这些不同路径，环境实用主义的实践诉求被本书解析为"应用哲学模式"和"实践哲学模式"两大类。

一　应用哲学模式

通过比较环境伦理学与生物及医学伦理学对现实问题的指导作用，本书发现，虽然传统的环境伦理学（如泰勒、罗尔斯顿、克里考特的学说）为保护非人类物种、生态系统等提供了伦理证明，但它们提供的更多只是一种内部的、悬而未决的哲学争议或是一系列难以证明的环境观念，它没有或很少为现实的具体问题提供行为指导；它关注荒野，关注野生动植物，而不太关注与人们息息相关的环境保护与管理中面临的实际决策困境。但是，对于生态学家和保护生物学家来说，他们的的确确像医学工作者一样在环境保护与生态恢复的工作中面临着许多困难的伦理抉择，比如在建立自然保护区过程中如何考虑不同的人类群体、生物群落和不同类型的生态系统之间的多元价值冲突，或者在设计一个保育计划时如何在生物多样性保护与生态系统服务功能之间做出二难选择等。③ 传统的环境伦理理论只是教导我们要对自然存在物负有直接的道德义务与责任，而没有告诉我们在多样化的、不同的问题情境之下如何做出正确选择的策略与方法。

为此，一些学者，比如明特尔和柯林斯（J. P. Collins），主张应该将环境伦理学转变成一种应用伦理学，像生命或医学伦理学一样，更多地强调案例研究的重要性与优先性，关注生态环境研究和保护实践中那些充满争议、带有强烈规范色彩、与政策法律及日常生活息息相关的环境伦理问题。本书简单地将这一策略称为应用哲学模式（applied philoso-

---

① Frodeman R., Jamieson D., Callicott J. B., et al., "Commentary on the Future of Environmental Philosophy", *Ethics and the Environment*, Vol. 12, No. 2, 2007, pp. 120 – 122.

② Irwin R., "The Neoliberal State, Environmental Pragmatism, and its Discontents", *Environmental Politics*, Vol. 16, No. 4, 2007, pp. 643 – 658.

③ 具体的例子可参见 Minteer B. A., Collins J. P., "Why We Need an 'Ecological Ethics'", *Frontiers in Ecology and the Environment*, Vol. 3, No. 6, 2005, pp. 332 – 337。

phy），主张应用哲学模式完全可以作为环境实用主义参与实践议题的方式之一。应用哲学是指那种根据回归原理把普遍的、抽象的一般原理应用于具体的问题与情境中以解决某个现实问题的哲学探究模式。① 在这种模式之下，环境实用主义的主要实践目标就在于把抽象的环境伦理学发展成为一种应用性的保护生物学伦理。费雷德曼也支持这一模式，他认为明特尔和柯林斯等人的"政策转向"能将伦理学家的角色从为其他伦理学家做注释和解读转变为实际参与研究和项目。罗齐等人还描述了在美国实施的关于环境伦理和环境哲学的田野实验框架，积极探索环境伦理学在现实实践中的应用形式。②

　　应用哲学模式离不开伦理学与哲学基本理论的指导，但是它不是对环境伦理理论的直接和简单的运用，而要求对环境伦理学有深入的理解与细致的把握。况且，传统的环境伦理理论由一系列充满矛盾与歧见的不同主张所组成，它们除了"非人类中心主义"立场而外几乎不存在多少一致的、普遍的结论，我们很难将其直接应用于实际的问题解决中。那么，对于纷繁复杂的环境伦理理论，我们该如何使它们在实际中变得更有用呢？正如环境实用主义者的一贯策略，本书也主张需要在实践层面寻求不同理论之间的共识，即在具体的问题情境中，寻找不同环境伦理理论达成共识的可能，然后将这些达成共识的"知识"与"原则"应用于对某个具体环境议题的解释与说明中，从而化解争议，帮助达成共同的政策和实践目的。为了促成广泛的共识，需要借助于"公众参与"、"协商民主"等工具，这是实用主义哲学所启示的方法，特别是杜威的民主政治思想，为人们思考和处理环境议题中涉及的社会、政治等维度提供了参考。明特尔甚至认为，杜威的协商民主思想（deliberative democracy）比起他的实验主义（experimentation）更能为环境实用主义的实践策

① 杨通进：《论环境伦理学的两种探究模式》，《道德与文明》2008 年第 1 期，第 11—15 页。Norton B. G. , "Why I am not a Nonanthropocentrist", *Environmental Ethics*, Vol. 17, No. 4, 1995, pp. 341 –358.

② Rozzi R. , Armesto J. J. , Gutiérrez J. R. , et al. , "Integrating Ecology and Environmental Ethics: Earth Stewardship in the Southern End of the Americas", *Bioscience*, Vol. 62, No. 3, 2012, pp. 226 –236.

略辩护。①

在本书主张的应用哲学模式中，被应用的"原则"或"知识"不是某种具有终极意义的东西，不是不容改变与质疑的"理论硬核"。相反，根据实用主义的原则，在应用这些原则和知识的同时，人们也参与这些知识与原则的改造与创新，我们与我们的经验共同进化。通过这个过程，我们能不断地纠正和弥补传统伦理理论的不足与缺陷，从而为实践工作者提供具体而有效的伦理指导。这非常类似于在保护生物学领域中被保育工作者们普遍采纳的"适应性管理"原则。适应性管理最初由生态学家霍林（C. S. Holling）于1978年提出，是指在面对系统的复杂性、多样性、不确定性、时滞性等特点时，通过实施可操作的一系列计划，从而从中获得新的经验与信息，进而用来改进和调整管理目标，推进管理实践的系统化过程，② 有时也被称为做中学（learning through doing）和反应性学习（reactive learning）。在环境决策领域，它代表着一种自我发展、自我纠正的过程，通过不断地参与、反馈、调节、适应，从而实现开放的、实验性的环境决策之路。环境实用主义对其的推崇来源于杜威哲学。不难发现，适应性管理理论与杜威的"社会学习""参与"和"经验"等概念十分相关，所以诺顿发展了广义的适应性管理理论也不足为奇了，这将在后文中论述到。

应用哲学模式为人们提供了类似于头痛医头、脚痛医脚的渐进方案。与道德哲学相比，它不为环境伦理问题提供某种宏观性的总体把握，不以提供基础性、普遍性和形而上的原则为己任，而是注重具体理论在现实环境决策中的可行性与有效性。它的策略是对现存的不同立场进行调节以在实践层面达成共识；它借助于特定问题情境中的相关事实背景来理解相关的伦理原则，又根据相关的伦理原则来阐明特定问题中的事实

① Minteer B. A., "Environmental Philosophy and the Public Interest: A Pragmatic Reconciliation", *Environmental Values*, Vol. 14, No. 1, 2005, pp. 37-60.

② Nyberg J. B., "Statistics and the Practice of Adaptive Management", Sit V., Taylor B., *Statistical Methods for Adaptive Management Studies*, B. C. Ministry of Forests, Victoria B. C., 1998. 转引自徐广才、康慕谊、史亚军《自然资源适应性管理研究综述》，《自然资源学报》2013年第28卷第10期，第1797—1807页。

背景，因而它的方法具有明显的"问题意识"与"问题取向"。不过，与实践哲学相比，应用哲学模式似乎是不够彻底的，它暗示了对环境哲学的一种改良主义倾向，而实践哲学模式要求践行环境哲学时不仅仅要面对现实，还进一步认为它本身就在现实中。

二　实践哲学模式

实践哲学探究模式（practical philosophy）把理论与原则仅仅作为理解与解决问题的一个工具，特别是被用来应对特定的政策与方案的争议。在这种模式之下，任何独立于决策过程而发展和建立起来的原则的合理性难以保证，所以，如果脱离了具体的问题情境去谈论这些原则实际上是无意义的。对于环境伦理理论来说，它们也只有在能够帮助人们理解具体的环境管理与决策问题时才是有意义的。因此，与应用哲学模式相比，实践哲学模式对现实环境问题的关注更为广泛，它不局限于生态学家和保护生物学家面临的伦理与决策困境，不局限于进行案例研究，它还强调与环境问题息息相关的政治、经济和文化等其他维度。它尤为关注如何就环境议题的公共争议达成共识，从而在民主化、多元化的社会背景之下帮助促成有利于改善和保护环境的政策与措施，也就是说，它的目标在于建构广义的环境实践哲学，而不仅仅局限于提高环境伦理学的实践应用性。

诺顿指出，"环境伦理学与环境哲学的目标应该是对解决真正的争论做出贡献。强调更多地关注与充满争论的案例有关的事实，更积极地去发现存在于争论者之间共同的道德与哲学基础——从应用哲学走向实践哲学——这将使环境伦理学从关注抽象的理论争论转向解决紧迫而重要的公共争论"①。他甚至建议环境哲学家应该离开哲学系，去环境公共政策、自然资源管理、生态规划与保护等相关院所工作，参与到环境政策和环保计划等具体领域中，为特定的环境议题解决提供支持与帮助。诺顿的观点影响了许多学者的态度，在环境伦理学中加入公共政策与政治、经济等维度的考虑被越来越多的学者所重视。汤普森指出，环境哲学家

---

① 杨通进：《论环境伦理学的两种探究模式》，《道德与文明》2008 年第 1 期，第 11 页。

的工作是作为科学共同体与个体及社区联系的纽带，在不断发生变化的情景中，帮助人们找到各种方式去实现他们的价值观。为此，他拒绝理性决策模型，支持更为实用的情境模型。这种情境模型综合考虑了特定时间和空间中社会机构关于价值的决策条件和特殊群体的利益与需求。他将这种实用主义的情境模型应用于对农业和食品伦理等具体问题的研究中，① 从而对环境实用主义的实践应用做出了突出贡献。

　　莱特也支持这一实践转向进路。他强烈反对以罗尔斯顿和克里考特等人为代表的非人类中心主义环境伦理学研究进路。这种环境伦理学的主要任务围绕在对自然内在价值和道德地位的确认上，而没有关注充满争议的各种现实环境问题。莱特批评道，这种试图建立新的价值理论去为自然道德地位辩护的企图实际上已经将环境伦理学引入了歧途，它不仅没有解决环境伦理学中的哲学争论，也没有实现从哲学上应对环境问题的承诺。例如它对民众关心的城市环境问题漠不关心，而把焦点过分集中在野生动植物和荒野上。莱特举了亚马孙热带雨林的例子去证明，传统环境伦理学的策略在影响环境政策方面实际上是适得其反的。② 为此，他多次强调采纳双管齐下的方法，即一方面继续元伦理学等方面的讨论，另一方面，在某些情况下拒绝这些争论，而把目标聚焦在环境政策上。相比之下，莱特更为看重第二个方面。他认为完整的、负责的环境伦理学应该包含对公众参与和环境政策达成的强调，因此他一再呼吁把环境伦理学发展成为一种公共哲学（public philosophy）：③ 环境伦理学的受众不应该只是学术圈，而应该包含更为广泛的各种环境主义者的共同体和与环境问题息息相关的普通公众。

　　为了实现实践参与这一目的，许多环境实用主义者将目光聚集在环

---

① Thompson P. B. , "The Reshaping of Conventional Farming: A North American Perspective", *Journal of Agricultural and Environmental Ethics*, Vol. 14, No. 2, pp. 217 – 229. Thompson P. B. , "Agrarianism as Philosophy", In P. B. Thompson & T. C. Hilde (eds.), *The Agrarian Roots of Pragmatism*, Nashville, TN: Vanderbilt University Press, 2000, pp. 25 – 50.

② Light A. , "Contemporary Environmental Ethics From Metaethics to Public Philosophy", *Metaphilosophy*, Vol. 33, No. 4, 2002, pp. 426 – 449.

③ Ibid. .

境公共政策上。在关于环境公共政策的讨论中，环境实用主义主张将不同的环境理论与观念都归置在一个民主与协商的话语平台上，并以问题解决和政策达成为中心，实现不同立场之间的沟通与对话。在这一过程中，协商民主机制是必需的，它要求主体通过自由平等的对话、讨论、商议、妥协、沟通和审议等方式实现政治参与。离开一个公共的话语平台，不同领域的专家、普通公众及其他利益相关者只可能是各说各话，无法有效地进行交流与沟通，这就是诺顿在美国环境保护署（EPA）工作时所体会的一种"割据"（towering）①。这种割据意味着信息获得过程与政策选择过程的分离，意味着增加了误解，阻碍了重要信息之间的流动，产生了"盲点"。虽然大家都是在为了共同的环境保护目标工作，但是由于缺乏共同的词汇、概念、方法与技术等而造成了相互孤立、彼此误解、沟通不畅的状况。因此，像在应用哲学模式中一样，杜威的民主思想也受到了极大的重视。许多环境实用主义者认为杜威的创造性民主的目标导向过程甚过结果，它必须保证所有涉及的当事人在伦理争议中表达意见，因此他们提倡研究问题转换，构架未来可能的方案，发展新的道德词汇，从而促进相关的各方群体参与进来。② 也就是说，在实践哲学模式中，环境实用主义首要去保证的是程序正义，其次才是程序正义所可能引发的结果正义。在他们看来，如果在争议讨论过程中各方意见的合理有效表达得到了保证，我们才有可能进行成功的问题转换与方案构建。

在协商民主这一过程中，环境实用主义像杜威一样特别强调公众的参与。他们认为，政策的制定如果离开了公众的参与，就无法反映出社会的共同需要和利益，因为那些需要和利益只有公众才知道，并且，那些需要和利益没有民主的"揭露社会需要和问题的咨询和讨论"是无法被了解的。杜威说道："专家阶层会不可避免地脱离公众利益以至于变成一个代表私有利益和私有知识的阶层，而私有知识在社会事务中完全不

---

① Norton B. G., "Sustainability: A Philosophy of Adaptive Ecosystem Management", University of Chicago Press, 2005, pp. 1 – 44.

② Callicott J. B., Frodeman R., *Encyclopedia of Environmental Ethics and Philosophy*, Macmillan Reference USA/Gale Cengage Learning Farmington Hills, MI, 2009, pp. 769 – 772.

是知识。"① 所以，在关于环境公共政策的讨论中，环境伦理学家应该特别注意将关于环境的伦理与哲学问题的私有知识与私有话语转换为公共知识与公共话语，从而使其他专家和公众都能充分了解和讨论，这是构建环境公共话语平台中重要的一步。

总之，环境实用主义的两类实践模式最终导向的都是环境议题的实践性解决，都具有强烈的"问题意识"与"问题取向"。相比之下，实践哲学模式的问题意识比应用哲学模式更为强烈，它的整个策略都是"以问题解决为中心"，特别是围绕着如何消除环境公共讨论中的争议与歧见，而应用哲学模式则将焦点集中于关于生态保护与恢复的研究与实践中的案例分析。二者都强调在问题解决层面达成共识，它们对环境伦理和环境哲学的理论与原则的应用不是一个"自上而下"的过程，而是一个"自下而上"的、与实践相互交融的过程，这些原则与规范在实践中生成又在实践中改变与进步。正如杜威所意识到的，在前达尔文关于知识与实在的观念中，哲学家们鼓励从"大问题"出发，使用先验的推理，然后把这些一般的推理应用于具体的问题情境中。但如果我们认真地对待实用主义，就会发现，从理论到实践的路线应该是反过来的，即理论必须从许多具体的实践中产生出来。② 因此，环境实用主义参与环境实践的方式不是自上而下的"面向实践"，而是自下而上的"在实践中"，正如温纳（Brett Werner）所形容的，环境实用主义路线是实践的、实验的、经验的、行动导向的、积极的、啮合的、授权的，而不是理论的、抽象的、僵硬的、思想取向的、消极的。③

---

① ［美］普特南：《无本体论的伦理学》，孙小龙译，上海译文出版社 2008 年版，第97—98 页。

② Norton B. G. , *Sustainability: A Philosophy of Adaptive Ecosystem Management*, University of Chicago Press, 2005, p. 570.

③ 田宪臣：《协商、适应、行动——诺顿环境实用主义思想研究》，博士学位论文，华中科技大学，2009 年，第 22 页。

第 三 章

实用主义进路的理论特征

环境实用主义虽然发端于对传统环境伦理学的挑战，但是作为一种环境哲学理论，它理应包括那些比伦理学范围更广的哲学问题讨论，或者至少是要表明其基本态度，才能得以建构起完整的理论体系。不过，环境实用主义本身并不是要建构某种关于环境的新的伦理与哲学理论，而是旨在为人们提供更好地解决环境问题的方法和工具，正如实用主义哲学一样，它们的理论本身"是实践的而不是逻辑的，是价值的而不是本体论式的，是具体实用的而不是体系化的，是道德情感的而不是宇宙理性的"①。因此，本书对环境实用主义理论体系的考察也并非严谨的逻辑梳理，而在于揭示其在世界观、价值观、知识论与道德观等方面的显著特征。在世界观上，环境实用主义强调人与环境的交互作用，并将此作为看待世界的基础，倡导以行动和实践为指向的环境哲学观；在价值观上，环境实用主义主张从关系的视角来理解与诠释价值，并因此建立了以共识为基准的环境价值观；在知识论上，环境实用主义支持实用主义的探究理论，并认为对真理的探究与对价值的追寻是统一的；在道德观上，环境实用主义破除了基础主义和普遍主义的神话，并从工具主义的立场来解放和改造道德实践。

第一节　求实主义的世界观

虽然环境实用主义并没有热烈地拥抱甚至是反对形而上学的，但是

---

①　万俊人：《现代西方伦理学史》下卷，中国人民大学出版社 2011 年版，第 600 页。

像绝大多数哲学家一样，环境实用主义者总是带着诸如什么东西是实在的，什么东西真实地存在着这类问题（如"存在什么种类的事物？"和"存在是什么样的"）的假定答案而进行工作的；在环境实用主义者背后，仍然暗藏着对形而上学的某些回答，尽管他们可以选择不去对此做出反应和应答，但是诚实而详尽的对环境实用主义的考察必定包含它。在对世界的整体看法和根本观点上，环境实用主义明显和古典实用主义站在同一条战线，他们主张从求实、可行、功效等出发来思考和理解世界本身以及这个世界中的一切对象、活动与关系等。大胆地说，他们几乎是完全接受了实用主义的反基础主义哲学立场，并将其作为他们建构环境哲学的前提。因此，环境实用主义的世界观几乎就是实用主义的世界观，其显著特征就是求实，只不过，作为一种环境哲学，他们关注的是在环境论域下的诠释与展现。下面本书从如何看待环境以及如何与环境打交道两个方面来阐述环境实用主义世界观的求实主义特点。

一　人与环境的交互性

人与环境的关系是环境哲学中的一个基本问题。环境实用主义为回答此问题提供了不同于传统环境伦理学的另一条进路，那就是利用实用主义哲学为人与环境的和谐理念辩护。在环境实用主义者看来，实用主义关于人与环境关系的看法可以作为环境关怀的基础，也因此可以作为环境实用主义的哲学基础。帕克就把环境的概念当作环境实用主义的四大主要内容之一。他指出，环境的概念是环境实用主义的重要内容，我们首先是要确立起一种环境观念，才能评价和发展关于环境的其他伦理和哲学内容。[1]

从皮尔士开始，笛卡尔开创的近代哲学传统在实用主义内受到了严厉的批评，实用主义哲学本身也从皮尔士的实用主义准则发展到杜威包含教育、政治等一系列内容的完整体系。在这一过程中，实用主义抛弃了传统哲学的形而上学问题本身，它不再致力于揭示实在的真实面目，

---

[1]　Park K. A., "Pragmatism and Environmental Thought", In A. Light & E. Katz (eds.), *Environmental Pragmatism*, Routledge Press, 1996, pp. 21–37.

不再关注经过哲学的系统而严格的形而上学改造而生成的一个最后的最高的实在世界，而是认为哲学的任务应当回到经验到的现实世界本身，回到我们活生生的生活世界。正如詹姆斯所说，"它避开了抽象与不恰当之处，避免了字面解决问题、不好的验前理由、固定的原则与封闭的体系，以及妄想出来的绝对与原始等等。它趋向于具体与恰当、趋向于事实、行动与权力"①。因此，整个实用主义哲学的世界观强调的是一切从功效、后果、实用和行动出发，鄙视形而上学和抽象思辨的哲学世界观。在这样的世界观之下，实用主义在人与环境的关系问题上看到的不是人与环境的割裂，不是人对自然的操纵与掌控，而是活生生的人与活生生的环境相互交织在一起、相互统一的画面。

　　作为实用主义的创始人，皮尔士认为"所谓实在，正如每一种其他的性质一样，就在于它具有实在性的事物所产生的特殊的可感觉的效果"②。他虽然没有直接谈论环境，但是他将认识与效果和行动直接联系起来了，为理解人与环境的交互作用奠定了基础。詹姆斯拥护彻底的经验主义，在他看来，经验是人基本的生存活动方式，是人与世界相遇的方式，我们不是在抽象的静态环境中经验事物，而是在事物本身的过程中经验事物。③ 因此，通过经验概念，他间接地向我们呈现了关于环境的观念：我们所处的环境无外乎是我们所经验到的世界。杜威则更直接，他在达尔文进化论的影响下，从"物种起源"和"有机体"两个概念入手，详细地考察了人与世界的关系，他意识到人像其他有机体一样，无法将自己置身于世界之外，人实实在在的是这个世界的成员，而不是其旁观者，"有机体依据其简单的或复杂的构造而对它的环境作出行动。结果，环境由此而产生的变化又对有机体及其活动产生反应"④。也就是说，人与环境的交互作用不仅促成了人的进化演变，同时，也促成了世界的发展变化。这为关爱与保护环境提供了哲学基础，成为环境实用主义进

---

① ［美］詹姆斯：《实用主义》，商务印书馆1983年版，第29页。

② ［美］莫里斯·柯亨：《机会、爱情与逻辑》，1956年英文版，第54页。转引自杨明、张晓东等《现代西方伦理思潮》，安徽人民出版社2009年版，第181页。

③ 杨明、张晓东等：《现代西方伦理思潮》，安徽人民出版社2009年版，第185—186页。

④ ［美］杜威：《哲学的改造》，商务印书馆1933年版，第81—82页。

行环境哲学理论建构的前提。

　　许多人对实用主义者，特别是杜威，关于人与环境关系的看法存在着误解，他们很少或没有看到实用主义暗含的人与环境（自然）和谐统一的环境哲学理念，这主要是因为他们没有把对环境的理解放在实用主义的经验概念之下。实用主义的经验概念是理解实用主义环境观念的重要一环，因为人类或其他任何存在物所能感觉、知道、评价或相信的东西——从最为具体的事实（如"我很饿"）到非常抽象的概念（如"上帝""正义"）——它们有意义首先在于它们在此时此地直接地被感受到、经验到。对于实用主义者而言，"经验首先不是认识的一环，而是在世界中'做事情'，是'一种行动的事件'"①。杜威就此反复指出，"经验只是与自然事物相互作用、相互关联的某种模式，有机体碰巧也是这些自然事物中的一个"②。也即，实用主义的"经验"概念不是对外部世界的被动记录，而是与外部世界发生互动的行为事件，是活动着的人与环境之间相互作用、相互适应的过程；从生命体与环境中的其他因素之间的互动这一角度来理解，经验主要关注被规划的未来以及被改造的环境。③在此观念的影响下，帕克提出了环境的一个定义，他说道："环境，在最根本的意义上，是经验所发生的地方，是我们的生命与他者的生命所产生和发展的地方。"④可见，通过经验概念，人与环境及其存在物都统一起来了：环境是我们的一部分，我们也是环境的一部分，更进一步，我们每一个人都是环境的一部分因而也是经验的一部分。

　　相比之下，杜威更喜欢用"交易"（transaction）而非"互动"（interaction）一词来描述人与环境的联系。在他看来，interaction一词对于描述人类的经验是不准确或不足够的，因为这个词假定了独立实体的存在，

---

　　①　江怡：《现代英美分析哲学》，载叶秀山、王树人主编《西方哲学史》（学术版）第8卷上），凤凰出版社2005年版，第373页。

　　②　［美］杜威：《哲学复兴的需要》，载伯恩斯坦《关于经验、自然和自由：代表性选集》，鲍伯斯·梅林出版公司1960年版，第45页。

　　③　江怡：《现代英美分析哲学》，载叶秀山、王树人主编《西方哲学史》（学术版）第8卷上，凤凰出版社2005年版，第375—376页。

　　④　Park K. A. , "Pragmatism and Environmental Thought", In A. Light & E. Katz (eds.), *Environmental pragmatism*, Routledge Press, 1996, p. 29.

暗含了环境的对象性存在这一意义，但是，在人与环境的交易或者交互作用之外，人与环境其实都没有位置。因此，杜威认为，与其把环境理解为一个客体，不如把它看作是一个包含时间与空间元素，人与物相关联的复杂复合体，而"交易"（transaction）较之"联系"（relation）或"互动"（interaction）更能表达人类纠缠于这个复合体之中的状态。① 对于环境实用主义而言，交易这一概念所传达的是人与环境的有机统一，离开了这个交易，人与环境都不存在。换句话说，人与环境的深层交互性是我们理解这个世界的基础，"这个世界没有最后的实体，不存在各自独立的东西，只有流变过程和相关联的'事情'"②，这些相互的"联系，修正，交易与纠缠"构成了"实在"，③ 而不是静止的人与环境本身。

为了阐释有机体与环境的深层交互性，实用主义承诺我们同等严肃地对待所有的环境。城镇、乡村、荒野，公园和城市、住宅和医院、海洋和草原、高山和河流……所有都是经验展开的地方。经验的质量——生活是富裕或贫瘠的、混乱或有序的、严酷或愉悦的——很大程度上是由有机体所遭遇的环境的质量来决定的。虽然处于濒危状态的环境可能最先引起我们的关注，但是实际上，环境哲学仍然需要去理解我们所居住的整个环境，理解我们存在的世界。从实用主义的经验概念出发，我们不仅能看到各种各样的不同环境类型，还能理解作为经验发生地方的整体的环境；正如坎贝尔（James Campbell）对杜威的解读，"环境这样的术语不仅仅是指人周围那些外在的东西，它们是指'周围之物与人自己的活动趋势之间特定的连续体'。这种连续体涉及一种由许多阶段构成的过程，正如我们已经看到的，在这个过程中，有机体时而失去时而又恢复它与环境之间的整体联系"④。也就是说，从经验概念出发，我们很

---

① Miller P. , The Implications of John Dewey's Ideas for Environmental Ethics, Indiana University, 1997, pp. 69 – 70.

② 冯平：《杜威价值哲学之要义》，《哲学研究》2006 年第 12 期，第 55 页。

③ Hejny J. , "Environmental Pragmatism: Good in Theory, Bad in Practice", Western Political Science Association Annual Conference, Vancouver, BC. , 2009, p. 8.

④ ［美］詹姆斯·坎贝尔：《理解杜威：自然与协作的智慧》，杨柳新译，北京大学出版社2010 年版，第 76 页。

容易意识到，这个世界是一个由各种各样的环境组成的连续体，我们在环境之中，环境也在我们之中。

除此之外，通过经验概念，实用主义还为将环境放在比传统环境伦理学所能给予的更高的地位上提供了可能。在传统环境伦理学范式之下，环境被赋予了内在价值，通过对自然内在价值的辩护，环境伦理学抬高了环境的地位。但是，这一辩护仍然是从传统哲学的主客二元对立思维模式出发的，它试图通过对自然内在价值的确立将作为客体的环境纳入到作为主体的人的范畴内，仍然以主客二元分割为前提。实用主义从根本上反对西方哲学两千年来的这种二元分裂，它认为人与环境的交互性本身就是世界的存在方式，环境首先不是存在于那儿的、与我们相分离的事物，也不是静静地等待我们使用或被动接受保护的某种存在，而是一幅人与环境相互纠缠、深层交互画面的展现。杜威通过园丁改造花园的例子对此进行了阐释。他承认园丁对花园土地的改造的确服务于人类的目的，但是他认为这些"目的"并不是"非自然的""对象性的"，而是属于自然进化的一部分；进化本身包含了人类与非人类活动，或者说包含了作为整体的自然。① 在这一过程中，人类并不是使用环境的主体，环境也不是被改造的客体，人类与环境都是"事件"的某些方面，是经验的环节。因此，实用主义的经验概念将环境放在了一个比内在价值所赋予的更高的位置上。在实用主义的经验概念之下，这个世界的本质就是一个由各种各样的环境组成的连续体。我们要做的不是去掌控自然世界，而是在各种各样的环境中去培养有意义的生活。

总之，人与环境的交互性是实用主义给予环境哲学的深刻洞见。正是从实用主义哲学出发，环境实用主义为人们看待与理解环境提供了新的思路，为关爱与保护环境提供了新的基础。实用主义的世界观内在地包含了人与世界相互统一的观念。它通过强调经验的作用，突出了求实、功效与行动的意义，为我们生活在环境中、与环境打交道提供了指南。

---

① Miller P., The Implications of John Dewey's Ideas for Environmental Ethics, Indiana University, 1997, p. 71.

二　实践的环境哲学观

实用主义不仅为我们理解环境概念及人与环境的关系提供了新的思路与方式，也为我们如何生活于环境中、如何与环境打交道提供了帮助。它对于环境哲学最重要的启示就在于行动至上的实践观。实用主义所追求的哲学角色是动态的、实际的、不断变化的，而不是静止的、虚幻的和永恒的，因此它突出了人的行动、创造与做的现在进行时态，突出了过程、手段、条件、实验与实践，而这些要素构成了环境哲学的行动主义图景。

从皮尔士的实用主义准则开始，到詹姆斯的实用主义真理观，直到杜威的集大成，实用主义一步步地将功效、后果、行动与实践推向了极致。在皮尔士那里，实用主义还主要是一种意义理论，是他符号学理论的基础。他在《怎样使我们的观念清晰明白》（how to make our ideas clear）一文中指出，如果我们要获得有关对象的正确概念，就必须要澄清这个概念所拥有的实际结果或效果，"考虑一下我们认为我们的概念的客体具有着一些什么样的效果——这些效果是可以设想为具有实际意义的。这样，我们关于这些效果的概念，就是我们关于这种客体的概念的全部"①。对于詹姆斯来说，实用主义不仅仅是一种意义理论，同时更是一种真理学说。他明确地说过"实用主义的范围是这样的——首先是一种方法，其次是关于真理是什么的发生论"②。在他看来，真理就是在现实中得到实现的过程，是之于人的现实满足，或者简单地说，"有用即真理"。到了杜威那里，实用主义对效用和后果的强调得到了更大的发挥。他主张从实际效用出发来考虑一切与人生和社会相关的对象、活动和关系等，认为哲学的真理就在于实用或有效，他指出："如果观念、意义、概念、学说和体系，对于一定的环境的主动改造，或对于某种特殊的困苦和纷扰的排除确是一种工具的东西，它的效能和价值就会系于这个工

① ［美］皮尔士：《实用主义要义》，载陈启伟主编《现代西方哲学论著选读》，北京大学出版社1992年版，第124页。

② ［美］詹姆斯：《实用主义》，商务印书馆1979年版，第36—37页。

作的成功与否。如果它们成功了，它们就是可行、健全、有效、好的、真的。"① 这种实用的哲学原则告诉我们，如果我们将功效作为取得成功的标准，那么理论与观念的意义就在于它们对于现实生活实践的帮助，在于它们对人的行动取得成功的工具作用。

如果以这种实用的哲学原则来看待和评价传统的环境伦理与环境哲学理论，它们无疑是失败的。它们过于集中于理论层面的讨论和争执，远离了现实的环境实践，从而很少为实际的环境议题讨论和环境问题解决提供帮助。简言之，传统的环境伦理与环境哲学理论没有对人们的生活和行动产生功效。正如莱特对其的批评"环境伦理的理论争论正在妨碍环境运动促进达成基本政策共识的能力"②。布朗（Donald A. Brown）也从丰富的环境工作实践中观察到，环境伦理学家的著作几乎从来没有被政策制定者阅读过，也没有在日常关于环境议题的决策中被考虑过。③如果我们接受实用主义的原则，那么改造环境伦理学对于发展环境哲学则是必要的，这是环境实用主义者的工作起点。

实用主义对理论的功效和后果的强调发生在环境实践领域则表现为环境行动的强调。只有切实的环境行为才能影响和改变环境，而我们关于环境的观念本身并不直接起作用。实用主义对行动和实践的强调远远比人们想象得更为深刻，它认为一切理论学说、概念或观念，都要同人的行动和目的发生关系，行动就是一切。哲学的根本意义就在于行动，理论的后果就在于在行动中发挥有效的作用，因此，实用主义哲学也常常被称为"实践哲学"或"行动哲学"。

如果进一步区分不同形式的实践哲学，那么实用主义可以看作是一种广义的实践哲学，即"以实践为基础或出发点来考察和理解世界"④。

---

① ［美］杜威：《哲学的改造》，商务印书馆 1933 年版，第 84 页。

② Newman J. Pragmatism. , "Green Ethics and Philosophy: An A - to - Z Guide", Thousand Oaks, CA: SAGE Publications, Inc. , 2011.

③ Brown, D. , "The importantof Creating an Applied Environmental Ethics: Lessons Learned from Climate Change", In Ben A. Minteer ed. , *In Nature in Common? Environmental Ethics and the Contested Foundations of Environmental Policy*, Philadelphia: Temple University Press, 2009, p. 215.

④ 关于实践哲学的区分参见杨国荣《行动、实践与实践哲学——对若干问题的回应》，《哲学分析》2014 年第 5 卷第 2 期，第 34—47 页。

以这种方式来把握世界时，理论或思辨仍然或明或暗地存在于其中。但是，在实用主义哲学启发下建构的环境实用主义则应该看作是一种狭义的实践哲学。狭义的实践哲学又可以进行进一步的区分，一是关于具体实践领域的研究，二是跨越不同实践领域的元理论形态的研究。从前几章对环境实用主义的分析可以知道，它同时包含了狭义上的这两种形式，但是相比之下，它更为看重第一种形式，因为环境实用主义建构和发展的旨趣是要直接面对现实环境问题，而不仅仅是为了拉近环境哲学与环境实践的距离。或者可以粗略地说，关于环境实用主义的理论内容，诸如它如何理解环境、内在价值、工具价值等概念（本书第二章和第三章）较多地属于狭义实践哲学的第二种形式，而关于环境实用主义如何切实地指导和帮助环境实践属于第一种形式，这将会在本书的第四章和第五章进行具体展开。

强调后果、功效、事实、行动的实用主义哲学为人们打开了环境实践大门。环境实用主义在这种实践哲学的指引下，开始了对传统环境伦理与环境哲学的改造之路，但是它并不是要建构一种关于环境、关于行动的环境实践哲学，而是旨在帮助人们更好地利用现有的思想、理论、观念等去促成环境政策和环境行动的达成，所以，它主要不是理论的、逻辑的，而是行动的、实践的。环境实用主义批评非人类中心主义环境伦理的建构进路，其原因也正在此。莱特等人认为，环境哲学并不需要去拥抱那些新的、在哲学上难以证明的概念或原则去保证环境保护的伦理基础，而人与自然的连续性就足以作为环境关怀的基础。不同的环境伦理和环境哲学观念最终将在现实的行动中实现统一，这也是诺顿的趋同假说和莱特的容忍原则（principle of tolerance）① 所揭示的含义。即，行动是环境实用主义的"唯一意义"。

具体地说，环境实用主义对于环境实践的指引体现于人与环境交互作用的方方面面；我们与环境打交道的方式决定了我们具体的环境实践画面。从人类的视角来看，我们与环境打交道大致体现于三个方面：我

---

① Mintz J. A., "Some Thoughts on the Merits of Pragmatism as a Guide to Environmental Protection", *Boston College Environmental Affairs Law Review*, Vol. 31, No. 1, 2004, pp. 1 – 26.

们从环境中索取（living from the environment）、我们生活于其中（living in the environment）、我们与它共生和进化（living with the environment）。①所以，环境实用主义的实践观不仅要求要在开采矿藏、砍伐森林、开垦土地等依靠环境的实践中关注环境的角色，还要求我们在环境提供给我们的生活意义上（如爬山、游泳、野餐、观鸟、冲浪）关爱环境，在与环境的发展、改变与进化上同环境共存共进。如果我们从人与环境的深层交互性来思考和理解环境，环境之于人类的意义以及环境保护已远远地超过了那种自私、狭隘的传统人类中心主义的范围，甚至，它可能超过了自然内在价值所能给予的地位；从实用主义哲学的功效、后果、事实、行动视角来理解、考察和帮助环境实践也远远地超过了传统环境伦理学所指向的环境实践范围。一句话，实践的环境哲学观比道德上的激励更有助于环境保护。

第二节　关系视角的价值观

环境实用主义者很少讨论价值问题本身，至少不像詹姆斯和杜威一样对价值问题进行详细说明。他们对价值问题最详细而明确的观点恐怕就是对自然内在价值这一论题本身的拒绝了。他们大多认为，这些艰涩的讨论纠缠不清反而削弱了环境伦理学应当具有的实践观照性。正如本书第二章的论述，关于自然内在价值的哲学辩护远离了现实环境实践工作者面临的困境与疑惑，很少或几乎没有对环境问题的解决贡献力量。环境实用主义对待自然内在价值论题还有另一条进路，那就是试图用实用主义的哲学观点为自然内在价值辩护（如圣塔斯②）。相比之下，第一条进路才是环境实用主义的主流范式，不过这两条进路都或明或暗地包含了对环境价值以及环境价值与环境行动关系的看法，这也是环境实用主义价值观的主要内容。在这里，本书也不是要提供一个关于价值的完

---

① O'Neill J., Holland A., Light A., *Environmental Values*, London and New York: Routledge, 2008, pp. 1 - 4.

② Santas A., "A Pragmatic Theory of Intrinsic Value", *Philosophical Inquiry*, Vol. 25, No. 1 - 2, 2003, pp. 93 - 104.

整理论，而是尽可能地展现价值的关系属性及其在环境议题中的意义，在于表明环境实用主义价值观的显著特征，而不是提供某种形式的价值论。

一　从价值到价值判断

作为一种环境哲学，环境实用主义在其理论阐释和实践策略中不可避免地会涉及关于环境价值的讨论。比如诺顿就专门考察了处理环境价值的两种不同范式，一是环境经济学的成本收益分析，二是环境伦理学的内在价值理论；其他的环境实用主义者也或多或少地讨论了环境价值及其相关的属性与特征。对环境价值的理解与评价离不开对价值本身的体悟，在这一方面，杜威价值理论的影响是显著的。在杜威价值哲学的指引下，环境价值在很大程度上被环境实用主义者解读为一种关系性的构成，一种功能性的关系体现，而这种关系被用以环境具体事务的价值判断中。也即，他们主要讨论的不是价值，而是价值关系和价值判断。

杜威对价值的解释与他的实用主义哲学立场相联系，他说道："价值是从自然主义观点被解释为事物在它们所完成的结果方面所具有的内在性质。"① 也就是说，价值是事物结果所具有的内在性质，这里的"结果"即是实用主义一直强调的后果、功效、效果，而"内在性质"则是指这种结果对于他物、他人是否起作用，是否能满足某种需要、偏好、利益等。但这并不是在给"价值"下定义，正如摩尔在《伦理学原理》（1903 年）中明确指出的，"善的就是善的；并就此了事。或者，如果我被问到'怎样给善的下定义？'，我的回答是，不能给它下定义：并且这就是我必须说的一切。然而这些答案虽似令人失望，却是极其重要的。我可以用一句话来表达它们的重要性，即是说它们相当于：关于善的诸命题全都是综合的，而绝不是分析的"②。杜威赞同摩尔的这一看法，他类似地说道："价值就是价值，它们是直接具有一定内在性质的东西。仅

---

① ［美］杜威：《经验与自然》修订版，商务印书馆 1960 年版，序言第 8 页。
② ［英］摩尔：《伦理学原理》，长河译，商务印书馆 1983 年版，第 12—13 页。

就它们本身作为价值来说，那是没有什么话可讲的；它们就是它们自己。"① 也即"价值本身是可以仅仅为我们所指出的，然而企图通过完备的指点给予价值一个定义这种尝试是徒劳无益的"②。

既然无法给价值下定义，那么认识与把握价值的方式便成为价值理论的重要内容。杜威在反对关于价值概念争议的基础之上，将价值评价、价值判断作为价值哲学的逻辑起点。他认为，"关于价值值得研究的问题有两个，一是如何通过一种判断而指导行动，以通过这种行动创造出所期待的结果，即价值的载体；二是如何通过一种判断而确定兴趣、嗜好、欲望、价值感觉的对和错，而不是真和假"③。这样一来，杜威回避了"价值是什么"的难题，而把价值论的重心从价值定义问题转移到了价值评价与价值判断问题上，这一点被许多学者认为是杜威完成的价值哲学的重大变革。与这一变革相联系的是，言说和界定价值的方式也从关于价值的直接经验描述转移到从因果关系和操作意义出发了。因此，对于杜威来说，并不是任何一种享受都可以看作是价值，而必须是"用作行动后果的享受"，即我们"必须要对价值采取一种操作性的理解，用作为智慧行动后果的享受来界说价值"。④

这种以行动后果为基础的价值观念暗含着一种对价值理解的关系视角。"我们对我们所爱好的、所享受的事物的直接经验不过是所要达到的价值的可能性，当我们发现了这种享受的出现所依赖的关系时，这种享受才变成了价值。"⑤ 以行动为出发点，就是以人与物之间的各种认识与实践为出发点，就是以人与物的相互作用为出发点。在这个意义上，价值可以看作是这种人—物交互关系的产物。詹姆斯·华莱士（James D. Wallace）就说道："价值的重要性是由其与人类中其他各色事物的关系构

①　［美］杜威：《经验与自然》，傅统先译，商务印书馆 1960 年版，第 318 页。

②　同上书，第 319 页。

③　冯平：《杜威价值哲学之要义》，《哲学研究》2007 年第 12 期，第 56 页。

④　［美］杜威：《确定性的寻求》，傅统先译，上海人民出版社 2004 年版，第 261 页。

⑤　余泽娜：《经验、行动与效果的彰显——杜威价值论研究》，博士学位论文，复旦大学，2005 年，第 38—39 页。

成的。"① 而圣塔斯为了在杜威哲学中寻得内在价值困境的出路，进一步将价值理解的这种关系视角进行了升华。他认为，杜威对价值的理解是正确的，"价值既不是某种纯粹主观的东西，不是机体的心理内容或感觉，但也不是某种纯粹客观的东西，不是某种独立存在于自然界中的实物"②。那么，究竟如何界说价值呢？圣塔斯说道："价值是情景的，它以功能性的关系形式存在，或者特别地说，它以一种三元关系的形式存在。"③ 他进一步对这种三元关系进行了解释：我们说某物（X）有价值是说它对于某物（Y）因为什么（Z）而有价值。比如，我可以说，一把刀（X）对于我（Y）来说是有价值的是因为它能帮助我切菜（Z）。并且，圣塔斯指出，这种关系先于人的存在，不依赖于人的感知，因而又是客观的、内在的，根本不需要诉诸任何东西，如人的理性（康德）或感知（边沁）去建立这种联系。

在这个三元结构中，X 和 Y 两个元素对应着"人—物交互关系"中的主体和客体，而 Z 代表着 X 和 Y 之间的某种需求、欲望、情感和满足等结果。也就是说，"价值关系是主体与客体之间的一种客观的基本关系。这种关系就是：在主体的实践——认识活动中，客体的存在、属性和合乎规律的变化，具有与主体的生存与发展相一致、符合或接近与否的性质。这种性质，是主体内在尺度作用的结果。它的肯定表现即为正价值，是客体的不断主体化和主体的需要得到满足"④。请注意，这里说的主客关系是按照传统哲学的范畴来的，但是这并不表示二者能绝对地割裂开来，并不表示本书不承认它们之间的内在统一，人当然可以作为主体也可以作为客体存在。在价值关系中，X 和 Y 的主客体关系并不是唯一的，价值关系不仅仅体现于主体（人）和客体（外在事物）之间，还体现于主体和主体之间。人的认识与实践活动离不开人与外部世界的

① Wallace J. D. , *Moral Relevance and Moral Conflict*, Cornell University Press, 1988, pp. 96 – 113.

② Santas A. A. , "Pragmatic Theory of Intrinsic Value", *Philosophical Inquiry*, Vol. 25, No. 1 – 2, 2003, pp. 93 – 104.

③ Ibid. .

④ 李德顺：《价值论》，中国人民大学出版社 1987 年版，第 107—108 页。

相互作用，但更离不开人与人之间的社会性；人与人的社会关系不可避免地会影响人对事物的价值判断，但同时，人与人的关系本身也是价值关系的一种体现。比如，在婚姻关系中，丈夫对妻子的尊重、关心和爱对于妻子来说的确是有价值的。这里妻子、丈夫与尊重、关心和爱分别代表着三元结构中 X、Y、Z 三个要素。对于任何一个价值判断，这三个元素都是不可或缺的，所以价值也可以表示为一个三元函数关系，即 V（X，Y，Z）。不同的变量将导致非常不一样的价值图形，这也正好说明了价值问题本身的复杂性。

在环境问题的讨论中，主体与主体之间的价值关系常常被人们忽略。对环境价值进行判断和说明的时候，人们往往只关注环境物品对于人的需求的满足，这也是某些环境定价计量法的根据（比如旅行成本法）。不过本书认为，环境价值还有另外一种体现，那就是人与人的关系。比方说，在一项环境议题中，我们需要对一片森林的价值进行评估以帮助我们决定该采纳哪些策略，比如开采、保持原状、封闭保护等。一般地，人们评价这片森林的时候看重它对于人类的使用价值，它是否能制造纸张和其他材料等显性用途，以及是否能净化空气、防止土壤流失等隐性用途，一句话，看重的是森林与人的关系。但是在具体决策中，人与人的关系也很重要。森林木材制造的产品可能销往全国各地，而森林对于空气和土壤的作用则主要有益于当地居民，因此，当地居民和其他居民的关系也应当体现于森林价值的评估中。当地居民和其他居民之间的价值关系，如当地居民认为自己能享受的森林提供的生态自然服务没有更大范围的人民生活水平的提高重要，也是森林与全部居民的价值关系的一个方面。所以，如果我们希望对森林价值尽可能全面地评价，那么还需要对涉及的 X、Y 和 Z 三个元素进行更加详细的把握。显然，加上多种变量后的价值函数更为复杂。不过，只要我们在环境价值评估中纳入本地共同体的价值考量，那么这仍然是有希望的。环境实用主义为此提供了详细的指导和帮助，这将在本书第五章论述。

回到价值问题上来，本书对价值的把握方式仍然是实用主义的，或者至少是杜威式的。从关系视角来讨论和言说价值并不是在给价值下定义（对森林价值的讨论也不是），而是在对价值关系进行判断。从价值转移到价值判断是杜威价值哲学给予环境实用主义的重要启示。接下来，本书将从关系视角进一步分析价值，从而展现环境价值的重要特征以及在环境议题中价值共识的意义。

二 从需求关系到合作关系

本书前面讲到，价值本质上是反映价值关系的，而价值关系主要体现在主客体的交互作用中，因此，进行价值判断就是要考察主体和客体之间的相互关系。这里的相互关系有两层含义。第一，价值关系体现在客体的某种属性对于主体需要的满足、对于主体发展的帮助等，用杜威的话来说，在于"行为后果的享受"。从人的主体角度，本书简单地把这一层次的关系称作需求关系。当然，这种主体对客体的需求是有限度的，并不是所有的需求满足都是一种价值关系。杜威区分了"可享受的"与"所享受的"，"可以令人满意的"与"使人满意的"，以及"可期望的"与"所期望的"。① 说某物被人们所享受不过是在陈述一个事实，它正在发生或已经发生，而不是在判断这一事实的价值，同样，"可以令人满意的东西"也只是在陈述某物有令人满意的性质，但这并不代表它一定会变成"使人满意的东西"，二者之间还存在着距离，这个距离就是从过去和现在到未来，从可能到事实的距离。因此，主客之间的需求价值关系要得以成立，或者说要成为正的价值关系，必须是那些正当合理的、有希望变成事实的需求。

第二，价值关系还体现在主体与主体的关系中。与主体和客体之间的需求关系不同，主体与主体之间的关系建立在人的社会性这一背景前提下。实践活动中人的社会性是人类社会的本质特征，这个特征决定了人从自然性的存在转变为社会性的个体。作为社会性的个体，人们在认识与实践活动中进行着各种各样的合作。这里的合作是广义的，既可以是个体之间的直接联系，又可以是远距离的间接联系，甚至也可以是以他人的劳动为生存前提这样遥远的联系。因此，主体与主体之间的价值关系也可以看作是人类社会成员间的合作关系。比如，这种合作关系体

---

① ［美］杜威：《确定性的寻求》，傅统先译，上海人民出版社 2004 年版，第 262 页。

现在家庭生活上则表现为家庭成员之间的互相承认、尊重与共同劳动等。这种承认与尊重不仅是对家庭成员劳动的肯定，也是对其人格的爱护与尊重。所以主体与主体之间的合作关系既有需求属性的成分，又有人的道德成分。正如杜威所指出的，"也许每一个人的最深沉的愿望是感觉到他对别人来说是有价值的，并且从别人那里确认他们的确是有价值的"①。

　　意识到价值关系中主客体之间的需求与合作关系这两个层次对于环境议题的讨论有很大的帮助。在环境价值评估中，需求关系是显性的。我们呼吸新鲜空气、饮用淡水、在草地上放牧、在海洋里捕捞……都是对外界环境需求的一种体现，多种多样的生态自然环境的不同属性正好满足了人类的不同需求，自然的价值也体现于这种需求关系之中。环境恶化和生态失衡在很大程度上正是因为人们肆意扩张这种需求而导致的，最初环境保护运动的兴起也主要着眼于对这种肆意妄为的人类需求的控制。不过，我们还应当注意，在环境价值中同样包含了合作关系这层含义。合作关系看起来不是那么容易让人理解，因为我们通常都将人与环境的关系看作是主体与客体的关系，因此主体与客体的需求关系成为价值关系的首要。不过，如果我们再进一步，从实用主义对价值是行动后果的享受这一界定来看，既然价值是作为智慧行为后果的享受，那么影响到行为后果享受的各种因素就会影响到价值，而与环境相关的行为实践，如饮水、放牧、捕捞、种地等，都离不开人的社会关系，也就是说，离不开社会成员之间各种各样的合作关系。例如，一条小河流经了几个不同的村落，上下游村落中村民的合作关系（广义上的）是保持河流价值能持续地满足人们需求的基础。如果上游河流被过度使用或排污损坏，那么下游村民对河流的需求关系将受到影响和变化。在这个例子当中，保持河流价值持续供给给所有村民的基础是村民间的合作关系，正义和不损害他人利益等道德原则在起作用。也就是说，在环境问题当中，人类的伦理道德观作为合作关系建立的基础而在起作用。分析环境问题，

---

　　① ［美］杜威：《新旧个人主义》，载《杜威全集》晚期著作第5卷，乔·安·博伊斯顿主编，南伊利诺伊大学出版社37卷鉴定版1984年，第239页；对应国内中文全译本：［美］杜威：《新旧个人主义》，载《杜威全集》晚期著作第5卷，刘放桐主编，华东师范大学出版社2015年版，第183页。

离不开人的社会性，离不开伦理因素。这可以看作是间接地为环境伦理学的成立进行的一种辩护。

通常情况下，现实的环境问题会很复杂，人与环境之间的需求关系和人与人之间的合作关系都纠缠于其中，环境的价值也在这样的交互关系中体现出来。就环境价值的这两层关系来说，后者更为根本。龚群在对价值关系判定时说道："如果在某个存在物的关系中，同时存在着主体与客体和主体与主体的关系，其价值意义服从于主体与主体的关系要求。"① 这一判定同样适用于关于环境价值的评价和判断。从实用主义的观点来看，从环境行为角度对环境价值的界定是根本的，"无论行为者是有意还是无意，每一个行为都把行为者带入与他人的关联之中"②，因此人与环境的需求关系必须限定在"那些有利于人类的生存、享受和发展的需要"③ 上，也就是必须限定和服从于人的社会性，服从于人与人的关系。人与人的关系才是环境行为后果享受的决定因。

人与人之间的合作关系是价值享受的基础还揭示了另外一层含义，那就是价值共识的意义及其对于环境行为的重要性。人们对环境进行价值判断就是在对人类社会和环境组成的复合系统的价值冲突或道德冲突做出一种价值选择。杜威认为，这种冲突主要不是关于善与恶的冲突，而是关于有价值之物相互之间的冲突，他说道："大多数重要的冲突都是在现在使人满意或已经使人满意的事物之间的冲突，而不是善与恶之间的冲突。"④ 因此，应对价值冲突主要不在于达到一种关于善与恶的观念共识，而在于达到关于具体事物的价值判断的共识。在这里面，并不需要去寻求一些绝对可靠的、普遍的、基础的关于环境行为善恶判断的标准，而在于就具体情景下的环境价值判断达成共识。这个共识可以直接

---

① 龚群：《论价值与价值关系》，《苏州大学学报》2013 年第 6 期，第 6 页。
② ［美］杜威：《伦理学》，载《杜威全集》中期著作第 5 卷，乔·安·博伊斯顿主编，南伊利诺伊大学出版社 37 卷鉴定版 1987 年，第 404 页；对应国内中文全译本：［美］杜威：《伦理学》，载《杜威全集》中期著作第 5 卷，刘放桐主编，华东师范大学出版社 2012 年版，第 314 页。
③ 袁贵仁：《价值学引论》，北京师范大学出版社 1991 年版，第 54 页。
④ ［美］杜威：《确定性的寻求》，载《西方伦理学名著选辑》下卷，商务印书馆 1987 年版，第 708 页。

地为一些环境行为提供支持，为反对另一些环境行为提供理由。也就是说，我们要达成的价值共识不是基础主义的，而是工具意义的和操作意义的；不是关于人与环境的需求关系的，而是关于人与人之间的合作关系的。至于如何达成共识，需要"行动者之间在相互承认彼此意向的基础上经过反复的沟通与理性的取舍而形成一种共同的意向"①。这意味着，达成共识需要在伦理、道德、情感等内在的规范方面和沟通、权衡、取舍等外在的机制方面进行努力。显然，传统的环境伦理学主要集中于前者，它们又太过于集中于前者而几乎完全忽略了后者；环境实用主义则力图从后者出发，研究在关于环境议题的讨论中如何就多元价值冲突进行沟通和取舍以达到多元主体的价值共识，本书将在之后的章节中从环境决策的角度对其进行分析和阐释。

第三节　实用探究的知识论

环境实用主义对待环境伦理和环境哲学理论的基本立场是：人与环境处于不断的发展变化和适应进化中，因而关于环境的固定的、确定的、根本的概念和理论是不可靠的。这并不是基于怀疑论或虚无主义的立场得出的结论，而是基于实用主义哲学的知识论，或者更基础的，基于实用主义揭示的这样一个可观察的事实：生物体必须不断地适应周围的环境。在否定了绝对真理之后，环境实用主义进一步支持实用主义的探究理论，并力图在环境议题的讨论和环境问题的解决中引入实用主义的假设性的、实验性的、探索性的方法，正如杜威试图将科学探究引入社会探究一样。因此，环境实用主义虽然没有专门在环境问题的论域下发展出传统意义上的认识论或知识论理论，但是它的确有一套成型的来源于实用主义的关于环境伦理知识的探究理论。

一　真理的实用探究

真理是一个非常古老的哲学概念，从古希腊开始，人们就开始了对

_____

① 张康之、张乾友：《共同体的进化》，中国社会科学出版社 2012 年版，第 374 页。

真理问题的孜孜不倦的探索，在近代哲学的认识论转向之后，真理问题成为认识论的核心。不同派别的哲学家从不同的立场出发提出了关于真理的不同论断，比如笛卡尔的天赋真理论、洛克的经验真理观、康德对分析判断与综合判断的区分、黑格尔的绝对真理体系等；在现代，欧洲大陆哲学家们和英美分析哲学家也从不同的角度对真理问题进行了研究。在实用主义哲学中，真理学说也是一个极为引人注目的部分，它的显著特征是批判传统理性主义或者说教条主义的真理符合论，反对从形而上学意义上考察真理问题，而主张将真理与生活和行动联系起来。作为以实践行动为核心的环境实用主义，它自然而然地深受实用主义的真理观浸染，特别是杜威将真理的探究理论引入了伦理学，对环境实用主义产生了重要影响。

首先，皮尔士向我们阐释了四种形式的真理含义：① 第一，真理是那种给人带来满足感的后果或效果；第二，真理是探索过程最终引导人们达成的一致意见；第三，真理在于表象或命题与其对象相符合；第四，真理在于抽象命题与理想极限相一致。前两种含义代表了皮尔士关于真理的主要观念。一方面，皮尔士将"真理"与"满足"联系起来，认为"真的东西不过是认识中令人满意的东西"，② 任何一个概念或理论的意义在于它在人们实际生活中产生的效果；另一方面，皮尔士将"真理"与"科学方法"联系起来，认为真理就是科学方法最终导向的结论。后两种含义他只在少数场合下提及，不过皮尔士所说的真理符合并不是命题与实在的简单的、绝对的符合，而是包含了或多或少的错误成分，具有修正的余地，排除了绝对真理的可能。总的来说，用探究取代认识，是皮尔士知识论的重要特征。认识就是一种探究的过程，并且是主动的探究，探究要完成的是从怀疑走向信念，走向"能真正指导我们行动以满足我们之欲求"③ 的信念。

① 涂纪亮：《从古典实用主义到新实用主义——实用主义基本观念的演变》，人民出版社2006 年版，第217 页。

② 《皮尔士文集》第5 卷，哈佛大学出版社1993 年英文版，第555 节。

③ ［美］斯蒂文·费什米尔：《杜威与道德想象力：伦理学中的实用主义》，徐鹏、马如俊译，北京大学出版社2010 年版，第48 页。

　　詹姆斯继承了皮尔士的真理观念，并从真理的发生机制对真理问题进行了进一步考察。他虽然也谈真理符合论，但是他认为，重要的不是真理是对实在的符合，而是弄清楚什么样可以算作符合，符合的具体机制是什么，以及怎么样去实现这样的符合。在这里，人作为具体的情境和价值因素参与进了"什么叫作符合"的确认过程。这样一来，詹姆斯的真理概念意味着处于一定情境、持有一定信念的人对现实的一种认同。由于现实世界各种关系的异常复杂性，人们往往无法直接证实或检验认识的真理性，所以这种"认同"大部分是以间接的形式进行的，也因此，真理的意义并不是给出某一观念是真的还是假的的抽象的、最终的判决，而在于"引导人们顺利地与生活经验相衔接"①，以保证对人们的当下实际活动有价值。这样一来，詹姆斯同样将"功效"和"满足"与真理联系在一起了，他说道："对于一个观念，说'它是有用的，因为它是真的'，或者说，'它是真的，因为它是有用的'，这两句话的意思是一样的。"② 也即，有用即真理。

　　作为实用主义的集大成者，杜威主要从工具意义或操作意义来界定真理。他关注什么样的"符合"会真正成立，并把符合看作是一个动态的过程，认为更为恰当的是用副词"真实地"（truly）来描述，而不是用名词"真理"（truth）或形容词"真实的"（true）；只有在动态的意义上，真理符合论才能成立。作为副词使用的"真实地"代表着一种行为方式或行为指南，"真理不是供在那里让人欣赏的东西，而是行动的指南，是将我们由不确定的经验引向较确定的经验的工具"③，而作为名词使用的"真理"只不过是一个抽象名词，"用以指那些经它们的功用与效果所证实的、实际的、预想的以及所愿望的假设"④。这种操作意义和工具意义的真理观使杜威像皮尔士一样十分强调实验和探究的作用，他认

　　① 江怡：《现代英美分析哲学》，载叶秀山、王树人主编《西方哲学史》（学术版）第 8 卷上，凤凰出版社 2005 年版，第 335 页。

　　② ［美］詹姆斯：《实用主义》，商务印书馆 1979 年版，第 104 页。

　　③ 江怡：《现代英美分析哲学》，载叶秀山、王树人主编《西方哲学史》（学术版）第 8 卷上，凤凰出版社 2005 年版，第 387 页。

　　④ ［美］杜威：《哲学的改造》，商务印书馆 1958 年版，第 148 页。

为一切的观念、思想和理论等都是人用以使其行动取得成功的工具，而运用这些工具取得成功的过程就是探究的过程。探究中使用的工具是从以前被证明为成功的探究过程中发展出来的，而这些工具和材料又以新颖和创造性的方式被安排在一起从而产生出新东西，这个过程中产生的副产品包括改进的工具和材料又可以应用于下一个需要探究的场合。① 这就是杜威探究理论的显著特征。也即，对于他来说，探究是"一种从无序和零散状态中理出秩序和统一性的思维创造"②。

实用主义真理观对环境实用主义的吸引力不仅在于它将真理与行动的后果和功效联系起来，将真理同探究方法联系起来，更重要的是，实用主义认为对真理的探究本身就是一个有机体适应环境的过程。真理从来都不是某种先验的、现成的对象，对真理的追寻就是有机体寻求通过适应以建立稳定性的基本方式，因此，观念、思想、信念、理论的真理性离不开人的生活本身，它们实际上是人与环境打交道的工具，人借助于各种思想观念来适应与改造环境。从这个角度讲，我们关于环境的观念和信念自然也不是既定的、不变的，我们无法也不可能揭示出环境伦理和哲学理论中的一些普遍的、确定的真理，而只能寻找对我们当下的实际生活有用的一些观念或思想。所以，环境实用主义在环境问题讨论中坚持的一个原则就是，不在讨论之前预设任何的原则或规定，比如人的生命比动物的生命重要，生态系统的整体性比单个物种重要等，而是保持开放的、宽容的、发展的态度来对待所有的理论，并在实际问题情景中沟通、讨论、取舍、权衡，从而选择出对当下实际情景有用的，能满足实际功效的信念。也就是说，环境实用主义者一开始并不接受任何的观念，而把怀疑作为探究的起点，而"真理"或者说"真实地"观念就是探究所达到的终点。

虽然实用主义的真理观是实验的、暂时的、多元的，但这并没有导致怀疑论和不可知论，正如普特南指出的，"一般而言的实用主义（不仅

---

① ［美］拉里·希拉曼：《阅读杜威：为后现代做的阐释》，徐陶等译，北京大学出版社2010年版，第180页。

② ［美］詹姆斯·坎贝尔：《理解杜威：自然与协作的智慧》，杨柳新译，北京大学出版社2010年版，第48页。

仅是杜威的实用主义）以同时既是可错论又是反怀疑论为其特征，而传统经验主义在实用主义者看来，则是在有时过分的怀疑论和另一时间不充分的可错论之间来回摇摆"①。一个人可以同时是可谬论者和反怀疑论者，这恐怕是实用主义认识论最显著的特征了。② 因此，接受实用主义的真理观念，并不会在环境哲学领域导致不可知论和怀疑论，只要我们保持审慎而严谨的态度认真地进行"循序渐进的、实验性的、共同参与的、逐步纠正错误的"③ 探究方法，那么，我们不会陷入各种非常不同的环境伦理和环境哲学观念的混乱之中。虽然许多实用主义者都支持科学探究方法，但只有杜威将这种实验式的探究方法明确引入了伦理学。格雷戈里·F. 帕帕斯（Gregory F. Pappas）在分析了杜威伦理学在元伦理、描述伦理和规范伦理方面的特征后指出："和许多其他的伦理学理论不同，杜威的理论探究，无论是元伦理的、描述性的还是规范的，从来没有展现为一种结论。它们一旦提出就被应用到情境中接受检验，以便进行相应的改进。"④ 显然，对普遍结论的拒绝成为环境实用主义批评传统环境伦理学范式的依据，探究方法成为环境实用主义处理环境议题的一个主要方法，这些都体现在其对可持续性的诠释与环境决策的调适上。

　　总的来说，实用主义真理观对环境实用主义的影响主要在于两个方面：一是对行动后果的强调，这使环境实用主义在建构自己的环境哲学理论时将环境问题解决作为核心目标，而避免迷失在各种环境哲学的形而上学争论中；二是对探究方法的强调，这使环境实用主义在面对各种不同的环境伦理与环境哲学理论时能保持必要的清醒，而只将它们作为认识和解决问题的工具。简言之，实用主义的真理探究理论既是环境实用主义理论主张的基础，又是其实现行动指引的途径。

---

　　① ［美］普特南：《无本体论的伦理学》，孙小龙译，上海译文出版社 2008 年版，第 92 页。

　　② Minteer B. A., *Refounding Environmental ethics*, Philadelphia: Temple University Press, 2012, p. 9.

　　③ ［美］斯蒂文·费什米尔：《杜威与道德想象力：伦理学中的实用主义》，徐鹏、马如俊译，北京大学出版社 2010 年版，第 50 页。

　　④ ［美］格雷戈里·F. 帕帕斯：《杜威的伦理学：作为经验的道德》，第 113 页，载 ［美］拉里·希拉曼《阅读杜威：为后现代做的阐释》，徐陶等译，北京大学出版社 2010 年版，第 112—133 页。

二 行动的方法指引

如果想要表明环境实用主义可以成为环境哲学的一种令人信服的选择的话，特别是成为环境实践哲学的可行选择的话，那么考察它为什么以及如何对环境行动提供指南就至关重要。在这里，本书集中于讨论实用主义的探究理论如何有益于环境哲学的问题解决图景，在后面的章节里本书会从环境决策的角度对环境实用主义的实践策略进行具体的分析。

在环境实用主义者看来，环境哲学的内容是丰富多彩的，在其中，解决问题，尽管不是其全部内容，却应当是其主要部分，而且是环境哲学其他内容的前提。所以，环境哲学应当努力运用各种知识（思想、观念、理论、工具和材料等）去帮助解决实际环境问题，而主要不是提供关于环境的形而上学理论。可以说，环境实用主义的理论建构过程实际上是一个解决各种环境问题的过程，"智慧即是驾驭知识以追求更好的生活"①。在追求更好生活的过程中，我们面对着各种各样变化不定的世界，为了内心的宁静，也为了有一套应对环境的模式和习惯，我们需要一种信念，只有确立了信念，人们才有了与环境打交道的立足点。而探究正是要解决如何确立信念的问题，探究将我们带入与世界的动态稳定性之中。关于这个世界，没有绝对确定性的真理存在，而只有信念的最终收敛。

根据皮尔士的观点，探究是从怀疑开始的，从怀疑走向信念便是哲学的功能。他进而考查了确立信念的四种方法。第一是"固执的方法"，这是最为流行的一种方法，即固执地拒绝任何理性的审查、诘难和批判，对一切批评意见视而不见。持这种方法的人们"像闪电一样攫住首先到来的任何一种选择，不管发生什么事情，他们都至死抱定这种选择，没有片刻地动摇"②。皮尔士认为这种方法只有心理学上的理由，经不起理性和交往的考验。第二种方法是"权威的方法"，即"坚持那些由制度化

---

① ［美］詹姆斯·坎贝尔：《理解杜威：自然与协作的智慧》，杨柳新译，北京大学出版社2010年版，第47页。

② 《皮尔士精要》第1卷，第122页。转引自［美］斯蒂文·费什米尔《杜威与道德想象力：伦理学中的实用主义》，徐鹏、马如俊译，北京大学出版社2010年版，第49页。

的权威宣布为真的信念，而不管可能出现什么新发现"，这是一个共同体通过外力（制度、宣传、暴力等）强迫个人接受某种信念的方法，皮尔士嘲讽道："假如做理性的奴隶就是他们的最高冲动，那么他们活该仍然做奴隶。"① 第三种方法是"先验的方法"，它的基础是人们对理性的先天理解，与人们的自明的直观相关。在皮尔士看来，虽然从理性角度看，这种方法值得尊敬，但是理性的独一无二的规则使其失败也是最为明显的，它犯了一个不可原谅的错误，那就是"在进一步前进以获得真理的路途上设置了障碍"②。第四种方法就是皮尔士所支持的"科学的方法"，又称作"实验的方法"，皮尔士将此方法作为探究的模式加以拥护，但是他并未仔细地描述过这一方法。

　　杜威在接受皮尔士的"怀疑—信念"的科学探究方法后，对这一方法的过程进行了具体的描述，也就是其著名的"思想五步法"。③ 第一步，意识到困难或问题。在安全的前问题状态，一切似乎都在按照"习惯"正常运行，只有当新的困难或问题出现时，人们才开始感到困惑。所以，接下来有了第二步，"困难或疑惑的理智化"，我们要把对困难或疑惑的感受转变为一个待解决的问题，界定这一问题虽然是尝试性的，也涉及对各种元素的修正，但是"恰当的提出问题表明问题已经解决了一半"，"如果抓不住问题，那就是在黑暗中摸索"。④ 第三步是为设想问题的解决方法而对一个又一个的暗示进行观察和审视，按杜威的话来说，我们还处于"一个设想的阶段，一种猜想的阶段"，要尝试利用头脑中的所有观念来分析问题，以提出最佳的"指导理念和操作的假设"。⑤ 第四步是"推理观念或假设含义"，这一阶段对观念的考察不受制于特定的分析，并可能导致对假设结论

　　① 《皮尔士精要》第 1 卷，第 118 页。转引自［美］斯蒂文·费什米尔《杜威与道德想象力：伦理学中的实用主义》，徐鹏、马如俊译，北京大学出版社 2010 年版，第 49 页。
　　② ［美］斯蒂文·费什米尔：《杜威与道德想象力：伦理学中的实用主义》，徐鹏、马如俊译，北京大学出版社 2010 年版，第 50 页。
　　③ 王玉樑：《追寻价值：重读杜威》，四川人民出版社 1997 年版，第 44 页。
　　④ ［美］詹姆斯·坎贝尔：《理解杜威：自然与协作的智慧》，杨柳新译，北京大学出版社 2010 年版，第 50 页。
　　⑤ ［美］詹姆斯·坎贝尔：《理解杜威：自然与协作的智慧》，杨柳新译，北京大学出版社 2010 年版，第 51 页。

的某些修正。杜威指出，"一个未经这种评价而得出的结论是没有根据的，即使它碰巧是正确的"①。最后一步是对提炼过的结论进行公开的实验检验以确定哪些是值得信任的。如果实验成功，我们又恢复到最初没有感到困惑或问题的状态；如果实验失败，我们需要重新开始前面的探究步骤，不过此时，我们将处于比初始状态更好的状态之中。

　　杜威对这种实验探究方法的详细说明为人们解决具体环境问题提供了一个可操作化的工具。但是这种探究方法一定能保证环境问题的解决吗？首先，对于现实中非常复杂和多样化的环境问题，我们是否需要严格地执行这一探究模式？根据实用主义的精神，显然，我们"无法拟出固定不变的规则"，而无须去严格地一成不变地遵照既定步骤。为了说明这一点，杜威对"实验性的探究"（experimental inquiry）和"试图证明"（attempts at proof）进行了区分。他指出后者的目标在于"寻找最有效的方法去论证已经得出的结论从而使他人信服"，而前者在于获得更清晰、更好的界定问题和解决问题的思考方式。环境实用主义所依赖的正是前者，它不是去证明结论而是去把握问题。其次，如果我们在环境问题中运用这个探究模式，就一定能确保问题的顺利解决吗？很显然，这一答案也是否定的。"一种实验性的生活哲学本来就是一种碰运气的哲学"②，实用主义的探究方法不是要提供给我们一种解决现实问题的自动程序和古板操作步骤，而只是一种思考、把握和解决问题的灵活方法。通过这个方法，我们将更可能从怀疑走向信念，从"一种起初让人迷惑和觉得麻烦的状态到达一种清晰、统一和问题解决了的状态"③。

---

　　① ［美］杜威：《逻辑：探究的理论》，载《杜威全集》晚期著作第 12 卷，乔·安·博伊斯顿主编，南伊利诺伊大学出版社 37 卷鉴定版，第 115 页；对应国内中文全译本：［美］杜威：《逻辑：探究的理论》，载《杜威全集》晚期著作第 12 卷，刘放桐主编，华东师范大学出版社 2015 年版，第 82—83 页。

　　② ［美］詹姆斯·坎贝尔：《理解杜威：自然与协作的智慧》，杨柳新译，北京大学出版社 2010 年版，第 52 页。

　　③ ［美］杜威：《我们如何思维》，载《杜威全集》晚期著作第 8 卷，乔·安·博伊斯顿主编，南伊利诺伊大学出版社 37 卷鉴定版 1986 年，第 199—200 页；对应国内中文全译本：［美］杜威：《我们如何思维》，载《杜威全集》晚期著作第 8 卷，刘放桐主编，华东师范大学出版社 2015 年版，第 151—152 页。

实用主义的探究方法对于环境实用主义的启示除了解决环境问题的方法论工具而外，还在于其对社会探究的尝试。相对简单的环境问题，比如外来物种入侵对某一生物栖息地的破坏，其解决可以遵循这一科学实验式的探究方法，即分析相关的问题状况（食物链组成、生境类型等），然后推理或假设可行方案（如移除或转移外来物种），最后实验相应方案等。但是对于复杂的环境问题，比如气候变化，便不能简单地通过这一科学探究方法解决，因为这里面涉及许多社会性的问题，比如不同企业和国家对于碳排放涉及的经济和社会利益的不同理解，科学家和公众对于气候变化问题的不同认知程度等。也就是说，复杂的环境问题明显地包含着社会问题。对于这一点，环境实用主义非常支持杜威对社会探究的鼓励，他们也正在努力地去实现这一方案，将科学探究的方法引入社会探究过程。

虽然社会研究有明显不同于物理科学等研究的特征，如社会问题更为复杂、更扎根于历史、更滞后于我们的认识等，但是杜威认为，二者至少在五个方面的相似点为我们将科学探究方法引入社会提供了依据。[①]第一，二者都是一种"自然的"科学，而不是一种"超自然的"科学，社会科学虽然关注的是人的行为，但是对人类行为的研究有达到与生物学、物理学等研究类似的或同等程度的科学性的可能。第二，二者都根植于具体的文化之中，即都由各种社会关系所限定，比如只有在"原子秘密已经被揭示"了的世界里，才可能出现核问题。第三，二者都着眼于解决问题，尽管在社会领域更为困难。第四，二者都要求必须结合理论与实践，尽管社会探究目前还没有做到这一点。第五，二者都是评价性的，自然科学与社会科学都不是价值无涉的。简单来说，二者在本质上是一样的，只不过社会科学远远比物理科学等更为复杂。在杜威看来，人们只要认识到这五个本质特征（自然的、情景的、立足于问题的、理论和实践相结合的以及评价性的），就会意识到将科学探究引入社会问题的可能性及其优势。虽然环境实用主义者没有专门地讨论宏大的社会探

---

① ［美］詹姆斯·坎贝尔：《理解杜威：自然与协作的智慧》，杨柳新译，北京大学出版社2010 年版，第 182—186 页。

究问题，但是他们对专家环境决策模式的拒绝，对公众参与环境决策和合作探究模式的支持，以及将生态科学领域的适应性管理理论运用于综合的环境问题讨论中，实际上都是对社会探究的支持。

归纳起来，实用主义的真理探究理论为环境实用主义提供了应对环境问题的方法论工具，提供了环境实践的行动指引。对环境伦理和环境哲学理论的研究可以看作是一个实验性的探究过程，这个过程就是在不同的情景中去检验各种各样的思想、观念和理论等能否对当下的实际生活有益，能否对具体的问题解决提供帮助，能否使我们生活得更美好。在此过程中，我们学到的东西可以对未来的行动提供信息，为未来的实践提供指引。这是实用主义教给环境哲学家的一把方法论钥匙。

第四节　工具主义的道德观

环境实用主义最初兴起的原因在于对传统环境伦理学范式的不满和对增强环境政策影响力的渴望，因此伦理道德观是环境实用主义思想中最主要也是最重要的部分。虽然环境实用主义也包含了其他环境哲学问题的讨论，但是它更多的是作为一种环境伦理学存在。不过，环境实用主义只是一种工具性的环境伦理学，因为它本身没有提出多少关于环境伦理问题的新理论和新主张，而只是提供了一种应对环境理论争议和解决环境问题的具体策略和方法。具体来说，环境实用主义拒绝普遍主义和基础主义的道德观，而支持对道德的情景式探究，他们认为伦理学的功能不在于提供某些基础性的原理与规则，而在于引导我们切实地与生活经验相联系。

一　道德基石的破灭

主流伦理学中的一个核心教条便是，伦理学理论必须立足于揭示或建构一种能指引我们正确看待道德问题的道德基石。为此，不同的伦理学家提出了各种不同的东西作为道德的基础，如理性的普遍法规、尊重人格的原则、自然权力、自然法等。道德怀疑论者也承认这一教条，只不过他们认为我们不可能发现或确立这样一个基础，因此他们否认了伦理学本身。隐藏在这一教条背后的是对道德固定规则和理想模式的追寻，即认为只有得到唯一授权的道德基石才是"关于道德问题的正确推理方式"，这几乎成为所有不同阵营的主流伦理学的共同特点。正如对哲学认识论中确定性追寻的批判，杜威等古典实用主义者也批判了伦理学中的这一教条。这一点被许多环境实用主义者积极响应，揭开了对传统环境伦理学范式的批判之路。

詹姆斯在他的真理发生论基础之上将真理同"善"联系起来，他说道："真理是善的一种，而不是如平常所设想的那样与善有所区别、与善相对的一个范畴。凡在信仰上证明本身是善的，并且因为某些明确的和可指定的理由也是善的东西，我们就管它叫做真的。"① 因此，在詹姆斯这里，追求自我的完善就是真理的意义，追求真理也意味着追求善，真理成为善的一种，真理从属于价值。也就是说，真理所负载的这种价值意味，使追求真理本身负载着伦理责任感。根据詹姆斯的激进经验主义立场，每一个人都是特殊的经验存在，每一个人追求真理的方式千差万别，这也决定了绝对真理的不可能，决定了人类道德生活的多样性。从这个意义上讲，伦理学那种普遍主义的谋划注定是要失败的，那种绝对永恒的境界永远不可能达到。

相比之下，杜威对伦理学的重构比詹姆斯来得彻底和深刻，环境实用主义也正是从杜威这里得到的启示。在杜威看来，迄今为止所有的伦理学或道德哲学都受制于传统二元论的思维模式，这种二元论直接预设了伦理学中手段价值与目的价值，外在价值与内在价值，以及行动动机与行动结果之间的二元论疑难。② 道德问题的绝对主义与相对主义，客观主义与主观主义之间的争议也通常建立在这个二元论前提之下。为了破除这个二元论疑难，杜威诉诸詹姆斯的经验论和皮尔士的科学探究，将道德研究看作是一种科学，并将道德情境引入伦理学中。

在《道德的三种独立因素》中，杜威谈道，伦理学家应该不再追问哪一种原则是最终的、唯一的、基础的，而应该尝试协调各种不可通约

① ［美］詹姆斯：《实用主义》，商务印书馆 1979 年版，第 42 页。
② 万俊人：《现代西方伦理学史》下卷，中国人民大学出版社 2011 年版，第 626 页。

的力量之间的内在冲突，这些力量体现着道德不确定性的所有情景。① 他进一步指出三种需要得到协调的力量，分别是个人目的、群体生活的要求以及社会的认可。② 他有意识地夸大了这三种力量之间的区别，把它们称作道德的三种独立因素。他认为，这三者的共同特点是作为被道德哲学家们抽象出来的核心要素，也即作为道德合法性论证的源泉，比如个人的目的是功利主义（后果论）伦理学的根源，群体生活的要求是义务论和正义伦理的根源，而社会的认可是各种美德伦理的主导因素。不同的道德哲学家们都将各种各样道德生活的其他要素压缩进了这一核心要素，这一要素作为道德的基石已不可简化。杜威极力反对这样的论证，因为他发现，当面临实际情景的模棱两可和矛盾冲突时，这些道德理论几乎毫无用途。本书以环境决策中的一个具体事例来说明。

假如我们需要决定在某地是否应该建立以保护某濒危物种为核心的某个自然保护区。按照功利主义原则，这项计划必须能"使善最大限度地超过恶"③ 才是可行的，在其中，个体的偏好是核心要素。美德伦理学家关注的是，这一方案可以培养人们的哪些品格特征，并且这些品格特征是否有助于成为"好的生态公民"，而义务论从群体生活是否赋予这一物种以权利来判断我们是否有义务去做……如果我们仅仅从上述角度的任何一个去思考，那么我们就是在武断地斩断这一决策涉及的其他侧面。比如，保护区的具体位置（如城市近郊、农村、原始森林），濒危物种的类型（如作为旗舰种的大熊猫，或者人们甚至没有听说过的细痣疣螈这样的两栖动物），以及保护区的类型（国家公园或全封闭的自然保护区）作为重要的要素在决策中缺一不可。关于环境决策的具体情景说明和道德探究将在第五章中详细分析。在这里，笔者以此为例在于表明这种基

---

① ［美］斯蒂文·费什米尔：《杜威与道德想象力：伦理学中的实用主义》，徐鹏、马如俊译，北京大学出版社 2010 年版，第 84 页。

② ［美］杜威：《新旧个人主义》，载《杜威全集》晚期著作第 5 卷，乔·安·博伊斯顿主编，南伊利诺伊大学出版社 37 卷鉴定版 1984 年，第 279—288 页；对应国内中文全译本：［美］杜威：《新旧个人主义》，载《杜威全集》晚期著作第 5 卷，刘放桐主编，华东师范大学出版社 2015 年版，第 216—223 页。

③ ［美］弗兰克纳：《伦理学》，关键译，生活·读书·新知三联书店 1987 年版，第 71 页。

础主义的思路对于保护动物的伦理生活来说意义不大，用詹姆斯的话来说，就是它们"严重地删剪了生活"。

如果我们将道德生活中存在的多种主要因素都考虑进来，那么道德哲学的角色就开始转换了。它的功能不再是提供一块道德基石，而在于"澄清、解释、评价与重新定向自然与社会的相互作用"①。因此，实用主义将伦理学转向了具体的、社会性的、历史的、处于具体环境中的普遍生活经验，放弃了僵化的道德基础主义谋划。为了更好地表明自己的立场，杜威区分了伦理学中的两条路径，一是个人路径，二是社会路径。他赞同后者，认为应该铲除伦理学中的个人情感和个人利益的根基，发展一种服务性的伦理，去关注更大的世界。用他自己的话来说，就是"把伦理的重心从一种自私的内敛转变到一种社会性的服务"②。本书认为，这同样适用于环境伦理学。对于环境伦理问题来说，它们几乎都源出于紧密联系在一起的社会生活，那些仅仅关注个人善恶的伦理学也已经显得不够了，我们应该把关注的焦点从"个人"转变为"社会"。这是环境实用主义正在努力的方向。

不过，对道德基石的铲除并不意味着否认规则在伦理问题中所起的作用而完全忽略人们所继承的道德规则。杜威说道："在抛弃原先制定的规则和顽固地坚持那些原则之间还有选择的余地。"③ 这里他区分了"规则"（rule）和"原则"（principle），主张把规则当作是原则来看待。作为道德基石的规则是不可能的，但原则是存在的，因为情景虽然是独特的，但它们也有一些相似性，经验存在着一定的稳定性。对于杜威来说，

---

①　［美］斯蒂文·费什米尔：《杜威与道德想象力：伦理学中的实用主义》，徐鹏、马如俊译，北京大学出版社 2010 年版，第 86 页。

②　［美］杜威：《我的教育信条》，载《杜威全集》晚期著作第 5 卷，乔·安·博伊斯顿主编，南伊利诺伊大学出版社 37 卷鉴定版，第 66 页；对应国内中文全译本：［美］杜威：《我的教育信条》，载《杜威全集》早期著作第 5 卷，刘放桐主编，华东师范大学出版社 2010 年版，第 50 页。

③　［美］杜威：《人性与行为》，载《杜威全集》中期著作第 14 卷，乔·安·博伊斯顿主编，南伊利诺伊大学出版社 37 卷鉴定版 1983 年，第 219 页；对应国内中文全译本：［美］杜威：《人性与行为》，载《杜威全集》中期著作第 14 卷，刘放桐主编，华东师范大学出版社 2012 年版，第 192 页。

原则就是"对以前解决问题的行为判断方式所进行的经验总结",它的有效性依赖于它对某个具体情景的适用性,而它本身并不具备任何的规范力。本书也承认原则的作用,但不把它作为放之四海皆准的普遍箴言,它只是人们继承下来的用于分析具体情景的工具。明特尔借此批判了环境伦理学中那些"原则主义的方法"(principle-ist approach)①,认为它们企图以普遍的原则去指导环境政策与环境管理行动实际上是将原则当作规则在使用,我们需要做的就是改变这一方式,仅仅将经验中得来的一些原则作为帮助我们解决具体情境中的环境问题的背景知识和分析工具。

遵循实用主义的伦理观,环境实用主义者强烈拒绝主流伦理学的基础主义思路,不过,他们并没有如杜威一样去探讨社会伦理这样的宏大问题和具体的元伦理问题,而是主要关注如何去看待和应对活生生的环境道德经验的丰富性和复杂性。即,道德基石破灭之后,他们转向了关于环境的道德情景性和道德探究。

二 道德的情景式探究

在放弃寻找伦理学中的普遍理论公式之后,实用主义转向了独特的、具体的、历史的、丰富的当下生活经验。面对当下的生活,伦理学或道德哲学应当去扮演一个怎样的角色呢?既然道德理论无法为人们提供一些一劳永逸的信念,那么把真实的情景性纳入道德主题将是一个可能可行和正确的选择。杜威说道:"不确定性和冲突是道德所固有的;任何被正当地称为道德情景的特征是:人们不知道终局或善果,不知道正确和公正的做法,不知道美德行为的方向,人们必须寻找它们。"② 这个寻找的过程就是道德探究的过程。也就是说,道德的情景性在主流伦理学范

---

① Minteer B., Corley E., Manning R., "Environmental Ethics Beyond Principle? The Case for a Pragmatic Contextualism", *Journal of Agricultural and Environmental Ethics*, Vol. 17, No. 2, 2004, pp. 131 – 156.

② [美] 杜威:《道德中的三个独立要素》,载《杜威全集》晚期著作第 5 卷,乔·安·博伊斯顿主编,南伊利诺伊大学出版社 37 卷鉴定版 1984 年,第 281 页;对应国内中文全译本:[美] 杜威:《道德中的三个独立要素》,载《杜威全集》晚期著作第 5 卷,刘放桐主编,华东师范大学出版社 2015 年版,第 217 页。

式中磨灭了，而在实用主义这里重新显现。杜威是完成这一步骤的主要人物，他在皮尔士的科学探究和詹姆斯的经验论基础之上，将道德的情景性引入了伦理学，并将道德研究看作是一种科学，仔细地分析了道德情景式探究的具体内容。

杜威对道德情景性的说明是从道德行为角度展开的。他认为，伦理学是关于道德行为的研究，而道德行为也就是人们的道德生活，它包含两个基本的方面：一是道德行为或生活的外在方面，即它与自然、与社会的各种关系；二是道德行为或生活的内在方面，即"思想和感情、理想和动机、评价和选择、道德理想和精神信念"① 等。不管是从内在还是外在方面看，道德行为都是人的行为中的特殊类型，是一个极其复杂的过程。杜威说道："行为总是特殊的、具体的、个别的、单独的。因而，对于所应做的行为的判断也必然是特殊的。"② 就像人的其他实践活动一样，道德行为或生活"涉及个体化的和独一无二的情景，这些情景是永远也无法准确复制的，所以对于它们任何完全的确定都不可能，而且一切活动也都包含变化。"③ 换句话说，每一个道德行为都发生在不同的道德情景中，道德的情景性也反证了道德行为本身的特殊性。

在承认道德情景的必然性和重要性之后，杜威试图从科学探究的角度进行道德研究。他说道："就伦理学对于正确和错误、善和恶的考虑而言，它是一种关于行为的科学。"④ 尽管在道德行为的本质中或许包含了一些无法用逻辑的和科学的方法来处理的元素，但是在杜威看来，科学与道德从来不是像我们想象的那样毫不相关。从技术的层面看，人类追求道德生活的整个历史都渗透着大量的科学问题（如怎样为共同体成员提供食物和住宅），同时，人类历史上科学的进步也引发了许多伦理上的问题（如生物克隆技术出现时引发了相应的伦理问题）。科学和理性与道

① 万俊人：《现代西方伦理学史》下卷，中国人民大学出版社 2011 年版，第 624 页。

② ［美］杜威：《哲学的改造》，商务印书馆 1933 年版，第 89—90 页。

③ 万俊人：《现代西方伦理学史》下卷，中国人民大学出版社 2011 年版，第 628 页。

④ ［美］杜威：《伦理学》，载《杜威全集》中期著作第 5 卷，乔·安·博伊斯顿主编，南伊利诺伊大学出版社 37 卷鉴定版 1978 年，第 7 页；对应国内中文全译本：［美］杜威：《伦理学》，载《杜威全集》中期著作第 5 卷，刘放桐主编，华东师范大学出版社 2012 年版，第 6 页。

德的紧密关系让人们意识到，科学的方法能够帮助人们做出更为合理的道德判断和选择，人们可以更多地借助科学的方法来处理道德问题。从科学和理性的角度来研究道德，是杜威伦理学的一个显著特征，他进而从三个方面考察了"道德科学"主题建构的可能性：自然主义的、社会性的、探究性的。①

首先，杜威将伦理学看作是自然主义的，这建立在人与环境的深层交互性观念之上。人作为一个与周围环境不断相互作用着的有机体，他的行为必然影响到自然，"把道德方面的考虑引向自然主义的方向，能重新把我们在道德上的努力与变化着的环境联系起来，也与我们为了共同的利益对环境的改善联系起来"②。其次，道德科学的第二个主题是它的社会性。在前面本书已经提到过杜威对社会性的重视，在道德科学中，他同样强调了这一点。他认为，道德行为无论如何也不是一件纯粹私人的事情，而且，道德的社会性与它的自然主义层面是相结合的。"道德全然是社会性的，不是因为我们应该考虑到我们的行为对于别人利益的影响，而是因为事实上，别人确实在意我们的所作所为，我们会相应地对我们的行为做出反应"③，因此，"道德是人与社会环境之间的相互作用"④。最后，也是最重要的，道德科学是探究性的。杜威认为，我们必须对道德理论采取一种审慎的态度，道德理论的正确性和合理性必须通过实践的结果来检验。

对于道德的探究性，杜威详细地分析了它在四个方面的要求。第一，道德探究需要从主要关注过去转移到主要关注未来，即从亘古不变的先

① ［美］詹姆斯·坎贝尔：《理解杜威：自然与协作的智慧》，杨柳新译，北京大学出版社2010年版，第106页。
② ［美］杜威：《实验逻辑》导论，载《杜威全集》中期著作第10卷，乔·安·博伊斯顿主编，南伊利诺伊大学出版社37卷鉴定版1980年，第25页；转引自［美］詹姆斯·坎贝尔《理解杜威：自然与协作的智慧》，杨柳新译，北京大学出版社2010年版，第107页。
③ ［美］杜威：《人性与行为》，载《杜威全集》中期著作第14卷，乔·安·博伊斯顿主编，南伊利诺伊大学出版社37卷鉴定版1983年，第217页；对应国内中文全译本：［美］杜威：《人性与行为》，载《杜威全集》中期著作第14卷，刘放桐主编，华东师范大学出版社2012年版，第191页。
④ 同上书，第219页。

验对象转移到在发展中建构的适宜对象，从过去的经验转移到未来的生活。重要的问题不在于过去对过去有何意义，而在于过去对于现在及将来的行动有何启示。判断某一个理论或原则对当下问题的意义，不是去看它的过去有如何成功，而主要取决于以下两个方面：一是现在的情景与过去得出这一原则的事实的相似程度，二是我们在当下采取这一原则的谨慎程度。这两个方面都必须通过对当前特定情景的仔细考察才能确定，因此，道德的情景性贯穿于整个道德探究过程中，道德原则在从过去到未来的动态探究过程中得到检验。

第二，道德探究应该是一个开放和宽容的过程。杜威认为，对于道德问题，我们不能采取一种完全固定和封闭的心灵，而需要以一种更为开放、更为包容的态度来对待不同的意见。也就是说，他承认并鼓励道德多样性。我们不应该将我们在道德生活中遇到的各种各样的情形进行抽象地剥离和还原，而应该坦率地接纳它们。宽容作为杜威伦理学的一个本质要求，与实验主义和多元主义等相联系，为了以最好的方式把握我们遇到的各种难题而共同努力。

第三，我们需要将道德探究的视野扩展到人类所有的行为，而不只是关注那些传统伦理学规定的行为。杜威指出，"道德科学标志着生活中所有力量汇聚的一种结果，并没有什么专门的道德知识或道德洞见需要探求"，或者说"在道德上的善如美德，与自然的好如健康、经济安全、艺术和科学之间并没有固定的界限"。[①] 因此，我们应该打破科学与道德知识之间的传统壁垒，以开放的、持续的、有序的、一视同仁的方式利用科学的知识为道德问题服务，并注意对行动过程的关注，而不仅仅是行动的起点。

第四，道德探究需要关注手段与目的之间的关系。杜威特别提醒切勿在目的与手段之间进行人为的割裂，"手段与目的是同一个现实的两面"，如果我们仔细地看待生活的连续性，那么我们会发现"每一个为了用作手

---

① ［美］杜威：《伦理学》，载《杜威全集》中期著作第 5 卷，乔·安·博伊斯顿主编，南伊利诺伊大学出版社 37 卷鉴定版 1978 年，第 195 页；对应国内中文全译本：［美］杜威：《伦理学》，载《杜威全集》中期著作第 5 卷，刘放桐主编，华东师范大学出版社 2012 年版，第 157页。

段而应该促成的条件，在那种连续性中，都是一个达到的目标和一个预期的目的，而已经达到的目的对将来的目的也是一种手段，同时也是对于以前实现的价值的一种检验"。① 也就是说，手段与目的是连续统一和相互渗透的，我们在人们的生活和行为过程中体会和了解到这种统一性。

杜威对道德探究的四个要求体现在环境实用主义的许多主张中。比如，环境实用主义对待各种不同的环境伦理理论时，主张采取宽容的态度。他们并不极力地反对或支持其中的任何一方，而是倡导在开放、民主的话语平台上进行有效的沟通，针对具体的问题情景进行判断和选择。同样，环境实用主义也不仅仅将理论的关注点局限于传统环境伦理学规定的范围，即为环境保护提供一个可靠的伦理基础，而是包含了可持续发展和环境保护相关的环境管理与环境决策等问题。因此，虽然环境实用主义发端于六七十年代兴起的职业环境伦理学，但是它更称得上是一种环境哲学，它包含了更广阔的问题视域和实践范围，这也是本书使用环境哲学而不是环境伦理学作为背景的原因之一。另外，杜威对手段与目的的连续性的强调被环境实用主义进一步发挥，有些人甚至认为，这本身就是一种环境哲学的体现，或者至少可以说，手段与目的连续统一为环境实用主义的强烈行动主义主张奠定了基础。在环境实用主义这里，环境伦理学的重心从提供关于人与环境的"善"的规则转移到对一些具体环境问题的情景式探究。

当然，正如杜威对伦理学的重构不会消除道德上的分歧与冲突，环境实用主义对环境伦理学的重建也不会导致环境伦理生活的一片安详和简单。但是，正如实用主义的道德探究一直在为使道德生活更美好而进行自觉性和反思性的努力，环境实用主义也一直在为环境伦理和其他相关问题得到更好解决而在进行批判性和协调性的努力。

---

① [美] 杜威：《经验与教育》，载《杜威全集》晚期著作第 13 卷，乔·安·博伊斯顿主编，南伊利诺伊大学出版社 37 卷鉴定版 1988 年，第 229 页；对应国内中文全译本：[美] 杜威：《经验与教育》，载《杜威全集》晚期著作第 13 卷，刘放桐主编，华东师范大学出版社 2015 年版，第 201 页。

三 作为工具的环境伦理学

环境实用主义的道德观是一种工具主义的道德观，深受实用主义，特别是杜威的影响。道德基石的破灭是这种工具主义道德观的前提和基础，而道德的情景式探究是其主要的方法和途径。将环境伦理学的知识与理论具体化，赋予它们以实际的工具性和操作性意义，将使环境伦理学更好地面向生活实践，切实地帮助环境问题的解决，从而指引我们更美好地生活。从这个意义上来讲，环境实用主义是一种工具，一种指引我们更美好生活的工具。在最深层的意义上，没有什么固定的目标可以作为我们的环境道德的理想，如果非得有的话，那么可以说是我们与自然的自我实现，或者说杜威称之为"增长"（growth）的这一理想。从根本上说，消除环境伦理学的理论争议与解决现实的环境问题都只是实现人与环境自我增长的途径。

杜威所说的"增长"或者说"成长"是他道德科学的基础，是支撑道德探究及伦理学重构的一个根本点。以增长作为道德生活的标准看起来是空洞的或者是难以证明的，不过如果我们从杜威对人性和人的需要的理解出发，那么就会发现，"道德的任务可以看作是一种以智慧的方式来决定我们如何满足各类需要的行为方式，即将思想的明智及远见与需要的满足融为一体"①。杜威的这一看法在环境实用主义中得到了实际的践行，他们将增长作为判断各种环境理论的一个标准和解决各种冲突应当实现的一个目标。他们认为，传统的环境伦理学，即以非人类中心主义为代表的主流范式，在关于环境理论的形而上学争议中实际上很少或几乎没有促进人与环境本身的成长、改善与进步，争议和冲突的各方也并没有在争议中实现真正的"增长"，这表现为环境伦理理论与现实环境实践之间巨大的鸿沟，表现为对"善"或"内在价值"的基础主义谋划与对无止境的生活过程的指引之间的巨大距离。如果伦理学的目标在于

① ［美］杜威：《伦理学》，载《杜威全集》晚期著作第7卷，乔·安·博伊斯顿主编，南伊利诺伊大学出版社37卷鉴定版1985年，第191页；对应国内中文全译本：［美］杜威：《伦理学》，载《杜威全集》晚期著作第7卷，刘放桐主编，华东师范大学出版社2015年版，第153页。

实现增长或成长，那么环境实用主义的目标可以看作是实现人与环境复合系统或者说整个地球的"增长"，即和谐、美丽、健康、稳定……所有美好的词汇都可以加于此。

从这一深远的增长目标来看，所有的环境哲学都是一种工具，服务于增长这个目标，不过增长并不是绝对的、静止的、稳定的，因为我们的生活是一个无休止的过程，所以增长表现为进行时和将来时。在这个过程中，环境实用主义企图要做的是证明自己比其他工具更为有效和合理，而不是强调这个工具是否正确。因为工具本无正确与错误之分，只有在具体的问题情景和生活事实之下，我们才可以谈论哪些工具是合理的、适用于当前的。作为一种工具的环境实用主义，也把其他的环境伦理和环境哲学理论，以及生态经济学、保护生物学等作为一种工具，融会贯通，为我所用，所以它看起来具有两个主要的特征：一是调和性，它在理论上似乎就是一个大拼盘，融合了许多不同学科的观念与知识；二是实用性，正因为它吸收与接纳了许多不同的观念和知识，从而在理论的形式和理论的内容上表现出实用性。

环境实用主义的这两个特征体现在它具体的理论旨趣和实现途径上。首先，环境实用主义要调和各种不同的环境伦理与环境哲学思想就需要寻求共同的核心理论旨趣。本书发现，不管各种各样的环境思想在理论主张上有多么的不同，它们至少都赞同可持续性这一概念，或者说赞同环境保护的目标是实现人与环境的可持续发展。通过理论上的这一共同指向，环境实用主义可以致力于消除无意义的理论争议，从而把尽可能的力量集中于对当下的生活现实有帮助的问题中来，即研究如何更好地将各种不同的环境理论引向可持续性这一共同目标，实现环境伦理学的某种重构。本书将在第四章中对此进行具体分析。不过，正如实用主义本身并不是一个固定的、统一的思想体系，不同的环境实用主义者也表现出太多的不一致和分歧。甚至，他们建构环境实用主义的思路也并不相同，比如第一章中提到的"环境哲学的实用主义"与"实用主义的环境哲学"。所以，如果说环境实用主义在努力地实现对各种环境伦理和环境哲学理论的调和，那么，在本书之后的论证过程中，笔者也在努力地调和各种不同的环境实用主义哲学家的分歧和冲突。本书呈现出来的已经不是某一个或某些主流的环境实用主义者的主张，而是经过了这个"调和"过程而产出的一个新版本。这一版本可以看作是本书自身的环境实用主义主张，也可以看作是本书对环境实用主义的一个解读与理解，尽管它可能充满着各种矛盾与分歧，而不被任何一个自称是环境实用主义者的人所认同。

其次，环境实用主义的实用性特征主要表现在它的实现途径上。正如不同的环境实用主义者在理论上的分歧与不一致，他们在实践主张上也千差万别。在第二章里面本书简单地讨论了环境实用主义的两种不同实践模式，并把它们分别称作是应用哲学模式和实践哲学模式。在第五章里，本书将集中从环境决策这一角度来分析环境实用主义的实现方式。本书认为，虽然环境实用主义的实现途径是多样化的，但是作为一种以关照生活事实为己任的环境哲学，环境实用主义可以通过对环境决策的具体研究来拉近环境理论与环境行动之间的距离，因为环境决策一方面依赖于科学知识与方法，另一方面也离不开伦理与价值判断，其最终导向的结果是与环境行动密切相关的政策、法律、法规、管理、保育等现实措施。因此，笔者主张，影响和帮助具体的环境行为决策，是环境实用主义最可能也是最好的实现途径。环境实用主义理论的实用性也将体现于它对环境决策的具体调适作用上。

总之，本书认为，环境实用主义的宗旨不是为人们提供一种关于环境的新的伦理和哲学理论，而在于提供一种看待和处理各种不同的环境伦理和环境哲学理论的工具，并且，它试图为这种工具的具体应用提供指南，即为如何使环境伦理与环境哲学理论切实有效地帮助解决环境问题而提供思路和指南。接下来，本书将从可持续性和环境决策两个方面分别展开。

第 四 章

实用主义进路的核心旨趣

　　虽然不同的环境伦理与环境哲学理论关注环境问题的角度与方式千差万别，但是它们都几乎会赞同可持续性这个概念，赞同我们应该与环境、经济和社会保持协调与和谐的发展。因此，本书认为，实现可持续性可以看作是所有环境理论的共同目标。环境实用主义同样可以借助可持续性这个核心理论旨趣来实现不同环境主义者的联盟，把环境哲学的重心转向动态真实的生活世界。

第一节　可持续性：环境哲学的目标

　　虽然很多环境伦理和环境哲学家都没有明确地讨论可持续性，但是在他们关于环境问题的论述中，可持续性观念，特别是环境的可持续性观念是非常明显的。可以说，可持续性是团结不同环境哲学家的黏合剂——从宣扬人类地位的传统人类中心主义者，到维护动物地位的动物权利/解放论者，到尊重生命、尊重自然的生物中心主义者，再到关心生态系统稳定与协调的生态整体主义者……不管他们的环境伦理主张有多么不同，但是他们都很难否定，环境的可持续性是环境政策和环境保护一个重要的目标；几乎所有的环境伦理与环境哲学理论都以保护和关爱环境、实现环境的可持续性为己任。不过，许多环境伦理学家并没有对可持续性这一概念进行细致的分析，而是把它作为问题讨论的背景或是一个宏观的目标。他们更看重如何为自然保护提供伦理基础，而不是为广义的可持续发展提供伦理支持。与此不同，本书认为，环境哲学需要给予可持续性新的关注，这不仅能帮助说明和论证可持续性的含义，还能以此为纽带，与经济学、生态学和环境科学等领域的专家进行交流与沟通，从而切实地帮助生态环境问题的改善与解决，以及促成更广泛的可持续发展目标的实现。

一　可持续性的含义与度量

可持续性（sustainability）是一个非常广义的概念，它的流行得益于世界环境与发展委员会（world commission on environment and development，WCED）在 1987 年发表的报告《我们共同的未来》（即布伦特兰报告）。这份报告提出了可持续发展（sustainable development）的定义，它指出"可持续性发展是既满足当代人的需要，又不对后代人满足其需要的能力构成危害的发展"①。20 世纪 90 年代以来，人们围绕可持续性从不同角度进行了阐述与界定，它不仅出现在各类环境主义者的话语和相关的环境政策与环境管理文献中，还见诸公司和企业的目标任务陈述中。正是因为有各种各样的关于可持续性的定义与讨论，可持续性这个概念反而成为怀疑和误解的来源。英国学者杜博笙（Andrew Dobson）指出，至少有 300 多个关于可持续性或可持续发展的定义，"可持续发展正处于这样一种危险之中：变成一种陈词滥调……一个人人都尊重但谁也不关心其内涵的时髦术语……一种信仰，一种口头禅，经常被使用但却很少得到解释"②。一些环境主义者担心，在这种情况下，可持续性可能仅仅被简单地当作是对常规经济发展的一种绿色修饰，所以对可持续性概念的关注成为环境保护主义的一项重要工作内容。对此，环境哲学也不能例外。

实际上，可持续性是一个辩证而非分析的概念，正如戴利（Sharachandra Lele）所指出的，可持续发展就是一种在分析的意义上难以精确地定义的辩证概念，类似于民主、正义、福利这类概念。内涵的重叠与外延的模糊赋予了可持续性或可持续发展概念以较大的发展空间和较强的

① 世界环境与发展委员会：《我们共同的未来》，吉林人民出版社 1997 年版。
② Dobson A.，"Environment Sustainabilities：An Analysis and a Typology"，*Environmental Politics*，Vol. 5，No. 3，1996，pp. 401 – 428.

解释力，它在边界上是含糊不清的。① 一般来说，它包含三个方面的内容：环境的可持续性、经济的可持续性与社会的可持续性。环境的可持续性是指维护与保持正常的生态环境的过程与状态，以维持整个生态系统的稳定和各项功能的正常运转，这是人类生存与发展最基础的物质支撑；经济的可持续性是指经济的增长不能超过生态环境的承载能力，要注重经济增长的质量，保持经济的长久而持续稳定的发展，这是实现人类世界可持续性的手段；社会的可持续性是指社会的发展与进步要注意平衡本代人与后代人的基本需求与消费，在资源使用和能源利用等方面体现正义原则，这是可持续发展的关键。可持续性是这三个方面内容的有机统一，遵守公平性、持续性与共同性等基本原则。

人们对可持续性的不同解读来自于对这三个层次优先性的不同理解。有的学者看重经济的可持续性，例如希克斯·林达尔就把可持续发展表述为"在不损害后代人的利益时，从资产中可能得到的最大利益"②。穆拉辛格也给出了类似的定义："在保持能够从自然资源中不断得到服务的情况下，使经济增长的净利润最大化。"③ 有的学者与机构更看重社会的可持续性，例如世界自然保护联盟、联合国环境署和世界野生生物基金会共同发表的《保护地球——可持续性生存战略》将可持续发展定义为"在生存不超出维持生态系统容纳能力的情况下，改善人类的生活品质"④。《我们共同的未来》报告也是从社会的可持续性来理解可持续发展的。环境伦理和环境哲学家们则更看重环境的可持续性。他们对可持续性的强调主要基于自然生态系统的稳定与持久。他们认为，我们不仅对本地、本国，还对后代人的环境利用与资源使用负有责任，我们要实现的不仅是人际公平（代内公平与代际公平），还有种际公平。环境的持续稳定健康是不同环境哲学家们共同的理论关涉，尽管他们可能出自于非常不同的伦理基础和原则。杜博笙（见表4—1）归纳了三种不同的环

---

① Lele S. M. , "Sustainable Development: A Critical Review", *World Development*, Vol. 19, No. 6, 1991, pp. 607 – 621.

② 周敬宣:《环境与可持续发展》，华中科技大学出版社 2005 年版，第 5 页。

③ 同上。

④ 同上书，第 6 页。

境可持续性的概念。① 可以看出，最强程度的环境可持续性代表了最强的环境伦理立场，它支持环境的保护与保存，而不是重复使用与替代。其中，表中涉及的人造资本与自然资本与可持续性的关系将在下小节里论述。

表4—1　　　　　　　　　　三种环境可持续性的概念

	A	B	C
可持续什么	重要的自然资本	不可逆的自然	自然价值
为什么	人的福利	人的福利及对自然的义务	对自然的义务
如何实现	重复使用，替代，保护	替代，保护	保护
关注的目标： 主要目标 次要目标	1、2、3、4、5、6	（1、5）（2、6） 3、4	（5、1）（6、2）3、4
人造资本与自然资本的可替换性	人造资本与重要的自然资本之间的替代并非总是可能的	人造资本与不可逆的自然之间的替代并非总是可能的	回避可替代问题的争论

注：1＝当代人的需要（need）；2＝后代人的需要；3＝当代人的需求（want）；4＝后代人的需求；5＝当代的非人类存在物的需要；6＝未来的非人类存在物的需要。

总之，可持续性是一个复杂的、动态的综合概念，它涵盖了许多不同的维度与视角。它不是一般意义上环境、经济与社会系统在时间上的连续运行，而是特别表明了环境和自然系统的长期稳定健康对发展进程的重要作用；它不仅涉及人口、资源、环境与发展，还涉及经济、文化、政治、社会、技术等各个领域。所以，对于可持续性的度量也有许多不同的指标体系，它们各自侧重可持续性的不同方面。

环境影响的 IPAT 等式②从经济活动对环境造成的影响出发，认为人

① Dobson A., *Justice and the Environment：Conceptions of Environmental Sustainability and Dimensions of Social Justice*, Oxford University Press, 1998.
② 周敬宣：《环境与可持续发展》，华中科技大学出版社 2005 年版，第 9 页。

口、富裕程度与技术状况是影响环境的主要因子。环境影响（impact）=
人口（population）×人均富裕程度（affluence）×由谋求富裕水平的技
术所造成的环境影响（technology），即 I=P×A×T。环境影响方程表明，
技术的进步与社会的变革，特别是经济模式的转变是可持续发展的保障。
这种对可持续性的度量把关注点放在了技术上，认为技术是造成环境破
坏与退化的主要原因，并且我们可以通过技术进步和产业革新来改变这
一状态，实现可持续发展。这无疑代表了一种技术乐观派的作风。

生态学家们从地球生态系统的承载力与恢复力出发，认为可持续性
可以通过生态系统健康的生态承载力（ecological carrying capacity）来度
量。生态承载力是指一定社会经济条件下，自然生态系统维持其服务功
能和自身健康的潜在能力，由三部分构成：一是资源承载力和环境承载
力（resources carrying capacity, environmental carrying capacity，缩写为
E），二是自然生态系统的恢复力或弹性力（resilience，缩写为 R），三是
人类活动潜力对自然生态系统承载力的影响（human Potential，缩写为
H)。① 生态承载力并不是简单地反映环境状况或环境压力，而是从长远
上指明生态或环境容量是可持续发展的基础，可持续性具有在生态上的
规范力。

经济学家们根据可持续性原则在国民生产总值（GNP）核算中加入
了环境状况的考虑，提出了可持续收入（SI）作为对传统 GNP 的修正。
可持续收入等于传统意义上的 GNP 减去人造资本、自然资本、人力资本
和社会资本等各种资本的折旧与预防和治理环境损害所造成的花费。② 此
外还有许多其他形式的绿色 GNP 核算。许多生态经济学家还从价值评价
的角度提出了环境资源的价值公式。他们将生态环境资源的所有经济价
值（TEV）划分为使用价值（UV）和非使用价值（NUV），前者又进一
步分为直接使用价值（DUV）、间接使用价值（IUV）和选择价值
（OV）。非使用价值又称为存在价值（existence value），是人类未来发展

---

① 杨志峰、隋欣：《基于生态系统健康的生态承载力评价》，《环境科学学报》2005 年第 25
卷第 5 期，第 586—594 页。

② 应启肇：《环境、生态与可持续发展》，浙江大学出版社 2008 年版，第 132 页。

中可能利用的环境资源，也包括那些能满足人类精神与道德需求的价值，常见的来源包括同情、遗赠、利他、看护（stewardship）和内在价值（intrinsic value）等。① 这种环境资源的价值计算方式加入了自然存在价值的考虑，对环境资源的现期使用和未来使用决策具有重要的参考意义。不过在传统规范经济学里面，存在价值的度量是有缺陷的，伦理价值取向的选择行为在经济学中还没有受到足够的重视。② 其他常见的度量方式还包括损害方程、最大可持续利用与生物物理可持续性指数等。③

　　虽然可持续性或可持续发展主要不是作为一个经济学概念而提出来的，它还追求社会正义、民主政治等更宏大的社会目标，但是目前对可持续性的度量与评价却主要是经济学的。社会的可持续性也主要通过经济发展的质量而间接衡量，而自然环境本身的可持续性度量还局限于生态学领域内的建模假设与模拟计算。因此，对可持续性的认识理解与评价度量急需要进一步地拓展。环境主义者不能仅仅将可持续发展作为一种口号，他必须对其进行细致的研究，必须弄清楚，我们需要什么样的可持续性，以及如何去实现它。环境哲学家们如果不否定这一目标的话，就需要给予可持续性新的关注。

二　环境哲学的强弱可持续性范式

　　在环境哲学中，可持续性更像是一个标签，一个不同的环境伦理与环境哲学理论都能使用的共同标签。支持可持续性可以是基于传统人类中心主义立场，也可以来自于激进的非人类中心主义立场，或是女性主义、后现代主义、实用主义等不同路线。可持续性代表了所有环境主义者共同的环境伦理观念，它具有比任何一种具体的环境伦理理论更为广

---

　　① Fisher A. and Raucher R. ,"Intrinsic Benefits of Improved Water Quality : Conceptual and Empirical Perspectives", In Smith V. K. and Wkite D. , *Advancein Applied Macroeconomics*, Greenwich, Conn: JAI Press, 1984. 转引自彭新育、吴甫成《资源和环境的存在价值的经济学基础》，《中国人口·资源与环境》2000 年第 10 卷第 3 期，第 13—16 页。

　　② 已有一些研究，参见彭新育、吴甫成《资源和环境的存在价值的经济学基础》，《中国人口·资源与环境》2000 年第 10 卷第 3 期，第 13—16 页。

　　③ 周敬宣：《环境与可持续发展》，华中科技大学出版社 2005 年版，第 10 页。

泛的认同基础。虽然不同的环境伦理学和环境哲学家都赞同可持续性或可持续发展的概念，但是他们对于可持续性有着不同的解读，这暗含于他们各自的环境伦理与环境哲学主张之中。借鉴经济学对强弱可持续性的区分，本书把不同的环境伦理立场也划分为强可持续性和弱可持续性两类，并对经济学话语和伦理话语进行了统一。

前面本书谈到可持续性的定义是模糊的和复杂的，但是对于支持经济学概念的学者来说，这样一个定义是可以广泛接受的：可持续性或可持续发展保证永远无期限地提供不下降的人均效用或福利的能力。[①] 那些能够提供效用能力的东西被称为资本，是一种能提供现在和未来丰富服务的存量。资本又可以分为自然资本和人造资本。自然资本是指自然的总体，包括各种生物和非生物资源、物种和生态系统等（环境资源与生态过程），它们能够为人类的存在和发展提供物质的和非物质的丰富服务。人造资本是指人创造出来的资本，是传统意义上归为资本的东西，如机器、工厂、道路等。弱可持续性建立在经典福利经济学基础之上，是资源最优化的分析范式，它认为对子孙后代的福利起支撑作用的是自然资本和人造资本的总和而不是自然资本本身。而强可持续性认为除了弱可持续性这一条件而外，还有一个附加条件，即自然资本是不可替代的，所以除了保持总的资本存量不变之外还必须保持自然资本。

英国可持续发展研究专家埃里克·诺伊迈耶（Eric Neumayer）总结到，强弱两种可持续性范式的根本分歧在于自然资本是否具有可替代性。弱可持续性支持自然资本和人造资本之间接近完全的可替代性，例如索洛（R. M. Solow）认为"前几代人有权利使用水池中的资本（当然是最佳地使用），只要他们向水池中补充（当然是最佳地进行）能再生的资本存量就行"[②]。而强可持续性原则认为自然资本在本质上是不可替代的，至少是某些关键的自然资本不可替代，所以强可持续性要求把自然资本

---

① ［英］埃里克·诺伊迈耶：《强与弱——两种对立的可持续性范式》，王寅通译，上海译文出版社 2002 年版，第 13 页。

② Solow R. M.，"Intergenerational Equity and Exhaustible Resources"，*The Review of Economic Studies*，1974，pp. 29－45.

存量维持在某个关键阈值之上。① 因此，诺伊迈耶也把弱可持续性称为"可替代性范式"（substitutability paradigm），把强可持续性称为"不可替代性范式"（non-substitutability paradigm）。前文提到的环境影响方程和绿色 GNP 核算都属于弱可持续性范式。强可持续性的代表人物是戴维·皮尔斯以及巴比、马尔肯特亚、特纳、保罗·伊金斯等人，他们主张实现可持续性必须保持自然资本本身，但是对于强可持续性更细致的解释仍然存有异议。

诺伊迈耶区分了对强可持续性的两种不同解释。② 一是认为强可持续性至少要保持人造资本和自然资本的合计总价值以及自然资本本身的总价值不变。但是请注意，这并不是说我们必须原封不动地保存自然，而只是要求保持总的自然资本存量的总价值不变。例如我们可以使用煤这样的不可再生资源，但是要求把开采和使用煤矿的收入用以发展可再生能源，以保持总自然资本价值不变。对自然资本存量的折旧补偿也属于这类强可持续性范式。另一种解释是不按照价值进行定义，而要求对有些自然资本形式的实际存量加以保存，例如基本的、生命攸关的某些自然资本。为了保持自然环境功能的健康与稳定，对这种资源的大量使用不能超越它们的再生能力，并且不同的基本自然资本形式之间不允许相互替代。这种解释也不要求保存自然状态原封不动，而是要保持自然环境的相关功能不受影响，例如"表土的流失率不能超过通过风化生成这种土壤的速度"③。本书把第一种解释称为强可持续性的自然总量形式，把第二种解释称为强可持续性的自然功能形式，前者强调保持总的自然资本价值不变，后者强调保持自然的生态环境功能不变。

根据这种思路，本书把不同的环境伦理观念也划分为环境的弱可持续性与强可持续性两类立场。环境的弱可持续性建立在现代生物学和系统生态学基础之上，一般的保护生物学家们都支持这一范式，认为保持可持续性就是要保持生态系统的承载力与恢复力，所以相应地对可持续

① O'Connor M., "Natural Capital", *Cambridge Research for the Environment*, 2000.
② ［英］埃里克·诺伊迈耶：《强与弱——两种对立的可持续性范式》，王寅通译，上海译文出版社 2002 年版，第 39 页。
③ 同上。

性的度量也借助于各种生态学模型。环境的强可持续性要求把社会的、共同体的环境伦理价值观等也考虑进来，而不仅仅局限于经济或生态分析，它重视生态系统整体性的同时也重视共同体价值。从经济弱可持续性开始，到经济强可持续性，再到环境弱可持续性和环境强可持续性，可持续性的程度是逐步加强的，如表4—2所示。

表4—2　　　　　　　　可持续性的两类范式

范式	弱可持续性			强可持续性	
	经济弱可持续性	经济强可持续性		环境弱可持续性	环境强可持续性
学科	福利经济学	生态经济学		系统生态学	环境伦理学
定义	保持自然资本和人造资本存量总和不下降	保持总资本价值不下降+保持总自然资本存量的总价值不变	保持总资本价值不下降+保存某些形式的自然资本的实际存量	经济可持续性+保持生态系统的承载力与恢复力	经济可持续性+生态完整性+系统价值
代表人物	索洛	皮尔斯、巴比	赖纳德斯	霍林	罗尔斯顿
度量	环境影响方程、绿色GNP核算	环境资源价值评估模型	生态承载力模型	缺乏	
可持续性程度	弱			强	

　　一般说来，环境伦理学家都支持经济的强可持续性范式，即认为某些特殊的、基本的自然资本是无法替代的，所以无法用人造资本来进行补偿，而必须给予它们特别的关照与考虑。比如，动物权利和动物解放提倡者认为，动物因为拥有权利或满足具有感受苦乐能力的标准，所以也具有道德地位，人类应该尊重关爱动物（道义论原则）或关心动物的福利，至少是不给动物带来不必要的痛苦（功利主义原则）。不管关于动

物道德地位的解释在环境伦理学中有着怎样的分歧，他们都支持这样一种观点：动物的某种特殊性使其无法替代，因而必须给予特别的关照，不能在可持续性的度量中用其他人造资本进行补偿。类似地，本书也将生物中心主义和生态中心主义等不同的伦理主张解释为对不同程度的可持续性目标的支持。例如泰勒认为"有机个体是生命的目的中心"，有机体的内部功能和外部行为都有目标，都拥有协调完整的功能以维持长久的生存与延续，因此它们也和人一样拥有天赋价值，所以尊重每一个有机个体是正当的。在这种观念之下，有机个体作为自然资本的一种，也应当是不可替代的，它是自然资本中基础的、生命攸关的那类。对于生态整体主义的拥护者来说，他们至少对环境弱可持续性是无异议的，甚至，他们极有可能是支持环境强可持续性的。比如罗尔斯顿的立场就很明显，他号召我们应该保护荒野，认为荒野承载着系统价值（systemic value），生态系统的创造性就是它最不可替代的特征。因此，对于他来说，支持生态系统的完整性和共同体价值是自然而然的事情，这也是环境强可持续性的核心要求。利奥波德也从生态系统的整体性出发，阐明了大地共同体的伦理原则，"当一个事物有助于保护生物共同体的和谐、稳定和美丽的时候，它就是正确的，当它走向反面时，就是错误的"①。在这个原则之下，整体的利益优先于每一个个体的利益，可持续性不是每一个个体的可持续性，而是作为整体的共同体的可持续性，所以在必要的时候牺牲某些个体的利益然后用其他资本进行补偿看起来就是合理的。

可以看出，可持续性完全可以作为联系不同环境伦理和环境哲学家的纽带。他们都支持某种形式的自然资本的不可替代性（如动物的、生命个体的、生态系统的），都赞同保持某种特殊的自然资本对于可持续性来说是必需的。但是，大多数传统环境伦理学家都将焦点过分集中在自然价值和道德地位的伦理论证上，而忽视了环境价值为环境管理与决策提供帮助的可能，或是把环境伦理的实践诉求仅仅放在情感和改变人们的世界观愿望之上。他们仅仅将可持续性当作环境保护能够实现的一个

---

① ［美］利奥波德：《沙乡年鉴》，侯文蕙译，吉林人民出版社1997年版，第213页。

目标。虽然他们的某些论述里暗含了将社会的、共同体的价值应用于环境管理与决策中的主张，但是他们并没有明确地这样去做，没有去探究如何将环境伦理价值包含进可持续性的框架中。与此不同，一些环境实用主义者特别看重可持续性这一原则，认为这是缩小环境哲学与环境实践鸿沟的一个可能突破口。接下来本书就将展示环境实用主义对可持续性的重新解读和建构。

第二节　可持续性的实用主义图景

正如前面几章的讨论，环境实用主义并不是一个严格意义上的学派，它在关于环境哲学的主张上可以有非常不一致的见解，不过莱特和卡茨归纳的环境实用主义的其中一个内容便是：为政策选择提供规范基础，以便为不同的理论对话提供共同前提和达成环境运动的一致性。可持续性作为环境公共话语讨论的核心范畴，完全可以作为规范环境政策和环境行动的理论基础。因此，本节阐释了环境实用主义为可持续性提供的新的图景，其中层级模型是对可持续性概念的重建，适应性管理是达到可持续性的桥梁；在下节中本书将在此基础上讨论如何实现不同环境主义者的联盟。

一　层级模型：可持续性的概念重建

在环境实用主义者看来，实用主义是一种有远见的哲学，它能为环境问题的讨论和解决提供帮助。在对可持续性和可持续发展的探寻上，实用主义为人们提供了认识论上的指导。实用主义将真理定义为那些经过长久的仔细审慎的科学探寻所得到的结果，是从那些科学探寻的努力中涌现出来的。这个特征使它成为可持续发展理论的自然补充，因为可持续性概念仍然不是结论性的，我们仍然处在不断追寻可持续发展的进程中。为此，环境实用主义者拒绝为不同层次的可持续性提供一个普遍的定义。他们认为，可持续性最好被理解为一系列变量的组合，并且当地的共同体能够选择这些变量，他们形成的一套标准和目标反映了他们的需要和价值，本书主要通过诺顿的层级模型来说明这一主张。

诺顿指出，有远见的责任感和对学习可持续性方式的承诺是实用主义对可持续发展理论的重要贡献，因此，他为可持续性概念提供了一个层级模型。这个层级模型更加清晰地阐明了可持续性的概念框架，为可持续性的描述和度量以及将多元的环境价值纳入到政策规范中提供了基础。在诺顿的层级模型中，个体被放置在一个充满机遇和束缚的世界中，他们同时面临机遇和束缚的选择：一部分人的选择使他们生存下来，他们生活下去继续选择并有了后代，他们的后代也面临着相似的选择，只是他们面对的环境发生了改变；其他的机遇选择则使一部分人死亡而没有后代。这类似于最基本的"选择进化"模型，它把个体对环境的机遇和束缚选择解读为一种适应和生存的情景"游戏"。① 在既定的代内时间范围内，这个模型可以用图4—1表示。在其中，个体把他们的环境看作是一个同时充满机遇和束缚的混合体。但如果要在共同体层次上成功，即人类群体要长久地生存下去，则至少要满足两个条件：一是每代人中至少有部分个体必须有效地适应环境并繁衍后代；二是对生存了许多世代的人类群体而言，集体行为必须要适应环境。由于人类是社会动物，所以个体的生存还要依赖于不同层次的"生态背景"和"文化背景"的稳定性。而成功的文化对于一定地点有着特殊的适应性，文化和生态背景系统的改变与适应也常常比个体行为的改变要缓慢得多，所以，从长期的跨时间跨代际的视角来考虑，这个模型也可以表示个体与他们的前代人及后代人的关系，如图4—2所示，后代人面临机遇的可能性被前代人及前代人的前辈们的集体选择所限制。②

① Norton B. G. , "Rebirth of Environmentalism as Pragmatic, Adaptive Management", *Virginia Environmental Law Journal*, Vol. 24, 2005, p. 353.

② Norton B. G. , *Sustainability: A Philosophy of Adaptive Ecosystem Management*, University of Chicago Press, 2005, p. 97.

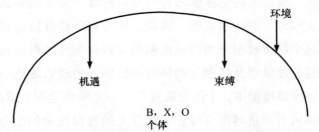

在既定时间内，个体将环境视作充满机遇与束缚的复合体而进行适应

图4—1 代内可持续性的定义

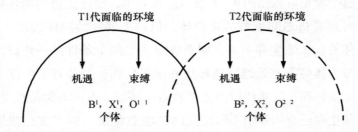

前代成员的选择能改变后代人面临的机遇与束缚比例，从而限制后代人对环境的适应

图4—2 代际可持续性的定义

从这个简单的模型中，诺顿得出了关于可持续性的定义：生活在前几代的个体改变他们的环境，他们使用部分资源，留下一部分资源；如果前几代的所有个体过度消费而没有创造出新的机会，他们将会改变他们后代所面临的环境，使后代的生存变得艰难；一系列行为被认为是可持续性的，当且仅当它在 M 代的实践不会降低接下来的 N、O、P 代面临的机遇与束缚比例。这个简单的模型可以被描述为一个自然选择机器（natural-selection machine）。在这个自然选择过程中不需要关于价值判断的说明，它仅仅表明个体和集体选择对于后代影响的关系：在每一代中，个体在面临的既定机遇面前做出选择；从代际的视角来看，个体选择的

总和可能改变后代人面临的机遇与限制比例。

诺顿的这个定义看起来是非常简洁的，但是它也能被赋予更加丰富的、具有道德规范力的说明，这暗含于他对"机遇"（opportunities）和"束缚"（constraints）术语的使用中。假如我们规定，这个模型中的选择者是人类个体，并且我们接受拥有一系列的选择对于自由的人类个体来说是好的，那么我们可以得出一个关于可持续性的简洁的规范化理论：当一个行为或政策降低了未来人类面临的机遇与束缚比例时，它就是不可持续的。每一代人都和下代人处于不对等的关系中，今天做出的选择在原则上会降低后代人面临的一系列自由选择的范围，因此意识到行为影响会涉及多层次的、截然不同的范围是有道理的。假如我们认可为后代保持不断的、增加的选择是好的，那么为后代人增加压倒性的束缚则是坏的。

层级模型给出的可持续性定义抓住了两个最重要的因素：一是可持续性包含了多层次、多标准的分析，这些多层级分析涉及不同时间不同代际的关系，以及如何在不下降的机遇中获得平等的选择；二是代际的这种关系具有重要的规范维度，它不能仅仅被经济学测量所反映，还涉及许多重要的代际平等问题。可以看出，诺顿的可持续性概念属于前文所讨论的环境强可持续性立场。不过诺顿本人为了强调可持续性的规范维度，对环境强可持续性范式进行了细分。他认为，强可持续性可以分为强生态可持续性（strong ecological sustainability）与规范的可持续性（normative sustainability），① 前者等同于本书的"环境强可持续性"，后者比环境强可持续性程度更深，如果把它放在表4—2中，那么它应该排在最右边一列。二者的区别在于，强生态可持续性强调生态系统的价值，而规范的可持续性强调把人类社会的、共同体的价值纳入到关于生态保护的自然资本的描述和测量之中。诺顿这样区分的意图很明显，就是想在原本的适应性管理框架中加入社会价值的考虑。他说道："如果生态学家和适应性管理者接受价值负载的主动管理，而不是将其看作是价值中

① Norton B. G., *Sustainability: A Philosophy of Adaptive Ecosystem Management*, University of Chicago Press, 2005, p. 313.

立的过程，那么在生态可持续性和规范的可持续性之间便没有界线了。"①。

对于环境实用主义进路来说，可持续性的定义是情境性的。这种情境性不仅来自于诺顿的层级模型，还来源于其他环境实用主义者一贯的语境主义的问题分析策略。不同的地方、不同的共同体可能有不同的可持续性定义，每一个不同的地方共同体也可能遵循着不同的价值信念，对环境问题提出不同的解决方案。但是，这并不意味着"情境性"（语境主义）（contextualism）就是一种"相对主义"（relativism）。实际上，它处于一种中间地带，能够在一元论和相对主义之间保持适当的平衡，而不会划向其中任何一边。与规范的可持续性定义相联系的是，我们必须为描述和度量共同体的价值提供一个新的方法。这个新的方法必须帮助共同体就环境影响和变化进行变量和指标的选择与定义，以及帮助他们在具体的地方情境中评估他们的选择。单纯的经济学方法对此无能为力，一个可能的途径便是适应性管理。适应性管理中暗含的实用主义原则为可持续发展的道路提供了认识论的方法，即，人们在发展与变化的道路中"学习"着如何走向可持续性。

二　适应性管理：可持续性的中介桥梁

实用主义教导人们学习如何去可持续性地生活，而不是去定义自然拥有什么样的善，这是环境实用主义对可持续发展表达的最明确态度，并且，实用主义哲学对社会学习（social learning）和共同体适应（community adaptation）的强调实际上可以看作是对适应性管理的一种支持，因此，本书认为，正如诺顿所提倡的那样，适应性管理可以作为我们达到可持续性的一个工具，它在本质上和实用主义的原则相契合。

前文提到过，适应性管理原本是一个生态学领域的概念，由生态学家霍林于 1978 年提出，指在面对系统的复杂性、多样性、不确定性、时滞性等特点时，通过实施可操作的一系列计划，如设计、规划、监测、

---

① Norton B. G. , *Sustainability*: *A Philosophy of Adaptive Ecosystem Management*, University of Chicago Press, 2005, p. 315.

管理资源等行动，从而获得新经验与信息，进而用来调整和改进管理目标、推进管理实践的系统化过程。① 这在本质上是一种做中学（learning through doing）的策略。这种做中学的策略与杜威的社会学习概念非常类似，即它们都通过强调经验来使知识得以重新建构和发展。在社会学习中，学习者对世界的理解和感知建立在与世界的交互作用中得到的经验基础之上，并通过反思和修正经验指导下一步的认识与行动，其实质也是探究的一种。诺顿十分赞同这种策略，并认为适应性管理不仅可以运用于环境评估与管理，还可以进一步扩展为解决各种环境问题的通用方法，是我们追求可持续性、实现环境保护目标的重要途径。适应性管理的出现是对环境价值先验观念的一种拒绝，暗含着对多元价值体系的承认，它不在问题阐释和解决前就预设任何教条的、普遍的原则去限定我们的方向，而是在实践过程中借助于科学探究和社会学习，就共同的目标在问题解决进程中逐渐达成合作和妥协。用诺顿的话来说，就是要"结束环境保护的意识形态论，迎接适应性管理时代"②。他在非常宽泛的意义上使用适应性管理一词，并归纳了适应性管理进程的三个核心特征。③

第一个特征是实验主义（Experimentalism）。适应性管理者通过可逆的行动去应对管理进程中面对的各种不确定性，然后再根据获得的结果在下一阶段的决策中进行调整，从而降低不确定性。这意味着，适应性管理者并不在决策前就预设或接受任何教条式的信念，而是把信念建立在观察和实验的基础之上。对可持续发展而言，它的目标是动态的、不确定的，任何原则和假设都不是理所应当的，所以我们需要在管理进程中根据经验不断地调整我们的目标和行动，适应性管理成为达成可持续发展的一个重要方法，这主要来源于实用主义对探究的支持。

---

① Nyberg J. B. , "Statistics and the Practice of Adaptive Management", *Statistical Methods for Adaptive Management studies*, No. 42, 1998, p. 1.

② 田宪臣：《协商、适应、行动——诺顿环境实用主义思想研究》，博士学位论文，华中科技大学，2009 年，第 77 页。

③ Norton B. G. , "Rebirth of Environmentalism as Pragmatic, Adaptive Management", *Virginia Environmental Law Journal*, Vol. 24, 2005, p. 353.

第二个特征是多层级建模（Multi-Scalar Modeling）。适应性管理者将环境问题放置在一个多层次、分等级的时间空间的系统模型中来加以考察。诺顿认为利奥波德是第一个这样做的环境伦理学家，因为他就是把环境问题放置于跨越时间和空间的多层级范围来进行理解的。根据利奥波德的"像山那样思考"，我们除了应该把我们的注意力放在个体和即时的层级上，还应该注意跨时间跨代际的层次，这是对开放系统的一种承诺，是把环境和自然看作是复杂的、相互联系的多层级系统的一种理解。

第三个特征是地点取向（Place-Orientation）。适应性管理者从地点的视角去思考环境问题，他们认为环境问题根植于当地具体的自然生态背景和相应的政治文化背景之下。达尔文方法总是地方性的，一个有机体总是在具体的地点生存下来或者灭亡。当把达尔文原则运用于社会时，相似的问题不是社会是否具有对所有时间和地点都有效的真理，而是社会能否发展一种实践和制度去可持续性地适应当地的环境。作为共同体适应的环境管理是针对地点而言的，是地方性的。但这并不是说更大区域或者全球系统不会影响本地系统，而是说，从本地共同体的视角来看，虽然共同体的生存需要对抗许多不同层级的、不断改变的系统，但是这些复杂的动态系统是以一种处于多层级系统中特别的、地方性的既定视角来考察的。

大多数适应性管理的倡导者都是生态学家，所以大部分关于适应性管理的讨论都集中于如何通过学习和实验降低科学的不确定性。生态学家并不怎么关心去发展一种评价环境改变的合适进程或者为环境管理设置明智的目标，但是作为环境哲学家的诺顿并不把适应性管理局限于此。在杜威的影响下，诺顿试图将关于社会价值的学习作为适应性管理进程的一个有机组成部分。在他的广义适应性管理范式中，实验主义不仅应用于科学问题，还应用于包含了社会元素的综合问题，比如可持续发展论题；多层级建模也并不局限于描述自然生态系统，还能分析环境价值的多元维度；地点取向代表着一种地方敏感性，它在自然和社会的双重意义下表征本地视角。这三个核心特征不仅表明了适应性管理的科学维度，还为开启适应性管理的社会维度提供了可能，将社会价值引入适应性管理进程是诺顿对适应性管理理论的独特贡献。

　　为什么适应性管理可以作为实现可持续性的一个重要方法呢？适应性管理依赖的三个重要知识基础可以为此提供答案。简单来说，这些知识和原则在本质上提倡探究，能帮助人们降低管理和决策过程中的不确定性，从而保证人们更加负责地理解可持续性和追求可持续发展。

　　第一，适应性管理依赖于自然主义的方法论承诺。自然主义认为科学的方法是检验因果假说的最好方法，也是评价对于个体和文化来说什么是有价值的假说的最好途径。在这种观念之下，任何将事实与价值分离开来的企图都应当被拒绝，只有经验——主动的实验或仔细的观察——能作为我们描述和评价人类行为的方法。威廉（Bernard Williams）就指出，在日常语境中，事实话语和价值话语是没有分离的，当哲学家去分离它们的时候，他们建立在诸如逻辑实证主义这样的专业理论基础之上。① 因此，本书强调，对于可持续性的环境管理语境而言，我们似乎也不应该将二者分离，事实和评价的话语相互纠缠在一起。如果我们坚持在环境政策的讨论中将事实话语与评价话语分离，那么我们实则是在构建关于公共政策讨论的人工话语，是在将公共话语人工化。那我们究竟应该如何对待政策讨论中的事实命题与价值命题呢？环境实用主义者认为，遵循皮尔士和杜威这样的实用主义者是可行的。根据实用主义的认识论，经验的方法要求平等地对待事实和评价命题，例如，评价一个事物或过程的陈述被认为是关于某物或过程是否有价值的一个假说，追求这个价值并按照相应的价值进行行动，就为共同体提供了判断某物或过程是否有价值的经验。实用主义的这种经验的自然主义方法在诺顿等人这里得到了极大的提倡。

　　第二，适应性管理强调过程。诺顿不赞同某些自然主义者从对自然的观察中得出关于对与错的抽象原则，而用对协商和学习过程的强调来进行取代，所以他用"方法论的自然主义"（methodological naturalism）一词来描述自己的自然主义立场。也就是说，他赞同过程导向。过程导向的方法并不需要为具体的案例提供一般的原则，它强调在公共语境中参与者对问题的描述与解决方式，它的目的是提供一种鼓励人们提出正

---

　　① Williams B. , *Ethics and the Limits of Philosophy*, Taylor & Francis, 2011, pp. 132 – 154.

确问题的启发性方法，而不是提供答案本身。在决策科学中，过程方法可能会把利用最优化模型作为模拟和广泛调查的一部分，但是它不寻求最优化的结果和期待真实问题的解决，它的主要目的是要提高过程的合理性。这里的合理性并不意味着对最优化问题计算式的解决，而是通过启发式的努力使管理过程更加开放，从而有利于协作的达成。为了达到这个目的，诺顿依靠的工具是杜威的社会学习与哈贝马斯的商谈伦理学。他认为社会学习和商谈伦理学能帮助环境实用主义者和适应性管理者对复杂问题的过程进行把握，在尽可能民主和开放的进程中，将焦点集中于正确的问题上，这些问题能引导共同体保护他们的环境以及根植于他们文化背景中的价值。

　　第三，适应性管理依赖于对环境问题的层级分析方法。在关于环境问题的模型中，不同的层次和等级选择为开放的公共讨论提供了不同的时间和空间视角，这些不同的视角将影响对监测到的环境变化的测量与处理。在政策上，它们将导致应对环境问题的有效管理策略的形成；在科学上，对环境问题不同维度和模型的仔细考察将有助于澄清问题和阐明公共话语。① 诺顿通过与其他学者的合作体会到，在商谈中的各方，不管是专家还是门外汉，都会把问题限制在一定的时间和空间层次之内，这种暗含的界线代表了人们处理环境问题的心智模型（mental models）。假如价值是形成个体心智模型的最基本塑造者，假如分享了经济和其他利益的群体会形成一种截然不同的文化模型，那么我们可能能够运用一些工具（例如层级理论和多层级管理方法）去使问题的处理更加合理化，即，把环境问题限制在一定时间和空间进程中，通过把环境问题概念化和形式化而揭示价值形成的重要方式。

　　不难看出，适应性管理所依赖的三个重要知识基础为人们阐释和解决环境问题提供了认识论的帮助。在环境问题的阐释与解决进程中，自然主义和过程方法能降低不确定性，层级分析能将时间和地点敏感性同时纳入到问题框架中。降低不确定性和纳入时间和地点敏感性能为考虑

---

① Norton B. G., "Rebirth of Environmentalism as Pragmatic, Adaptive Management", *Virginia Environmental Law Journal*, Vol. 24, 2005, p. 353.

可持续性提供一种更负责任的态度。可持续性仍然是一个处于进程中的目标，我们需要知道，我们要实现何种意义上的可持续性，以及如何去实现它。本书像大多数环境实用主义者一样，支持强可持续性或者说诺顿的规范的可持续性，并认为在面对知识的不完善和生态系统的复杂性等诸多原因造就的不确定性时，适应性管理能提供帮助。通常的方法是仔细考察和实验各种不确定性类型，并通过获得的经验调整行为方式，但是诺顿提供了另外一个途径，就是通过实用主义将实验或经验的范围扩大，包含进共同体的社会价值与信念，从而通过共同体的合作行动降低管理进程的不确定性。一个完美的科学和全能的管理者并不存在，正如哈索恩（Nicole Hassoun）和施密茨（David Schmidtz）的评论："不确定性和无知在管理中是无可避免的。惊奇会不断出现，政策设计也应当为惊奇的存在留下空间。"①

　　许多环境实用主义者都赞同诺顿对适应性管理的解读，认为适应性管理方法和实用主义的认识论原则相吻合，并且，实用主义对经验和社会学习或探究的强调，确实可以作为适应性管理的哲学支持。比如，明特尔指出，如果我们对环境目标和政策采取实用主义的态度，那么这种态度可以使我们的机构和共同体更具创新性和动力，也因此在面对出现的环境挑战时能够更加有效和敏锐地做出反应；对于环境管理和问题解决的动力机制来说，社会学习是必要的，通过社会学习，关于环境价值与政策目标的讨论与选择就能在共同体的探究和公共的商谈中进行。② 明特尔描述的这个过程非常类似于适应性管理进程，他自己有时候也使用适应性管理一词来描述自己的实践主张。在他的《重建环境伦理学：实用主义、原则和实践》一书中，他的核心观点就是去设计和阐明一种程序，这个程序能够使多方利益相关者在审议过程中引入、讨论和学习关于环境和社会价值的复杂的多元主义。

　　总之，适应性管理方法为描述和度量与可持续性定义息息相关的共

---

① Hassoun N., Schmidtz D., "Searching for Sustainability", *Environmental Ethics*, Vol. 27, No. 1, 2005, pp. 93 – 96.

② Minteer B. A., *Refounding Environmental Ethics*, Philadelphia: Temple University Press, 2012, p. 33.

同体价值提供了指南。在共同体中，代表着多方立场的不同利益相关者们通过发展和改进反映价值的可测量指标去阐明相互关联的众多价值陈述。这样一来，在共同体参与的过程中，多元主义变得可操作了。多元主义不仅体现在对多样化指标的选择中，也体现在过程和层级模型中。这些被选择的指标与参数能够表达共同体的多元价值，但是它们并不代表价值本身，它们反映可持续性定义的地方敏感性，强调具体的行动，而不是本体论陈述的真理性。例如，某人可能会为经济标准的重要性辩护，因为他认为这些标准能代表资源和潜在商品的价值，另外的人可能会为荒野的保存辩护，因为他认为荒野拥有内在价值。但是，在对协作行动的追寻中，重要的问题不是本体论的承诺，而是参与者能够合作去选择指标体系，这些指标要能够反映和监控某些重要的过程与变化。一旦指标体系的选择达成一致，那么可持续性的目标更易得到有效表达和追求。这样做使人们将注意力从关于最终价值的争议中转移到了具体的、可测量的多元价值目标的阐述上，这是环境实用主义实现不同环境主义者的联盟以及追寻可持续发展的基本策略。

第三节　实现环境主义者的联盟

实现可持续性是环境哲学的共同目标，通过可持续性，人们可以实现不同环境主义者的联盟。前面本书已经将各种不同的环境伦理理论都阐述为了对可持续性伦理的支持形式，但是这样做仍是不够的，我们必须为可持续性寻求更广泛的认同基础，然后构建以可持续性为核心的环境公共话语，只有这样，在政策讨论和管理决策中，可持续性才能起到很好的规范作用，也只有这样，我们才能实现环境哲学的实践转向目标，最终导向可持续发展，解决发展与保护的二难困境。

一　代际伦理：可持续性的伦理基础

作为一种环境伦理观念，可持续性大多数时候都被看作是代际伦理的一种扩展，它的重要目标是实现环境、经济与社会系统在代际的持续健康发展，代际平等是其中最基本的原则。可是为什么我们不能把后代人的福利问题简单地留给他们自己去关心呢？一个最基础的事实是：他们的存在本身取决于当代人的行为，处于"时间上游"的当代人的选择将决定处于"时间下游"的后代人的存在与否。这种时间流动的单向性造成了后代人和当代人的不对等地位：当代人的行为会影响后代人，后代人的行为却不能影响当代人，但同样，当代人如果对后代人做出了牺牲，却不能得到后代人的补偿。既然是这样，为什么当代人不利用这种不平等关系而使自己的利益最大化呢？我们可以（can），但为什么不这样做呢（should not）？

　　一个朴实的回答便是，我们关心后代人就像我们关爱自己的孩子一样，但是对自己孩子或孙子或重孙等的直接关爱并不能导致我们对许多年后的未来子孙的关爱，因为时间距离上的遥远使我们对后代人的义务变得很模糊。比如全球气候变暖问题便是一个很好的例子，我们对直接后代的关心程度远远达不到人类活动对地球气候所造成的影响那般深远的地步。时间的单向性造成的代际力量的不对称使我们对可持续伦理的论证变得困难。

　　另一个可能的回答可借助于康德的义务论伦理学。义务论伦理要求人的行为必须遵照某种道德规则或按照某种正当性去实施，这是人无条件必须履行的责任，即"只按照你能够并意欲使它成为普遍规律的准则行事"①。按照这一原则，我们应当关心后代人的处境，我们对于后代人至少负有一种"不完全的义务"；我们不希望任何别的规则成为普遍规律，因为那可能意味着过去其他人的不利于我们利益的决定将可能使我们受到伤害。但如果我们追问下去就会发现，像所有道德原则一样，义务论也不是结论性的最终答案，因为我们会问，为什么我们要无条件地履行责任呢？虽然回答这一问题很困难，但是罗尔斯的"无知之幕"（veil of ignorance）② 可以为我们提供帮助。根据罗尔斯的理论，处于"原初状态"或"原始地位"的每一个理性个人都会必然选择并接受的道

①　[英] 埃里克·诺伊迈耶：《强与弱——两种对立的可持续性范式》，王寅通译，上海译文出版社 2002 年版，第 24 页。

②　[美] 罗尔斯：《正义论》，何怀宏、何包钢、廖申白译，中国社会科学出版社 1988 年版。

德原则就是正当的或公正的。在原初状态中，没有人知道他或她会属于哪一代，属于哪一个社会阶级，甚至也不清楚自己的伦理观念和心理倾向，所以在无知之幕下接受无条件地履行责任和伴随而来的可持续性原则仿佛是符合个人利益的最好选择：拒绝任何一代牺牲后代人的利益使自己得到好处，可以说是最好地保护了个人的利益。

当然，可持续性伦理的论证还有许多其他的途径，不过代际伦理是其中最为广泛的一个。正如环境实用主义者一贯的折中策略，他们也并不寻求为可持续性提供新的伦理基础。他们认为，以内在价值为基础论证可持续性的方法没有比建立在代际平等基础上的可持续性理论更加有效，因此，在原有的代际伦理框架内为可持续性辩护反而能促成更广泛的共识达成；通过可持续性可以掩盖不同环境伦理理论的分歧，突现它们就环境问题所能达到的一致意见，从而帮助构建环境公共话语。代际伦理的基本原则是代际平等或代际公平，这里面涉及几个基本问题：一是距离问题，二是无知论题，三是影响类型问题，① 对这三类问题的阐释将强调我们对未来后代的责任。

距离问题（the distance problem）意味着我们必须确定我们对后代的道德义务究竟在多大时间距离内成立。环境评估的现有方法（主要是经济学的）常常将现在的价值进行贴现②计算，以表示现在的价值（现值PV）将随着时间的延伸在未来减小。但是对于如何选择"恰当的"或"正确的"贴现率，经济学家并没有达成一致。对于任何非零的正的贴现率，任何现值在 15 年到 20 年以后都将变得非常小，③ 所以对于那些对未来有严重影响的问题，例如生境和物种的消失，用大于零的贴现率实际上对于现实决策几乎没有什么影响。那是否就可以采用零贴现率呢？这

①　Afeissa H. S. ,"The transformative Value of Ecological Pragmatism: An Introduction to the Work of Bryan G. Norton", *Surveys and Perspectives Integrating Environment and Society*, Vol. 1, No. 1, 2008, pp. 51 – 57.

②　贴现是指将不同年份的总社会成本和收益转换为一共同测度，使得相互之间的比较可以适当进行。人们一般也将社会贴现率理解为社会将未来转化为当前的意愿。

③　马中：《环境与自然资源经济学概论》（第 2 版），高等教育出版社 2006 年版，第 153 页。

明显也不妥，零贴现率意味着我们并不介意成本与收益在何时出现，社会对未来所有时段的成本与收益评价与当前的实际值完全相同，表面上看起来，这似乎符合可持续性的代际平等原则，但是在当代内部，仍然需要考虑时间偏好和人们的风险意识，我们不可能立即变得像激进的环境伦理学所希望的那样同等地对待后代与自然存在物。实际的情况是，人们对自然资源和环境服务的价值评估在代内和代际都会随着时间发生变化。

　　无知论题（the ignorance argument）是指我们并不知道谁会生活在未来以及他们需要什么。这涉及两层意思，第一，未来人的身份是不确定的，我们并不知道哪些个体会在未来出生，我们的不同选择会导致不同的个体出生。如果我们要比较两种政策对于后代的影响，"非同一性问题"（non-identity problem）①就会出现。这可以通过帕菲特（D. Parfit）的一个思想假设来说明：② 政策 A 是保留性政策（conservation policy），它倾向于保护环境、节约资源和安全使用能源，政策 B 是消耗性政策（depletion policy），倾向于维持现状，依赖较多资源和核能。假如我们选择政策 A，那么生活于三百年后的人就是 A 群人，如果选择政策 B，那么生活在三百年后的就是 B 群人。很明显，B 群人的生存条件肯定比 A 群人要糟糕得多。如果我们为了改善 B 群人面临的糟糕环境而选择政策 A，那么三百年后存在的将是 A 群人，而不是 B 群人，B 群人没有受益于我们的选择。和根本不存在相比较，B 群人的生活品质虽然差些，但他们至少可以在世界中存在，所以他们不能因此而责备我们选择了政策 B，也就是说，我们选择政策 B 没有伤害到未来人。无知论题的第二层含义是说，生活在未来的个体无法在当代表达他们的需求与偏好，所以我们无法知道对于他们来说什么才是好的，这是一种基于偏好不确定的理论困难。这两点使我们评价可能影响到未来后代的政策和行动时变得困难。

　　影响类型问题（the typology of effects problem）是指我们需要区分不同的行为对于未来环境的不同影响类型。例如我们砍掉一棵大树的同时

---

① ［英］帕菲特：《理与人》，王新生译，上海译文出版社 2005 年版。

② 杨通进：《环境伦理：全球话语，中国视野》，重庆出版社 2007 年版，第 302 页。

又种植上它的树苗，虽然这中间需要一定时间去恢复（小树长成大树），但是这样的行为并没有影响到后代，只要还有许多树木留给他人，我们的种植将抵消我们的消耗而不对后代造成伤害。但是，假如我们砍掉了一个区域内所有的树木，造成了不可逆的水土流失和土壤破坏等，那么这会严重地影响到后代的生存，限制他们对资源的获取与使用，以及各种其他福利的获得等。不过，在现实情境中，我们很难直接去区分这两种不同类型的行为影响，没有一个在理论上合理的实际标准可供我们把它们明确地区分开来。

很明显，这三个类型的问题最终都落脚到一点：评估当代人的行为对于环境和未来后代的影响是困难的。不管这种困难来自于时间（也包括空间）的距离问题，还是后代人身份的非同一性问题，或是行为影响类型的难以区分确认，它都是造成可持续性伦理论证困难的主要原因。如果代际伦理没有很好地解决这些问题，那么可持续性和可持续发展在实践中是难以实施的。因此，环境实用主义进路要求环境哲学家也要关注环境评估问题，这不仅仅是经济学家和生态学家的任务，哲学家同样需要，也能够参与进来。

要确保环境评估的合理性与严谨性，就需要发展一种价值理论以决定什么对于当代人和后代人来说都是公平的。这种价值理论应当由经济学家、社会学家、公众和政府等组成的共同体共同商议与决定，从而用以确定具体议题的预期影响出现的时间区段、影响到的人群以及预期影响的类型等。即这种价值理论具有时间和地点敏感性，需要共同体参与，需要民主协商机制和社会学习。可以看出，要解决这三个类型的问题，我们又回到了适应性管理理论，回到了对多元价值的倡导上。环境评估的自然维度和社会维度能够通过适应性管理进程得到体现。依据环境实用主义的策略，不管可持续性的伦理基础——代际伦理——的基本理论困难有没有被很好地解决，只要它们共同指向的现实问题——环境评估——被很好地解决了，那么，可持续性或可持续发展仍然是有希望的。只要能够帮助共同体参与到可持续性的争辩和决策过程中，那么，可持续性在社会中得到广泛支持和实际践行就多了一份儿可能。

二　公共话语：可持续性的沟通路径

对语言的重视是环境实用主义把握环境问题的又一方式。他们相信，要实现不同环境主义者之间的有效沟通与交流，就必须改变我们谈论与处理环境议题的方式，至少在环境哲学领域，原有的范式已经导致了割裂与混乱，深深地阻碍了交流与合作的可能性。在原有的范式之内，环境伦理和环境哲学家们太过于集中于抽象的理论争论而遮蔽了本来应该关注的实际环境公共议题。更糟糕的是，对某些理论教条（如道德排他性，精神和物质二分）的强调，导致了环境伦理学家与生态经济学家、保护生物学家之间不可调和的冲突，阻碍了哲学和经济学、环境科学、保护生物学等话语的沟通与融合。

明特尔注意到，许多环境保护的非政府组织（NGO），例如 Nature Conservancy，WWF，Conservation International，在大多数时候都在它们的文件与任务陈述中诉诸"人类利益"或"公共利益"，即经常使用经济的或功利主义的术语，只有在很少数时候会提及或暗示到"内在价值"①。虽然罗尔斯顿等人坚持认为非人类中心主义环境伦理学对于自然保护与环境决策是必不可少的，但是事实上，没有任何经验上的证据可以显示这一点。诺顿也在《可持续性：一种适应性生态系统管理的哲学》前言中指出，他的整个论证都建立在这样的假设基础之上，即美国人谈论和书写环境的方式是造成政府在各个层面上实施环境公共物品保护行动失败的主要原因。与这个假设相关联的推论是，处理环境问题的成功与失败主要由问题在公共话语中讨论和阐述（formulation）的方式所决定。因此，构建合理有效的谈论环境问题的方式和新的环境公共话语框架非常重要，它关系到我们能否实现环境主义者的联盟。

相比自然拥有什么类型的价值以及我们为什么对自然负有直接的道德责任，可持续性和可持续发展更能在公共话语中引起广泛的共鸣。20世纪90年代以来，不管是在发达国家，还是发展中国家，可持续性和可

---

① Minteer B. A., *Refounding Environmental Ethics*, Philadelphia：Temple University Press，2012，p. 20.

持续发展已经成为人们考虑的重要目标之一。世界上已经有超过150多个国家接受了可持续发展战略，可持续性和可持续发展成为使用频率最高的词汇之一，正如戴利的评论："可持续发展是一个能把所有的人都团结起来的超级黏合剂——从利欲熏心的工业家和力图降低风险只求生存的农民到寻求平等的社会工作者、关心污染或热爱野生动物的第一世界的人们、力图使增长最大化的政策制定者、患得患失的官僚，以及关注选票的政客。……换言之，可持续发展企图使所有的人都各得其所。"① 因此，以可持续性为核心，避免内在价值这样的抽象概念，成为构建环境公共话语的有效途径，这条路线关注环境价值与环境评估等与可持续性息息相关的问题，关注我们如何就可持续性达成一致的政策和行动，而不是我们应该为环境保护提供什么样的伦理基础。

在实际的环境公共话语中，可持续性经常以不同的形式被谈论，可持续性的标准也因为不同的语境而发生变化。在经济学语境中，人们谈论的可持续性主要是弱可持续性，关注的是保持福利在未来不变或增长，判定的标准是经济标准，关心的时间尺度通常只有零到五年左右，对于更长的时间范围，可持续性原则变得非常薄弱，其对未来几百年后的影响几乎可以忽略不计；自然环境的价值测量与评估问题也主要在主流的环境经济学和正在兴起的生态经济学中进行。尽管生态经济学家现在也倡导把对自然功能与服务的评价纳入到环境价值的描述与测量中，但是二者仍只关注与人类相关的功利价值。

在环境伦理和环境哲学语境中，人们谈论的更多的是强可持续性，关注的主要原则是代内和代际的公平与平等原则，目的是保证处于不同地域、不同阶段、不同地位的人们能公平地获取资源，特别是在发达国家和发展中国家，发达地区与发展中地区之间保持资源的公平利用以及同等地保持未来后代的资源使用与环境利用机会，关注的时间范围是一代一代推进的永久期限。环境伦理学家因为大都反对人类中心主义，所以他们也不加选择地拒绝了与人类中心主义相关的所有经济学方法，批

① Lele S. M. , "Sustainable Development: A Critical Review", *World Development*, Vol. 19, No. 6, 1991, pp. 607 –621.

评测量满足人类物质需求的经济或工具价值的尝试。通过拒绝分析的经济学框架（因为它是人类中心主义的），环境伦理学家在如何去定义可持续性和为可持续性提供判断标准的争论中处于迷茫之中，没有为清晰阐明可持续发展的目标和行动指南贡献力量。

从 80 年代开始，经济学和环境伦理学二者之间的分歧越来越明显。经济学家坚持认为所有的价值都是与人类相关的，恪守着先验的假设：所有的环境价值能够转化为单一的价值量度（如货币），而环境伦理学主要依赖于自然内在价值的本体论承诺，希望将道德关怀的边界扩展至非人类存在物及其利益。因此，二者在本体论上存在着根本分歧，而这个层面的分歧，正如众多的哲学难题一样，是难以解决的。然而，并没有经验上的证据可以表明自然拥有内在价值，也没有经验的证据去支持建立在先验假设基础之上的把自然环境转化为可消费可定价物品的做法。对这两种范式非此即彼的坚持只会为复杂的环境管理问题提供全有全无（all‒or‒nothing）的答案，在概念上的两极化也会导致直接的对立，从而失去了将问题构建为开放的、可协商的的可能性。

本书反对对二者非此即彼的坚持，认为关键的问题并不在于我们为可持续性或可持续发展提供什么样的定义（经济主义的或内在价值的），而在于我们谈论可持续性的方式，在于我们如何把共同体的关注点最终引向可持续性的环境政策与目标。用杜威的话来说，重要的问题就是让各方在广泛的问题结构中去商谈，其最终目标是达成各方的"增长"（growth）①。正如第三章里讲到的，这种"增长"意味着我们的追求并不是某种固定的、最终的快乐或善，而是一种不断丰富、不断拓展的人类经验。我们对可持续性和可持续发展的追求也是一个处于进行中的过程，我们没有固定的关于可持续性的目标，有的是我们不断学习如何可持续性生活的努力。我们也没有固定的判定可持续性的标准，有的是一个可以辩护和操作的过程。简单说来，本书的建议就是，从人们更为熟悉的价值形式（如美学、人类的空间发展）中提取环境的观

① Miller P. , The Implications of John Dewey's Ideas for Environmental Ethics, Indiana University, 1997, p. 7.

念，然后通过商谈机制达成环境价值的共识，即用共同体的价值作为可持续性的标准。

把共同体价值作为可持续性的标准，能有效地帮助沟通与融合不同的话语体系。比如，经济标准虽然不是衡量可持续性的综合指标，但是它可以看作是共同体依据经济标准而对未来后代福利所表现出来的关心，环境哲学对代际平等的关注也可以通过政策和法律的形式包含在具体的环境政策与计划的评估中（Weiss 解释的国际法律就是一个例子）。在具体的进程中，由多方利益群体和不同领域的专家学者及政府代表等组成的共同体需要清晰阐明、定义和讨论反映共同体价值的一系列指标体系。这些指标既有经济的、政治的，又有社会的、文化的，只有当这些指标确定之后，共同体才能继续去设计政策和行动以满足这些标准。也就是说，实现可持续性并没有任何既定的、基本的原则，有的只是一个可辩护和可操作的过程。我们需要做的就是寻找和构建一系列方法和机制去保证这个过程的可辩护和可操作。

对于如何判定一个政策或行为是不是可持续性的，诺顿提出的规则是保护的最低安全标准（safe minimum standard，SMS），即当一项环境保护所付出的代价（如经济损失和生活质量的下降等）对于共同体而言是可承受的，那么我们应该执行这个项目去保护环境和保存资源。① 这实际上是一种最小—最大约束规则，即追求回避最坏结果的出现，而不是追求最佳结果。本书赞同诺顿的"保护的最低安全标准"，但同样支持其他类似的最小—最大约束规则，例如预防原则（precautionary principle）、可持续限制（sustainable constraints）和发展阈限（development threshold）等。最小—最大约束规则提倡对政策或策略进行多角度的或双向的选择，在保障自己最低安全水平的条件下，允许对方寻求最大的利益，这种选择实质上是一个反复辩护的过程。②

与最小—最大约束规则相对应的是最大—最优化规则，即追求明

---

① Norton B. G., *Sustainability：A Philosophy of Adaptive Ecosystem Management*, University of Chicago Press, 2005, p. 346.
② 俞孔坚：《可持续环境与发展规划的途径及其有效性》，《然资源学报》1998 年第 13 卷第 1 期，第 8—15 页。

确无误的、最佳的状态，比如追求经济效益的最大化或生态上的最大适宜性。生态最优化和经济最大化规则都依赖于完全的信息并相信科学知识的准确无误。这一理性模式早就受到了来自认知科学和不确定性研究的怀疑。① 完全的信息和明确无误的科学知识是不可能的，没有一个决策过程能完全满足理性标准，并且，很多时候，我们也不需要，或者不能等到信息完全的状态后才做出决策。我们能追求的不是一个最优的，而是一个满意的，并基本上可行的途径。因此，对于生态环境保护而言，最小—最大约束规则相比最大—最优化规则也似乎更为可取。除了最低安全标准、预防原则、可持续限制和发展阈限等，类似的最小—最大约束规则还有许多。不过相比其他原则，最低安全标准能明确地表明哪些风险应该被避免，什么时候风险是可被接受的。虽然对于可接受的成本，可能会有不同的意见，但是这会通过共同体商谈而解决，这是一种关于正确问题的讨论与辩护，和整个环境实用主义的策略相一致。②

归纳起来，关于可持续性及其规则的公共话语体系可以分为三类（见表4—3），分别是经济的、伦理的、启示的。三种不同的话语体系依赖于不同的信息及不同的逻辑基础。其中，"启示的"或"启示法"（hybrid system）用以表示本书在前面所提倡的方式，即表示融合经济的和伦理的话语体系的一种尝试，在保持可持续性的强势含义（即强可持续性）的基础之上力图使其具有可操作性和可辩护性。当然，最低安全标准并不是唯一的合理规则，只要一项规则能帮助我们有效地谈论和追求可持续性，有利于我们沟通不同的话语体系，就是值得尝试的。

---

① Faludi A., *A Decision - centred View of Environmental Planning*, Oxford：Pergamon Press, 1987. Alexander E. R., *Approaches to Planning：Introducing Current Planning Theories, Concepts, and Issues*, Taylor & Francis, 1992.

② Norton B. G., *Sustainability：A Philosophy of Adaptive Ecosystem Management*, University of Chicago Press, 2005, p. 348.

表4—3   可持续性的不同话语体系及相应规则 ①

话语体系	标准的类型	规则的类型	关注点	时间层级
经济的	经济标准	(经济) 弱可持续性	保持福利的不下降	0—5 年
伦理的	公平标准	代内平等	公平地获取资源	持续的和永恒的
		代际平等	为后代保持机遇	一代一代推进的
启示的	共同体价值	保护的最低安全标准（SMS）	尽可能地保持共同体的价值	无期限的

三 发展与保护：可持续性的现实规范

当年缪尔与平肖关于自然资源管理方式的两种不同路线的争论（功利主义的和超越功利主义的）一直延续到今日，影响着当代的自然环境保护政策与方案，并形成了更大范围的、新的保存与保护之争。面对可持续发展战略，保护科学家与政策制定者面临着这样的选择困境：在环境保护的项目与计划中，生物多样性及景观保护与减少贫困和提高人类生活水平，究竟哪个目标才是应该被优先考虑的。这个争论有时候被称为新的保存与保护之争（new preservation vs conservation），可以分别用"自然保存"（nature protection）和"社会保护"（social conservation）来描述。②

这种新的自然保存与社会保护争论的焦点在于，自然保护与人类福利在环境保护计划中的优先性。前者主要以保护生物学家和环境哲学家为代表，他们主张保护计划应该集中于生物多样性，更赞成全封闭的自然保护区等形式用于自然的保存。在绝大多数情况下，他们认为人类福利应该让位于生物多样性保护。后者主要以经济学家和社会政治学家为代表，主张对资源和环境的明智使用，倡导多种形式的可持续发展方式。

① 根据 "Norton B. G. , *Sustainability*：*A Philosophy of Adaptive Ecosystem Management*，University of Chicago Press, 2005，p. 347" 修改。

② Miller T. R. , Minteer B. A. , Malan L. – C. , "The New Conservation Debate：The View from Practical Ethics", *Biological Conservation*, Vol. 144, No. 3, 2011, pp. 948 – 957.

他们认为消除贫困和社会公平是应该被优先考虑的对象，所以以保护为导向的发展模式和以福利为导向的政策目标是保护计划的核心。这个新争论是缪尔与平肖争论在更大范围的扩展，它不仅关注自然资源管理方式，还包括了与可持续性发展相关的众多环境保护政策与策略。

从可持续性或可持续发展提出以来，关于保护（conservation）与保存（preservation）的争论①就一直没有停止过。这场争论拖拖沓沓地延续了几十年，使得参与者们倾向于合并关于保护计划和策略究竟是成功还是失败的描述性陈述（例如对保护区（PAs）和综合保护与发展项目（ICDP）效率的描述）与关注保护计划最终结果的规范性陈述（例如保护计划应该集中于生物多样性保护，还是人类福利，或是二者都有）。这种对自然保存与社会保护争论的模糊处理导致了交流的失败，错失了在保护科学、经济学、政策科学中达成一致意见的可能性。为此，本书认为，我们需要一个更为开放的，关于当代保护行为的价值与伦理原则的讨论与对话，正如罗宾逊（J. G. Robinson）所指出的那样，保护生物学能够从清晰阐明问题定义、实验设计和数据采集背后的价值观中获益，② 笔者相信，哲学家们不仅可以对此提供帮助，也能从中获益，而不应该为抽象概念辩护去增加交流的难度。

环境伦理学从六七十年代兴起以来，就一直致力于为自然免遭人类的影响和操纵辩护，正如前面不止一次地提到，他们大多通过拥护自然的内在价值来确立自然的道德地位，然后谴责人类对自然（物种及整个生态系统）所造成的影响。用明特尔的话来说，他们摆出一副"反干涉主义的姿态"（anti-interventionist posture）③，这反映在众多早期的非人类中心主义作品中，例如泰勒在《尊重自然》中为生物中心主义辩护的案

---

① 例如 Fox S. R. , *John Muir and His Legacy*: *The American Conservation Movement*, Boston: Little, Brown, 1981. Norton B. G. , *Toward Unity Among Environmentalists*, New York: Oxford University Press, 1991. Oelschlaeger M. , *The Idea of Wilderness*: *From Prehistory to the Age of Ecology*, Yale University Press, 1991.

② Robinson J. G. , "Conservation Biology and Real - World Conservation", *Conservation Biology*, Vol. 20, No. 3, 2006, pp. 658 – 669.

③ Minteer B. A. , *Refounding Environmental Ethics*, Philadelphia: Temple University Press, 2012, p. 171.

例。有时候，泰勒的作品也被解读为对自治（autonomous）的精致辩护，支持荒野，而反对任何形式的人类操纵和侵犯。

环境伦理学中的保存立场，不仅被用来谴责传统的破坏自然完整性的行为（例如土地开发、倾泻污染物、狩猎），有时候还被某些哲学家用来反对在保护旗帜下的某些策略或行为，例如埃利奥特（Robert Elliot）和卡茨反对生态恢复（ecological restoration）的一系列实践活动。埃利奥特指出，人类应该最小化非自然物的介入以保持自然原始的、不受打扰的状态；自然对象的价值依赖于它的属性，但是这些属性不能承受"破坏—恢复"这一过程（destruction-restoration process）①。例如一个没有被人类活动介入的海滩、森林或河流湖泊等的价值在于它们是纯自然的区域，这种价值一旦被破坏是不能得到恢复和重建的，即使重建的海滩和被人类活动侵犯前的海滩一模一样。埃利奥特坚持认为赝品或复制品降低了其原有的价值，"我们对自然物原初状态的感受与理解影响我们对它们的评价，所以在复制过程中，确实有一些东西消失了"②。这种保存主义的立场也被生态中心主义者用来为荒野的保护辩护，例如罗尔斯顿就认为荒野应该是"完全自在的"。

然而，反干涉主义的立场在当代的社会背景下已不再可行。正如我们所感受到的，全球生态环境正在面临巨大考验，城镇化的加速、入侵物种的扩散、传染性疾病的涌现、气候变化与生态失衡等都随着人类世界的发展进步在全球迅速蔓延开来，这迫使我们必须放弃自然保护的传统规范标准，即自然保存主义立场，而寻求更加动态的、情境的、灵活的、适应性的关于环境保护与生态管理的伦理学和哲学范式。环境实用主义正是寻求此种转变的代表之一。明特尔在《重建环境伦理学：实用主义、原则和实践》中最后一章用气候变化的例子详细论证了这种转变的迫切性。他指出，在快速的全球气候变化下，与其自欺欺人地相信我们能保持物种和生态系统原来的条件与状态，不如坦率地接受气候改变

---

① Miller P. , The Implications of John Dewey's Ideas for Environmental Ethics, Indiana University, 1997, pp. 21 – 23.

② Ibid, p. 22.

所带来的一系列非可预测性、不确定性、动态性。① 正如自然资源法律学者 Holly Doremus 所指出的那样，"在快速变化的世界中，我们无法使所有的物种都免遭灭绝，甚至最严厉的规范条例和法律与最昂贵的生态恢复手段也无法做到。……我们需要一些新的标准以适应世界的变化，这意味着，这些标准能被改变以反映新的现实"②。也就是说，这些标准不再像保存主义那样是固定的，而是依据现实情况可调整的、动态的和适应性的。克雷格（Robin Craig）也说道，我们必须在环境保护的政策与法律中采取一种更为适应性的方法，集中于环境政策目标，如"适应性承受力"或"生态恢复力"，而不再遵从之前占统治地位的保存主义立场。③

可以清晰地看出，环境实用主义在保护与保存的争论中明显是拒绝保存主义的，但是，这是否意味着它和经济主义站在一条战线上，支持以福利和发展为导向的保护主义呢？如果非要在这两条路线之间二选一的话，可以说它是保护主义的。不过，如果我们希望更准确的答案，我们不妨仔细考察一下"自然保存"与"社会保护"这两种不同的策略二者背后的规范陈述及伦理基础。这可以通过《生物保护》（*Biological Conservation*）杂志 2011 年的一期专题讨论来说明。④ 米勒（T. R. Miller）在此专题中详细区分了保存与保护两种策略的不同政策导向、经验陈述、规范陈述以及伦理基础等，如表 4—4 所示。

在拥护"自然保存"的人们看来，环境保护的政策目标是自然的完整保存，主要体现在对生物多样性的保护中；在拥护"社会保护"的人们看来，保护的政策目标是可持续发展，体现为保护行动对消除贫困和提高人们生活水平的重视。即，前者拥护的是强可持续性，后者拥护的

① Minteer B. A. , *Refounding Environmental Ethics*, Philadelphia：Temple University Press, 2012.

② Doremus H. , "Adapting to Climate Change Through Law that Bends Without Breaking", *San Diego Journal of Climate and Energy Law*, Vol. 2, 2010, pp. 45–85.

③ Craig R. K. , "Stationarity is Dead—Long Live Transformation：Five Principles for Climate Change Adaptation Law", *Harvard Environmental Law Review*, Vol. 34, 2010, p. 9.

④ 即《Biological Conservation》2011 年第 144 卷第 3 期。

表4—4   保护与保存两种策略

	自然保存	社会保护
政策目标	生物多样性保护	可持续发展和减少贫困的保护
政策说明	保护区（Protected areas（PAs））	综合保护与发展（ICDP's）、不予抽取资源的保留地（extractive reserves）
经验陈述	保护区是保护生物多样性最有效的手段；保护区能给当地居民带来可观的收益；人类存在对生物多样性保护是一个威胁；综合保护与发展项目（ICDPs）对于保护生物多样性是失败的；保护必须集中于生物多样性保护的成功；保护和发展的目标经常是不相容的	保护区通常没有很好地保护生物多样性；保护区的社会成本真实存在并且数额巨大；人类和生物多样性可以有效地共存；如果恰当地执行，综合保护与发展项目（ICDPs）可以起作用；如果贫困问题没有解决，保护计划将会失败；有效的保护措施（如生态系统服务）能提高人类生活水平
规范陈述	保护目标应该集中于生物多样性；生物多样性应该被保护是因为它的内在价值；在大多数情况下，生物多样性保护比消除贫困更为重要	保护的目标应该集中于人类的福利；生物多样性应该被保护是因为它对于人类的工具价值；在保护目标中，消除贫困优先于生物多样性保护
伦理基础	非人类中心主义、保存主义	开明的人类中心主义、社会正义
主要学科	保护生物学、环境伦理学、环境哲学	人类学、政治生态学、发展经济学

是弱可持续性。本书前面分析过，作为一种环境哲学，环境实用主义是支持强可持续性范式的，在对待保存与保护争论中，这是否就相互矛盾了呢？它究竟是站在保存与保护的哪一边呢？准确地讲，环境实用主义并不支持争议中的任何一方。根据实用主义的原则，没有一个策略能适应所有的情况，正确与错误的决策要通过它所处的情境进行判定。环境实用主义的意见仍然是：在争议过程中保持宽容、开放、倾听的态度，

根据参与者对具体保护行为的审慎的和民主的协商讨论而决定，即依然坚持以共同体的价值为导向。我们不能脱离具体语境来谈论哪一个保护策略在伦理上是正确的，偏重发展与偏重保存的两种保护立场都需要依赖于不同的问题情境。正确的行为是那些理智参与者对被选方案进行讨论和评价后所选择的最合理的那个。

总之，环境实用主义并不是要人们放弃对物种和荒野的保护，或是在遇到保护与保存冲突时将人类的福利改善放置于自然保存之上，而是说，在快速变化的星球上我们需要重新思考和改变我们对于物种和荒野保护的态度与理解。① 这种改变不仅反映了人类对寻求自然保护和可持续发展目标中人类改造行为的可接受程度，也反映了对占主导地位的生态政策与管理观念的深层次哲学重构。不管哪种自然保护观念会在22世纪中占统治地位，至少有一点是清楚的：环境伦理和环境哲学家需要去支持和评估这些观念和方案，而不是为反干涉主义辩护。关于保护与发展，不应该趋向于一场零和博弈②，而应该当作能够串联起来一起考虑的互补目标。虽然有时候保护和发展会面临困难的选择与权衡，但实用主义的评价框架能帮助不同立场的人们有效沟通与交流，从而产生适应性的、有效率的、合理的管理和保护方案，尽可能地消解保护与发展二者的对立。也就是说，只有有效地平衡保护与发展才能实现众多不同环境主义者的联盟，才能最终促成可持续性目标的真正实现。

至此，可以看到，围绕可持续性或可持续发展这一目标，环境实用主义为实现不同环境主义者的联盟提供了一个可能的框架。这个框架以实用主义的认识论为基础，重新阐释了可持续性的定义及实现途径，并

---

① Minteer B. A., *Refounding Environmental Ethics*, Philadelphia: Temple University Press, 2012, p. 172.

② 零和博弈（zero-sum game），又称零和游戏，指参与博弈的各方，在严格竞争下，一方的收益必然意味着另一方的损失，博弈各方的收益和损失相加总和永远为"零"，双方不存在合作的可能。也可以说：自己的幸福是建立在他人的痛苦之上的，二者的大小完全相等，因而双方都想尽一切办法以实现"损人利己"。零和博弈的结果是一方吃掉另一方，一方的所得正是另一方的所失，整个社会的利益并不会因此而增加一分。[参见2014年2月3日维基百科（http://en.wikipedia.org/wiki/Zero-sum_game)。]

在此基础上倡导环境公共话语的建构和发展与保护的平衡。通过可持续性这一核心旨趣，环境实用主义最终向人们展示了它为协调与融合不同环境伦理和环境哲学理论所做出的努力，这些努力将帮助人们走出传统环境伦理学的理论与实践困境。

第 五 章

实用主义进路的实现途径

　　作为一种环境哲学，一种以观照生活事实为己任的环境实践哲学，环境实用主义的主要实践诉求在于帮助人们更好地推进环境保护事业，实现环境、经济与社会的可持续发展。这一目标可以通过影响和帮助具体的环境行为决策来实现。一方面，环境决策依赖于科学知识与方法，另一方面也离不开伦理与价值判断，其最终导向的结果是与环境行动密切相关的政策、法律、法规、管理、保育等现实措施。因此，本章主要以环境决策为研究视角来讨论环境实用主义的现实实现途径，通过环境决策来实现环境理论与环境行动之间的沟通。本章在分析环境决策的伦理向度基础之上，具体阐释了环境实用主义对环境决策的调适与改善策略，并最终提出了一个可能的决策操作框架。

第一节　环境决策：环境哲学的实践通道

　　环境保护事业的成功与否很大程度上取决于环境决策的效率与质量，因为只有具体的环境行为才能影响和改变环境状况。相比一般的公共政策决策，环境决策表现出高度的风险性、在时间和空间维度上的延展性以及广泛的社会性等特点。其实质是要解决利益冲突问题，实现经济、社会与环境利益的协调平衡与可持续发展。它的深层根源在于人与人以及人与环境之间的价值冲突，而化解这些多元价值冲突离不开伦理判断，离不开环境伦理的指导。因此，环境哲学对环境保护和环境问题的关注完全可以通过环境决策来实现，环境决策就是通达环境理论与环境行为的中介，是环境哲学的实践通道。

一　环境决策的内涵及特征

环境决策是指人们对生态环境行为的思考和评估，进而做出选择和决定的过程，是狭义上的决策在环境领域中的具体应用，即依据需求、偏好和价值观等一系列因素对开发、利用和保护环境等多项行为进行思考和评估，进而选择出最优决策方案的过程。相比一般的公共政策决策，环境决策面对的对象不是人类社会共同体，而是人与环境组成的生态共同体，因此，它涉及人与人、人与社会、自然与社会等多个层次的利益平衡与协调。

首先，从决策者角度来看，环境决策发生在政府、群体和个体三个层面。政府层面的环境决策主要表现为环境公共政策的制定、环境保护计划的实施以及重大环境行为的评估等；群体层面的环境决策主要表现为企业的清洁生产、污染防治和土地开发等涉及生态资源和环境健康的选择；个体层面的环境决策发生在私人生活领域，例如环保装修材料的购买、废旧电池的处理等个人环境行为选择。三个层次的环境决策互相影响和制约，无论哪个层次的环境决策都与决策主体的价值选择相关，离不开人的价值判断。

其次，从决策目标来看，环境决策不仅要实现经济、社会与环境利益之间的横向平衡，还要实现环境利益在人类社会代际的纵向平衡。例如修建水电大坝能为人们提供高效的电力以服务于日常生活和工业生产，但是它淹没的耕地以及具有审美和旅游价值的河谷将永远消失，洄游鱼类的繁殖和当地气候也将受到不同程度的影响。这中间涉及不同利益主体的价值实现（包括人与自然），如何在不同时间尺度上平衡关涉主体的利益是环境决策的主要目标。

再次，从决策的类型来看，环境决策不仅要处理人与自然之间的利益冲突，还要处理人与人之间的利益冲突。例如自然保护区的建立对植物群落、稀有动物、空气质量、生态系统服务功能等有很好的保护作用，但是它限制了当地人对自然资源的使用，使地处偏僻的周围居民失去了物质和经济来源，而当地居民因此得到的来自政府的补贴和旅游业的收入却很难维持生计。可见，在某个具体的自然保护区是否应该建立的决策中，人与人、区域与整体、人与自然之间的多维度利益平衡都需纳入决策框架。

正是由于环境决策面对的对象是人与自然组成的生态共同体，所以才展现出上述多层次、多维度、多目标的特征。同时，生态共同体的复杂性、整体性与系统性等特点使环境决策不仅具有公共政策决策的一般特征，如导向性、调控性、公共性等，还表现出各种特有属性。①

首先，环境决策具有风险性。由于人类知识水平和认知局限，我们无法对某个环境行为的结果进行准确评估，这导致了环境问题的出现带有很大的风险性质。自然、社会、经济和文化等多种因素都将影响决策者对风险的认知和考量，从而使环境决策表现出较一般决策更大的不确定性与复杂性，使其无法在常规科学中得到妥善解决。在"后常规科学"② 时代，这种风险性和不确定性需要的不是传统科学主义的观念，而是多元价值考量和开放民主的决策议程。

其次，环境决策具有延展性，包括时间和空间上的延展。从时间维度看，环境行为对生态环境的影响具有延迟性，环境问题的长期和短期效应兼而有之；从空间维度看，环境行为的结果不仅作用于当地，也可能作用于地球上其他地区，例如硫排放造成的空气污染与温室效应。因此，具体的环境决策往往需要考虑不同的时间和空间维度，其中又以时间维度为主要考量因素（例如考虑后代的环境利益），因为现行决策框架主要是地域性的，全球合作尚处于尝试摸索中。

再次，环境决策具有社会性。环境决策发生于政府、群体和个体三个层次。不同层次的环境行为决策会影响不同的社会群体，因此个人与他人、与社会的关系将最终决定利益如何协调与平衡。一个显著例子是公共资源两难问题，哈丁的《公有地悲剧》③ 是对此的最好解释。同时，

① 杜红：《环境决策的伦理向度》，《中国人口·资源与环境》2014 年第 24 卷第 9 期，第 45—50 页。

② Funtowicz S. O., Ravetz J. R., "Science for the Post-normal Age", *Futures*, Vol. 25, No. 7, 1993, pp. 739 – 755.

③ Hardin G., "The Tragedy of the Commons", *Science*, Vol. 162, No. 3859, 1968, pp. 1243 – 1248.

人们对环境正义、公众参与的诉求也是其社会性的体现，反映了不同层次的个体与整体利益冲突。

虽然环境问题的复杂性与综合性使环境决策表现出多种特征，但归根结底，环境决策的本质是要解决利益冲突问题。一个决策总是在属性、权利、收入、力量等的利益分配背景下发生，决策意味着在不同社会群体之间分配损害、费用和收益等。因此，环境决策具有利益分配造成的冲突维度，涉及公平与正义等问题。例如，通过建立自然保护区去保护老虎、大象等，将会有益于游览的游客或者动物本身，但是它通常会对周围那些依赖草地和农业生活的群体产生负面影响；再比如，温室气体增加的受益者可能是第一和第三世界的精英们，但是温室气体增加的代价多由穷人承担。因此，环境决策程序必须根据它可能发生的潜在影响来评估，谁的利益受到了伤害，又是谁得到了好处等等，其本质上是一种利益分配，其决策困境来源于利益冲突。而利益主体对利益的认知、感受与判断都与其价值观紧密相关。因此，环境决策的深层根源在于价值冲突。不同时间、不同层次、不同范围的价值冲突导致了各式各样的环境冲突及其相关联的社会与经济冲突。环境决策的困境就在于如何化解这些多元的价值冲突，而这无可避免地关涉伦理。不同的行为选择建立在相应的伦理判断基础之上，不同的伦理观念又被用来为相应的行为选择辩护。对环境决策背后的伦理基础进行分析，将帮助我们厘清多元价值冲突的化解之道，为应对环境决策困境提供伦理支撑，这正是环境伦理学和环境哲学可以发挥实际作用的地方。

二　环境决策的中介作用

环境哲学对实际环境问题的关注之所以可以通过环境决策来实现，正是因为环境决策的中介作用。一方面，环境决策依赖于科学知识与方法，另一方面，环境决策离不开伦理和价值判断。我们对环境问题产生原因的认知，以及我们为什么要保护自然，我们要保护的究竟是什么（物种个体或生态系统功能等），深刻地影响着人们具体开展自然保护与管理的方式方法。环境保护策略的不同选择实际上是对环境价值优先性的一种表达，是对人与自然关系的一种表达。① 因此，通过影响和改变环境决策的效率与质量可以直接改善或帮助环境行动的部署与实施，即，环境决策的效率与质量决定了我们最终对自然做些什么；环境决策成为沟通科学与伦理的中介，成为环境哲学面向环境问题的通道。

在科学占统治地位的当代，环境决策主要依赖于科学知识与工具。像保护生物学这样的主流自然保护学科也明显地偏向科学，但是它们实际上并不是真正的"科学"，因为真正的科学并不会采取妥协策略或进行价值判断。它们使用科学方法，但实际上确是一门"艺术"，是一门关于决策的，具有价值取向的类科学。保护科学家和管理者依赖于科学知识去确定、论证和辩护环境保护的优先策略与行动，但是他们常常忽略了，科学只是人们表达价值和偏好的众多方式中的一种。环境保护并不是伴随着科学的产生而开始的。早在近代科学产生之前，人们就已经开始关注与保护环境。比如在英国，"国家公园"的概念开始于1810年威廉·华兹华斯（William Wordsworth）的 *Guide to the Lakes*，人们在那时就早已意识到了自然保护的重要性。北美的自然保护努力受爱默生（Ralph Waldo Emerson）和梭罗所深刻影响，前者是作家、诗人和哲学家，后者是先验论者、自然主义者和哲学家，他们使用美学的、哲学的而不是科学的话语为自然保护辩护。中国古代也早已有了关爱与保护环境的各种思想。但是，从20世纪40年代开始，科学成为主流的，有时是唯一的，论证环境保护的合法依据，特别是在二战时期，科学和科学家被赋予了极高的地位。这渐渐使人们忘记了，自然保护实际上是一门价值关涉的学科，这不仅仅是由科学发展水平或人们的眼光与经验等原因造成的，更重要的是，它的选择与决定体现了人类的价值与使命，体现了人对人与自然关系的一种认识与感悟。环境决策依赖的并不仅仅是客观公正的关于自然的科学知识，实际上，它明显地包含了人的价值判断与伦理选择。

不同于其他的纯科学问题，环境问题看起来具有明显的伦理维度，

---

① Alexander M. , Ethics and Conservation Management or Why Conserve Wildlife?, Management Planning for Nature Conservation, Springer Netherlands, 2008, pp. 77 – 93.

甚至，即使没有生态危机与环境破坏问题存在，关于环境的伦理仍是成立的。许多生态学家和保护生物学一遍遍地提醒人们，我们可能正在经历第六次物种大灭绝。不像前面五次，这次是由于人类的活动而引起的。大气学家也警告我们几乎有确切的证据可以表明气候正在以前所未有的速度变暖。这方面的例子还有很多，生态环境问题已经在科学领域掀起了轩然大波。许多人因为质疑科学而怀疑生态环境危机的严重性，他们认为科学家夸大了他们的研究结果以便争取到更多的研究经费，或者认为在环境科学中使用的方法因为涉及高度复杂的计算模型以及对数据和预测等的不完备处理，因而常常是不值得依赖的。当然，这种担忧也见于其他的科学领域，例如经济管理学。对这两种情况可以提供相同的辩护：在目前没有更好的替代方案时，最好是遵从现有的能获得的最好科学，科学陈述的本质是或然性的，是可供修改的。这其实暗示了实用主义的一种妥协。

在否认生态危机的人们看来，环境主义者仅仅把注意力集中在了悲观、凄惨、无望的一面，而忽略了美好、乐观、积极的一面，比如寿命的延长、文化和财富的增长，并且他们相信，我们已在环境问题改善上取得了显著的进步。的确，人类在处理环境问题上取得了很大进步，比如伦敦空气质量的改善便是一个显著的例子。1952 年底，伦敦空气质量已经差到在四天时间就死亡四千多人，在之后的两个月又有八千多人相继死亡。① 今天，伦敦的空气污染物已经降低到 50 年代的十分之一，由于空气质量造成的死亡也已由每年的数以百计取代了每周的数以千计。但是，世界上其他的许多城市，空气质量仍然相当糟糕，有时候最坏情况甚至超过了伦敦在 1952 年底的状况，比如 1995 年印度新德里的数据是伦敦 1952 年的 1.3 倍，中国兰州的数据是其的 2.7 倍还多;② 再比如 2013 年 1 月北京地区的雾霾已达到 6 级严重污染程度，许多其他中国城市的空气质量也处于超标状态。因此，虽然一些环境问题得到了局部缓

---

① 这就是著名的伦敦烟雾事件，参见应启肇《环境、生态与可持续发展》，浙江大学出版社 2008 年版，第 54 页。

② Jamieson D., *Ethics and the Environment: An Introduction*, Cambridge University Press, 2008, p. 7.

解，但是它仍是不平衡的、不完全的。我们很难对其保持乐观。

另外，许多人否认环境问题的严重性，不是因为他们相信我们已在环境问题解决方面取得了巨大进步，而是因为相信，人类的活动对环境只有有限的甚至是正面的影响。他们认为自然生态系统是一个具有自我调节、自我恢复、自我平衡功能的系统，它几乎可以忽略人类行为对它的影响。这主要受到20世纪70年代"盖亚假说"（Gais Hypothesis）的影响。盖亚假说的核心思想是"地球是活着的！"，整个地球是一个有生命的有机体，它具有自我调节功能，生物和非生物之间有着复杂的系统联系去支持这个巨大有机体的健康运转，它强调生态系统的稳定性与适应性，因而一个单一物种的影响很难直接威胁到地球系统的基本功能。不过，即使是盖亚假说的提出者拉夫洛克（James Lovelock）在后来也开始担忧起人们对地球系统的负面影响了①。与盖亚假说不同，许多环境主义者更强调生态系统的高度脆弱性与微妙的平衡性，在他们看来，人们完全有可能破坏这个系统的平衡与稳定，地球实实在在地需要我们的保护。虽然没有坚实的科学证据去证明这两种观点究竟谁对谁错，它们有时候更像是一种态度或宗教信念，不过，即使对于那些怀疑环境危机真实性的人们而言，环境问题的伦理维度也是不能被完全排除的。试想，假如环境主义者们对环境危机的担忧是正确的，那么这些看起来难以置信的状况总会因为人们的保护行动变得好起来，即使不会变得最好，但至少是会日益改善。只要一个无辜的人因为其他人对环境的损害而不必要地死亡，那么伦理道德考虑仍是需要的。假如相信地球系统能成功地应对人类行为所施加的损害的人们是正确的，我们仍然需要为支付和弥补我们所珍视的东西付出昂贵的代价，比如物种多样性、水资源、农业输出等。

归根结底，不管环境问题的科学基础如何，不管我们究竟是否相信环境问题的真实发生及其危机程度，我们关于环境问题的决策至少是无

---

① Lovelock J., *The Revenge of Gaia*: *Why the Earth Is Fighting Back and How We Can Still Save Humanity*, Santa Barbara (California): Allen Lane, 2006. 另，盖亚假说的一般介绍参见 Volk T., *Gaia's Body*: *Toward a Physiology of Earth*, Cambridge, MA: MIT Press, 2005。

法脱离伦理维度的。没有任何坚实的"事实"可以告诉我们环境问题的本质、原因和解决方案，我们能够依赖的是我们的"价值"所选择的事实以及我们的价值本身。在公共和私人环境决策中，我们主要的不是被严格的理论或终极的解释所启发，而是被那些有益于问题解决的东西所激励。"我们采取对我们有用的词汇表，它们能够联结我们和他人关于环境问题的思考以及促进和达成我们与他人的行动。"①当我们面对环境问题时，科学的、技术的、经济的考虑是必要的，但同时，关于环境的伦理的、价值的、美学的考虑也是需要的。或许某一天，我们会发现这些众多的维度可以还原成一个单一的概念或理论，但不管这是否会变成现实，它与我们应对当前的环境问题没有多大的联系。就实用主义立场而言，多元主义的维度显然是更为根本的。在实用主义看来，环境问题是复杂的、多维度的，它们可以被各种不同的词汇和以各种不同的形式来描述。也许某一天，我们会发现我们可以为环境问题提供一个确实的解释和一个最好的解决方案（尽管实用主义对此持否定立场），但是目前，我们离这样的解释与方案还很遥远。确切的解释与确定的方案，如果存在的话，它们实在是离我们太远。无论如何，对于现在而言，它们对于整个问题——对环境问题的解释与环境解决方案的决策——的作用实在微不足道。但是本书并不是意图去表明，环境问题主要是伦理的，而不是经济的、科学的、技术的，或是其他任何的，而是说，环境问题呈现出来的重要伦理维度不应该被人们忽略，这正好可以作为环境伦理学和环境哲学通达环境问题的通道，正好可以沟通关于环境的科学与伦理向度，为人们应对环境决策困境提供帮助，从而实现环境伦理学与环境哲学的实践观照。

第二节　环境决策的伦理向度

环境决策具有明显的伦理维度，环境决策背后的伦理价值观念反映

---

① Jamieson D. , *Ethics and the Environment: An Introduction*, Cambridge University Press, 2008, p. 23.

了人们对待和处理环境问题的方式，因此，对伦理价值冲突的解决是应对环境决策困境的出路。现行的环境决策框架主要由传统伦理学主导，有功利主义、道义论和美德伦理三种基本形式。但是作为一种人际伦理学，它们三者在处理环境决策问题时都表现出不同程度的局限与束缚。环境伦理是对人际伦理的一种深度融合，它理应为环境决策提供更加合理有效的判断标准和衡量尺度，从人际伦理走向环境伦理是应对环境决策困境的应然之路。但是由于非人类中心主义伦理学范式的主导，环境伦理学已经在长久的理论争议中渐渐失去了对现实问题的直接观照，牺牲了对环境决策的指导作用。因此，本书强调，如果环境伦理学想要切实地帮助提高环境决策的质量与效率，它必须要改变现在谈论和处理环境问题的方式，改变其理论建构与实践达成的方式。我们所能依赖的并不是抽象的各种概念与理论，而是教导我们如何去应对环境困境的方法与程序。

一　环境决策的基本伦理支撑

在实际的环境决策中，大致有三种伦理形式作为支撑。一是功利主义，二是道义论，三是美德伦理。不同的伦理判断形式发生在不同的决策层次和决策类型中，但毫无疑问，功利主义占据着主导地位，因为现行的环境决策框架主要由经济学范式主导。但环境决策的复杂性使其涉及社会、政治和文化等人类生活的方方面面，因此道义论和美德伦理同样占据一席之地，影响和决定环境行为。

（一）功利主义

功利主义（utilitarianism）广泛渗透于人类社会，尤其在经济学、公共政策和政府立法等方面极具影响力，也是环境决策中最主要的伦理选择模式。功利主义的基本原则是：一种行为如有助于增进幸福，则是正确的；若导致产生和幸福相反的东西，则为错误的。即它以具体行为的实际功效或利益作为判断行为在伦理上正当与否的标准，属于一种结果主义（consequentialist）。边沁解释道："不理解什么是个人利益，谈论共同体的利益便毫无意义。当一个事物倾向于增大一个人的快乐总和时，或同义地说倾向于减小其痛苦总和时，它就被说成促进了这个人的利益，或为了这个人的利益。"① 既然社会是由个人组成的，并且我们重视每一个人的利益，那么就全社会范围而言，我们应当增进最大多数人的最大利益。所以从根本上说，功利主义的决策标准是要实现"最大多数人的最大幸福"或"最大化总体之完善"，② 这是一切行为的最终道德尺度。

　　成本收益分析（CBA）可以看作功利主义原则在环境决策中的主要代表。成本收益分析依据功利主义原则，对某项环境行为的结果进行量化，当其收益大于付出成本时则认为该行为可行。正如弗兰克纳对功利原则的解释："我们的全部行为所追求的道德目的，对全人类来说，就是使善最大限度地超过恶（或者尽量减少恶超过善的可能性）。"③ 为了计算这一超出额度，成本收益分析中的收益和成本都使用货币进行度量。对于可直接参与市场交易的环境对象，通常使用市场价值评估法。常见的例子包括享乐函数法（hedonic function）④ 和旅行费用法（travel cost）⑤。前者根据人们享受环境的某项优质服务支付的价格来表示环境价值，后者以人们在某一旅游资源上的花费来推算环境价值。对于那些无法直接参与市场交易的环境对象，它们的价值通常由条件估值法（contingent valuation）⑥ 确定。条件估值法也称作明示偏好（stated preference），是以调查问答的方式确定个体对假定市场的支付意愿和愿意接受赔付的数额［willingness to pay（WTP）or willingness to accept payment（WTA）］⑦，例如询问人们愿意为某一森林、洁净空气等支付多少钱来享

　　① ［英］边沁：《道德与立法原理引论》，时殷弘译，商务印书馆2000年版，第58页。
　　② ［美］贾丁斯：《环境伦理学：环境哲学导论》，林官明、杨爱民译，北京大学出版社2002年版，第28页。
　　③ ［美］弗兰克纳：《伦理学》，关键译，生活·读书·新知三联书店1987年版，第71页。
　　④ Pearson L., Tisdell C., Lisle A., "The Impact of Noosa National Park on Surrounding Property Values: An Application of the Hedonic Price Method", *Economic Analysis and Policy*, Vol. 32, No. 2, 2002, pp. 155-172.
　　⑤ Chen W., Hong H., Liu Y., et al., "Recreation Demand and Economic Value: An Application of Travel Cost Method for Xiamen Island", *China Economic Review*, Vol. 15, No. 4, 2004, pp. 398-406.
　　⑥ Carson R., Mitchell R., Hanemann M., et al., "Contingent Valuation and Lost Passive Use: Damages from the Exxon Valdez Oil Spill", *Environmental and Resource Economics*, Vol. 25, No. 3, 2003, pp. 257-286.
　　⑦ Horowitz J. K., McConnell K. E., "A Review of WTA/WTP Studies", *Journal of Environmental Economics and Management*, Vol. 44, No. 3, 2002, pp. 426-447.

受它的功能以表示它们的市场价值。这些方法以个人在真实市场（如旅行费用法）或虚拟市场（如 WTP）中可观察到的个人行为选择结果为基础，即把个人偏好作为环境决策的标准，其目的是实现个人偏好的总体最大化，在本质上是一种偏好功利主义。

但是这种偏好功利主义混淆了需求偏好与信仰价值，使决策的方法和目标都由经济分析支配。马克·萨戈夫（Mark Sagoff）[1] 批评道，经济分析只处理需求和偏好，因为它们能在经济市场上得以表达（例如用支付意愿衡量某种需求的程度），但如果用价格来度量信仰则严重歪曲了信仰的本质，把信仰降低为了需求，从而也把人的本性仅仅划归为消费者，遮蔽了人作为地球公民的愿望与责任。作为地球公民，人不仅仅把环境作为消费品索取（from environment），还生活在环境中（in environment），与环境打交道中（with environment）。[2] 成本收益分析只提供了环境行为结果的经济考量，没有纳入环境行为的社会及伦理维度，当然也难以保证公共环境决策的合理性。

功利主义的另一个问题出现在决策时考虑人以及利益的范围时，用贾丁斯的话来说，它过于人本主义或过于以人为中心了。[3] 从理论上讲，功利主义应该考察某行为的所有结果，但这是不可能的。通常情况下行为导致的结果是不确定的，我们不可能知道一项行为的所有后果。所以在实际决策中，功利主义往往只处理眼前利益、既得利益，而忽视了对后代、对他人、对他国、对动物、对整个生态系统的利益影响。这个局限在环境决策中尤为明显，因为环境行为较其他行为表现出更高的不确定性，人们只能以概率的形式对环境问题的出现进行预估。在这里，环境决策问题变成了一种风险决策，而风险决策受个体的风险知觉、文化

---

① Sagoff M., "Economic Theory and Environmental Law", *Michigan Law Review*, Vol. 79, No. 7, 1980, pp. 1393 – 1419.

② O'Neill J., Holland A., Light A., *Environmental Values*, London and New York: Routledge, 2008, pp. 1 – 4.

③ ［美］贾丁斯：《环境伦理学：环境哲学导论》，林官明、杨爱民译，北京大学出版社 2002 年版，第 62 页。

价值观以及情绪状态等多种因素的影响,① 传统的功利主义形式显然难以提供支撑。

(二)道义论

道义论（deontology）又称义务论,其核心概念是责任与义务,它要求人的行为必须遵照某种道德规则或按照某种正当性去实施。道义论虽然承认一项行为结果的重要性,但是在进行决策时,它依据的是行为的动机,即"除了行为结果的善恶之外,至少还要考虑到其它因素,它们使行为或准则成为正当的,或尽义务的。这些因素不是行为结果的价值,而是行为本身所固有的特性"②。换言之,一项行为的正确与否,在于"它是否符合某种或某些义务或规则的限制,而跟这个行为的收益计算无关"③。只要行为本身或行为依据的原则是正确的,那么无论行为的结果如何都是正确的。

道义论在环境决策中可以用"字典式偏好"（lexicographic preferences)④ 来说明。所谓字典式偏好,通俗地讲就是某一标准大于一切,只有在考虑了这一标准之后,才能依次考虑其他标准,类似于字典中的单词排序,用来说明不连续的偏好不能用连续的效用函数表示。⑤ 在字典式偏好中,某些特殊对象由于蕴含某种重要原则而在决策中处于绝对优先地位。这种看似极端的决策选择在环境保护中广泛存在。例如对某濒危物种（如大熊猫）的保护计划,尽管其投入远远大于收益,但该物种的存在价值作为一种伦理道德原则,成为了决策中的最高标准,优先于其他的价值考虑。字典式偏好的存在意味着,个人对某些环境对象会施以伦理、道德和情感等方面的判断,而不是完全出于"理性经济人"的考虑,因而这些物品就成为伦理性物品。它们无法在市场中进行交易与

① 成龙、张玮、何贵兵:《生态环境决策的多特征属性研究》,《农业与技术》2012年第32卷第9期,第181页。
② [美]弗兰克纳:《伦理学》,关键译,生活·读书·新知三联书店1987年版,第30页。
③ 程炼:《伦理学导论》,北京大学出版社2008年版,第166页。
④ O'Neill J., Spash C. L., "Conceptions of Value in Environmental Decision-Making", *Environmental Values*, Vol. 9, No. 4, 2000, pp. 521 –536.
⑤ 王冰、麻晓菲:《环境价值的多元不可比性及其字典式偏好研究》,《中国人口·资源与环境》2012年第22卷第3期,第108页。

替换，也就无法使用货币进行度量，而只能根据某些原则进行排序。在进行环境行为决策时，这些伦理判断与排序就成为了最重要的决策原则，即在这里，功利主义隐退，而道义论显现了。

功利主义因为其简洁、清晰、可操作性强等特点实际上已经成为环境决策中的显性主导标准，但是它忽视了道德准则在环境决策中的重要作用。对于某些环境问题的决策，如空气污染及全球气候变化等，则不能使用此类决策标准（是否值得去做），而应当遵守道义论原则（应当这样去做）。道义论注重的是社会利益的公平与公正分配，认为每个个体都应当受到保护。公平原则要求我们尊重别人的权利，对其他人负起责任，而不是只在能够最大化总体的善时才履行义务并尊重别人的权利。① 例如，牺牲某个体的利益（如私有财产）只为满足更大范围的社会利益，这种行为被道义论者认为是错误的。康德说道："如果人们把对他人自由和财产的侵犯作为例子，那么就会显而易见，这种做法是破坏他人的原则。因为十分清楚，处心积虑地践踏别人的权利，是把别人的人格仅只看做为我所用的工具，决不会想到，别人作为有理性的东西，任何时候都应被当作目的，不会对他人行为中所包含的目的同样尊重。"② 在一定程度上，这些平等、公平、正义等道义原则不仅保障了个人利益，也实现了社会秩序的良性运行。

环境决策中的道义论形式虽然能够体现人们对他人、对环境的伦理关怀与人文尊重，但是它并没有为价值判断提供实质性基础或操作性建议，甚至这一道义论传统没有解释什么是善与有价值，比如"一种假设上的能自主地选择而且不损害他人自主选择的生活方式，在伦理上比一个更顾及生态环境的生活方式不好也不坏。在竞争中生活或与世无争孤独的生活在伦理上不比一个充满友谊、关怀和交流的生活坏到哪儿去"③。另一个批评来自于谈论权利。如果人们强烈地希望得到某样东西，就可

① ［美］贾丁斯：《环境伦理学：环境哲学导论》，林官明、杨爱民译，北京大学出版社2002年版，第33页。
② 陈晓平：《面对道德冲突：功利与道义》，《学术研究》2004年第4期，第46页。
③ ［美］贾丁斯：《环境伦理学：环境哲学导论》，林官明、杨爱民译，北京大学出版社2002年版，第33页。

能通过把它定义为权利使之合法化。这样造成的结果将是权利的大爆炸，社会中的不同利益群体都将声称拥有这个权利来反对更宏观的公共利益和社会总体利益。① 在这种情况下，道义论原则就变得无能为力了。

（三）美德伦理

环境决策中的功利主义和道义论主要体现在国家和群体决策两个层次上，即政府、企业、民间组织等把环境决策当作公共性的社会伦理决策来处理，其主要特征是集体选择并要遵守一定的公共原则。而美德伦理在环境决策中主要表现在个体决策层面，是一种基于个体道德品质和伦理信念的个人选择。美德伦理（virtue ethics）有时也称作德性伦理，是"把关于人的品格的判断作为最基本的道德判断"②。它把焦点从行为者的行为转移到了行为者本身，关注行为者的内在品质，诸如勇气、诚实、正义、忠诚等，主张"做具有美德的人比做符合道德规范的事更为根本、更为重要、更具决定意义"③，因此美德成为评价一切行为正当与否的终极标准。

美德伦理要求我们在对待人与自然的关系问题上保持"适当的谦逊"（proper humility）④ 或"友爱"（friendship）⑤，而不是对自然的贪婪、傲慢与肆意践踏。谦逊和友爱作为人的一种优秀品质，使人们更加关注事物本身，而不重视它们是否有益于人类，并且关注的范围逐渐扩展到人与环境组成的生态共同体。在行为选择上，一个具有美德的人自然而然地能做出有利于生态共同体前途的合理选择，因为这是对善的追寻的必然结果。麦金太尔在《追寻美德》中写道："美德要被理解为这样一些性好，它们不仅能维系实践，使我们能够获得实践的内在利益，而且还会通过使我们能够克服我们所遭遇的那些伤害、危险、诱惑和迷乱而支持

---

① ［美］贾丁斯：《环境伦理学：环境哲学导论》，林官明、杨爱民译，北京大学出版社2002年版，第33页。

② 程炼：《伦理学导论》，北京大学出版社2008年版，第190页。

③ 王海明：《伦理学原理》，北京大学出版社2001年版，第9页。

④ Hill T. E., "Ideals of Human Excellence and Preserving Natural Environments", *Environmental Ethics*, Vol. 5, No. 3, 2008, pp. 211 – 224.

⑤ Frasz G. B., "What is Environmental Virtue Ethics That We Should Be Mindful of it?", *Philosophy in the Contemporary World*, Vol. 8, No. 2, 2010, pp. 5 – 14.

我们对善作某种相关的探寻，并且为我们提供越来越多的自我认识和越来越多的善的知识。"① 例如，个人在购物时选择自带购物篮或使用超市提供的塑料袋时，由于不直接涉及他人利益或某些道义规范，这种选择主要与个人的品德相关。一个人选择坚持自带购物篮并在其他个人生活领域都表现出欣赏、尊重和关爱环境，那么至少可以说这个人是具有环境友好品格的人，是一个"好的生态公民"（good ecocitizenship）②。他个人的环境行为决策出于美德，而非效益、道德或规范等考虑，是对善的一种追寻。

相比功利主义和道义论，环境决策中的美德伦理以一种更为隐秘的方式存在。在政府和群体决策层面，人们倾向于把个体行为做"标准化，同质化和原子化"③ 的处理，而没有意识到美德伦理在环境保护中的作用。环境问题看似是人与自然之间的价值冲突，环境决策看似是要化解人与自然之间的冲突，但其实质仍需解决人与人之间的价值冲突，而人与人之间的关系离不开人性，离不开人的道德品性。正如罗纳德·赛德勒（Ronald Sandler）所说，"完备的伦理学看起来不仅需要关于行为的伦理（an ethic of action）——对环境应该做什么和不应该做什么的指导，而且应该提供关于品格的伦理（an ethic of character）——提供关于环境我们应该做和不应该做什么的态度和精神定式（dispositions）"④。所以对"生态人格"的追求同样可以作为环境决策困境的出路。他进一步指出，一个对自然有正确理解的人不仅会在社会上确定自己的位置（作为人类共同体的成员），而且会在生态系统中确定自己的位置（作为更广阔的生物共同体的成员），如果这是正确的话，那么人类的卓越将会包括维护和

① ［美］麦金太尔：《追寻美德》，宋继杰译，译林出版社 2003 年版，第 278 页。

② Frasz G. Philip Cafaro and Ronald Sandler, eds. , "Virtue Ethics and the Environment", *Philosophy in Review*, Vol. 32, No. 4, 2012, pp. 240 - 244.

③ 王国成：《西方经济学理性主义的嬗变与超越》，《中国社会科学》2012 年第 7 期，第 68—81 页。

④ Sandler R. L. , "Environmental Virtue Ethics", In Hugh LaFollette (ed.), *International Encyclopedia of Ethics*, Blackwell Publishing Ltd. , 2013, pp. 1665 - 1674.

促进更大的生态共同体的福利。①

值得注意的是，美德伦理通达行为决策的方式是隐秘的、内在的、深层次的。如果美德伦理只是培养了一种遵循传统环境道德规范的心理倾向，那么作为浅层次的精神定式，它仍然需要环境道德规范，因为单靠各种美德心理倾向很难直接约束人们的行为。麦金太尔在《谁之正义？何种合理性？》中指出，"在美德和法则之间还有另一种关键性联系，因为只有对于那些拥有正义美德的人来说，才可能了解如何去运用法则"②。因此在美德伦理中，美德是第一位的，但规范伦理也是必要的。如果没有规范伦理，也就无法确定什么样的人才是"好的生态公民"，也就无法影响具体的环境行为决策。

二　从人际伦理走向环境伦理

上述三种基本伦理形式都有各自的优势与缺陷，它们从不同角度为化解环境决策中的价值冲突提供了解决之道。其共同特点是，作为一种人际伦理，它们主要关注人类社会生活领域中的道德现象，旨在调整人与人、人与社会之间的关系；它们对环境问题的关心仅仅来自于对人与人关系的一种间接表达，即，这种关于环境的伦理是罗尔斯顿所区分的"派生意义上的环境伦理"，而不是"本质意义上的环境伦理"，其基本思维方式是传统哲学的主客二分模式，在环境观上相应地表现出传统的人类中心主义立场。而环境决策面临的困境是，它不仅涉及人与人之间的价值冲突，还涉及人与环境之间的价值冲突，并且这种人与环境之间的冲突对立无法在传统人际伦理学框架内得到消除。这就需要我们把伦理关注的范围从人与人之间的关系扩展到人与自然之间的关系上，着眼于整个生态共同体的关系，并且这种对环境的关心应该是深层次的、本质的，而不是派生的、浅层次的。

环境伦理学正是在这样一种"伦理扩展主义"基础之上建立起来的。

---

① 李建珊、王希艳：《环境美德伦理学：环境关怀的一种新尝试》，《自然辩证法通讯》2009 年第 31 卷第 5 期，第 55 页。

② ［美］麦金太尔：《谁之正义？何种合理性？》，万俊人等译，当代中国出版社 1996 年版，第 21 页。

从整体上来说，环境伦理学并不是一个自洽的、统一的理论体系，而包含了各种不同的、甚至相互矛盾的理论学说。在吸收了传统规范伦理（功利主义和道义论）和美德伦理的基础之上（例如辛格和雷根分别从功利主义和道义论出发建立了关于动物的环境伦理），环境伦理学研究了人与自然、人与社会以及自然与社会等多个层次的关系，提出了环境正义、代际平等、尊重自然和环境协同等多个原则。这些理论和原则之间虽然存在着差异与歧见，但它们都试图纳入对动物、对植物、对整个生态系统的道德关怀，试图通过为自然（动物、植物或生态系统）提供平等的道德地位而建立一种新的、本质意义上的关于环境的伦理理论，从而帮助克服传统人际伦理在应对环境决策时的狭隘与束缚，为多元价值冲突提供合理有效的判断标准和衡量尺度。

与传统人际伦理相比较，环境伦理对环境决策的优势作用体现在以下两个方面：

首先，环境伦理学强调自然存在物的内在价值或存在价值，并且主张将自然的内在价值纳入决策视野。尽管生态经济学家现在也倡导并积极地将自然环境的存在价值考虑进决策方案中，但是他们所定义的自然存在价值还仅仅局限于那些与人类相关的环境价值和生态系统服务功能等（例如各种非使用价值），也即是说，他们对自然价值的描述与测量仍然主要是功利主义的，因为大多数传统的伦理学理论并不承认人与自然之间存在任何直接的道德关系。康德在其《伦理学演讲》中清楚地说过，"我们对自然的义务是间接的，也即，它们都是对他人的义务"[①]。边沁也声称谈论自然权利是"装腔作势地胡扯"[②]。而环境伦理不仅接受人对人的义务（人际义务），还主张人对其他自然存在物的义务（种际义务），主张自然也拥有内在价值而非仅仅作为工具价值存在，这是在哲学观点上的一种根本变化。这一变化也相应地引起了决策标准的变革，原本只属于人际范围的概念扩展至了自然界。例如以辛格为代表的动物解放论

[①] ［美］贾丁斯：《环境伦理学：环境哲学导论》，林官明、杨爱民译，北京大学出版社2002年版，第107页。

[②] 同上书，第114页。

者把公平原则扩展到动物身上，认为不同动物（也包括人）的利益在发生冲突时，应采纳"种际正义原则"，即考虑发生冲突的各种利益的重要程度（基本利益与非基本利益）及各方的心理复杂程度。利奥波德则根据生态整体主义原则，提出了更为激进的判断标准，那就是"当一个事物有助于保护生物共同体的和谐、稳定和美丽的时候，它就是正确的，当它走向反面时，就是错误的"①。可见，环境伦理由于纳入了自然存在物的内在价值考虑，更能帮助人们应对环境决策的高度不确定性和在时间与空间维度上的延展性特征。如果我们无法准确预计一项环境行为在未来时间和其他空间范围的影响，那么尽可能地保持生态环境的原初状态似乎是可靠的。

其次，环境伦理学试图在"是"与"应该"之间架起沟通的桥梁，帮助完善环境决策的伦理基础，特别是占统治地位的非人类中心主义范式，它试图论证，接受非人类中心主义伦理学是建立环境伦理的必需步骤，非人类中心主义立场是环境保护的必要基础。传统人际伦理在"是"与"应该"的关系问题上始终面临着"自然主义谬误"的诘难，即仅仅从事实（自然）推导出应该（伦理）、从而把应该（伦理）等同于事实（自然）的元伦理确证谬论。② 而环境伦理学试图从现代生态学和自然内在价值感悟出发，在人—自然—社会复合系统的稳定性、复杂性与多样性基础之上去消融"是"与"应该"之间的界线。罗尔斯顿指出，"在整个生态系统的动态平衡与和谐统一中，我们很难精确地断定，自然事实在什么地方开始隐退了，自然价值在什么地方开始浮现了；在某些人看来，实然/应然（注：即'是'／'应该'）之间的鸿沟至少是消失了，在事实被完全揭示出来的地方，价值似乎也出现了"③。对于罗尔斯顿而言，事实与价值之间的鸿沟是通过对自然的一种"直觉"和"信仰"而消融的。对于他而言，遵循自然价值既是一种手段，也是一种目的，这在沟通"是"与"应该"的关系上迈出了坚实的一步。

---

① ［美］利奥波德：《沙乡年鉴》，侯文蕙译，吉林人民出版社 1997 年版，第 213 页。

② 王海明：《伦理学原理》，北京大学出版社 2001 年版，第 62 页。

③ ［美］罗尔斯顿：《环境伦理学——大自然的价值以及人对大自然的义务》，中国社会科学出版社 2000 年版，第 315 页。

　　但是，环境伦理学并没有发挥它应有的调适作用。它提供了自然拥有内在价值的最好说明，提醒我们在环境决策中纳入自然内在价值的重要性，但是除了保存主义或反干预主义的原则而外，它没有为我们提供任何可行的方案或策略。尽可能保持自然环境的原初状态虽然是可靠的，但在当前背景下却并不可行。维持原状意味着对人们获取和享用各种资源及服务功能的限制，这样一来，消除贫困与社会发展这样的任务将会变得困难，即，我们又回到了"发展与保护"的决策困境中。正如本书在上一章中所讨论到的，理论优位的环境伦理学范式根本无法妥善地解决发展与保护的二难困境，它对抽象理论的过分关注牺牲了对现实实践的指导。另外，把非人类中心主义作为环境决策的伦理基础缺乏现实基础，因为大部分人都持不加批判的人类中心主义立场，对自然存在物的道德地位的拥护和对自然系统的整体感悟很难在普通大众中得到广泛共鸣。对于那些更愿意看窗外广告牌而不是树木的人来说，自然的内在价值无论如何都不可能像罗尔斯顿那样通过神秘的体验与信仰来呈现。

　　环境伦理学的规范导向是好的，它对自然环境的关心与爱护比任何伦理学都要来得深刻与彻底。但是，对于具体的环境决策，它所能给予我们的指导还很薄弱，各种理论之间的差异与歧见使得直接的伦理支持变得困难。例如，当我们需要在几个濒危物种、景观层次的生境保护和生态系统服务之间做出抉择的时候，不同的环境伦理理论可能会给出不同意见。生物中心主义者可能会主张为保护某一濒危植物而猎杀以这种植物为食的非濒危动物，而动物权利论者则可能会反对这种做法，认为不能牺牲动物的权利去保护无感觉的植物。生态中心主义者可能会主张牺牲某些物种而保证一个生态栖息地的整体平衡，而动物权利论者和生物中心主义者都可能拒绝这样的选择。

　　因此，如果我们想要发挥环境伦理对环境决策的伦理支持作用，那么放弃环境伦理对形而上学理论的强调，转向环境问题与环境决策将是重要而深刻的一步。正如本书一次次强调的那样，环境伦理和环境哲学必须要改变它谈论与处理环境议题的方式，它才可能真正肩负起环境哲学的实践使命，担当起促进可持续发展的重任。为此，实用主义进路的改造方案是，关注处理环境伦理理论本身的分歧与冲突，提升其在实际环境决策中的操作性、可行性与实践性；以可持续性为核心，将不同的环境伦理理论（包括派生意义上的和本质意义上的）归置在一个民主与协商的话语平台上，通过商谈机制实现不同立场的沟通与对话，从而帮助应对环境决策的伦理困境。这不仅是环境实用主义研究的重点，也是环境决策需要关注的方向。环境决策需要环境伦理的指导，而环境伦理也应当要对当前的环境决策困境做出回应，这是它的实践使命所在。因此，从人际伦理走向实践的环境伦理，是应对环境决策困境的应然之路，也是其最终伦理归宿。

第三节 环境决策的调适策略

合理的、完善的环境决策主要依赖于可靠的知识与价值判断，但是对于知识与价值本身，它们在环境议题中表现出复杂性、多变性和不确定性的特征，这使得基于常规科学的认识与实践将无法应对环境决策的高度复杂性和综合性特征，涉及的众多价值观的争议也无法在传统伦理学框架内得到回应。因此，本书认为，面向后常态科学，妥善地处理决策进程中的不确定性与语境敏感性是调适环境决策的基本策略。

一 面向后常态科学

后常态科学（post-normal science）是相对于常态科学而言的，此概念最早由阿根廷数学家封托维茨（S. O. Funtowicz）和英国著名科学哲学家拉维茨（J. R. Ravetz）于 20 世纪 90 年代初共同提出，其基本含义是：科学不再以库恩《科学革命的结构》中阐释的"常态科学"方式运行，而是呈现出复杂性、混沌性与矛盾性。它关注以往常常被忽略的科学事实的不确定性、价值承载以及多元主义的合法性，其主要目的是为决策提供方法论的支持。[1] 后常态科学时代的决策主要有以下特点："有关事

---

① Funtowicz S. O. and J. R. Ravetz, "Science for the Post-normal Age", *Futures*, Vol. 25, No. 7, 1993, pp. 739 – 755.

实是不确定的；复杂性成为常态；价值观念备受争议；决策牵扯的利益格局（stakes）较复杂；决策必须在较短时间内做出，很紧迫；存在着人为风险失控的现实危险。"① 环境决策正具备了这样的特点。

在环境决策中，关于硬的（hard）、客观的科学事实与软的（soft）、主观的价值判断的传统区分已不再适用，有时候它们甚至反转过来。很多时候，我们必须要在只有软科学输入的状态下做出硬的政策决策。过去那种对"完美科学"（sound science）的追求（并且这种完美科学被认为是理性决策的必要条件）隐藏了实际上决定研究结论与政策建议的价值判断。拉维茨和封托维茨说道："在新的形势下，把对'真理'（truth）的追求作为科学的目标分散了，甚至有时候偏离了真正的任务。对决策更为相关的、稳健的指导原则是'质量'（quality），这是对科学信息的情境属性的正确认知。"② 这样一来，他们用"质量"取代了"真理"作为核心的评价概念，为我们应对环境决策困境提供了重要的启示。

为了说明后常态科学的特点，拉维茨和封托维茨给出了后常态科学的图例，如图5—1所示。③ 其中系统不确定性（systems uncertainties）与决策风险（decision stakes）是两个最重要的概念，分别用于表征"科学与政策界面"中的不确定性与价值冲突（value conflict）。当二者都很小的时候，我们仍然处于正常的、安全的应用科学（applied science）范围内，在此之中，纯粹科学和或者说基本的科学知识是有效的，它们通常能够较好地对政策决策提供支持，因为较小的不确定性和较简单的决策情境容易被成熟的科学知识所掌控。当系统不确定性和决策风险中有一个或者二者都达到中等水平时，常规的科学与技术便不再足够，系统的不确定性和复杂性增加，决策风险的提高都使常态的理论与信息难以驾驭，这时候的决策需要依赖较高水平的技能与专家的判断，因此这个阶段被称为专业咨询（professional consultancy）。专业咨询和应用科学范式

---

① 武夷山：《后常态科学挑战需扩展同行共同体》，《科学时报》2012年12月24日第7版。

② Funtowicz S. and J. Ravetz, Post-normal Science, International Society for Ecological Economics（ed.）, Online Encyclopedia of Ecological Economics at http://www.ecoeco.org/publica/encyc.htm, 2003.

③ Ibid..

都不同于纯粹科学，二者都受一定的时间和资源的限制，它们的结论通常不在"公共知识"的范围内。在很多时候，专业咨询的任务能够被简化或还原成应用科学模式，特别是当对不确定性的管理成为标准的常规工作时。但是，专业咨询不同于应用科学的是，它要求创造性和敏捷性去应对新的、意想不到的状况，并且更为重要的是，它要能为给出的结果负责。当系统不确定性和决策风险二者有一项偏高时，我们便处于后常态科学范围内了。比如，当决策进程的风险系数非常高的时候，即使我们面临的不确定性很低且易于把握，我们仍然需要对决策进程中的每一步都进行小心翼翼的论证与说明。在后常态科学范围中，起源于实验室的纯粹科学失去了"问题解惑"的功能，已难以对决策提供直接的支持与证明，特别是对于像全球气候变化这样的问题，常规科学的"质量"难以保证。

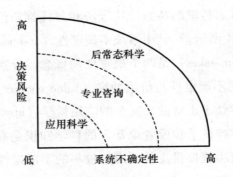

图 5—1 后常态科学的定义

对于环境决策问题而言，来自技术的、方法的、认识论的高度不确定性以及个人、群体、社会及自然等多方利益博弈的高风险性使其具有了后常态科学时代决策的典型特征。很多时候，环境问题与环境决策难以用常规的科学语言进行描述，现有的科学知识与方法也无法应对它们面临的紧迫性。弗朗西斯（R. A. Francis）指出，在环境问题中，以下三者之间存在着明显的分离：（1）严格的科学研究由保护生态学家进行；（2）政策与法律的制定由政策机构进行；（3）环境保护方案的执行由保护实践者进行。① 这三者之间的分离使环境决策的科学性、可行性、有效性大打折扣，从而降低了环境决策的效率与质量。并且，本书还注意到，这里包含着另一个层面的分离，那就是环境伦理规范主要由环境伦理学家进行，这和前面三者也是相分离的。这些都说明常态科学的视角已不再适用于关于环境的"科学—政策—行动"界面（science-policy-action interfaces）了。在本质上，环境决策属于后常态科学的范围，需要以后常态科学的视角来看待和处理。因此，用于支持环境决策的不应该是那些硬的、客观的科学理论与方法，还应该包括那些处理不确定性与风险的软的、主观的价值判断。虽然将复杂的现象与问题还原成简单的、原子的成分可以有效利用科学方法去设计可控实验、建构抽象理论、提供解惑方案等，但是在当今的科学、政策与行动议题中，这并不是最好的做法。常态科学的心理定式培养了对规范性、简单性和确定性的期望，但是这种期望会限制或阻碍我们对于全新问题的理解和为这些问题提供解决方案的努力。

在后常态科学中，判断知识与信息的原则与依据已不再是真理性，而是"质量"（quality）。这个质量是针对问题解决而言的，其中包含了四个重要元素：目的（purpose）、人物（person）、过程（process）、结果或产品（product）。封托维茨将此称为"P-4"方法，取其英文首字母而命名。② 他指出，P-4方法是问题解决任务中的质量保证体系。在基础科学中，主要的直接质量评估是针对过程而言的，比如引用过往文献；对于研究的结果，除了重复同一研究而外常常是不可再生的，因此，材料、仪器和技术是评估的对象，这也是科学领域广泛采用同行评议的原因。在应用科学中，质量评估扩展至了结果；管理者和使用者也参与其中，他们对科学的运用有不同的目的，所以较少地关注研究的过程，因此在应用科学的评估中，单纯的同行评议已不适用，我们必须求助于扩展了的同行共同体（extended peer community），包括原先的专家同行、管理者、使用者及法律参与者等。

① Francis R. A., Goodman M. K., "Post-normal Science and the Art of Mature Conservation", *Journal for Nature Conservation*, Vol. 18, No. 2, 2010, pp. 89-105.

② Funtowicz S. O., Ravetz J. R., "Uncertainty, Complexity and Post-normal Science", *Environmental Toxicology and Chemistry*, Vol. 13, No. 12, 1994, pp. 1881-1885.

在专业咨询模式内，质量评估的重点转向了目的和人物，对客户的高质量服务需要专家判断来进行补充。在后常态科学中，系统的复杂性与不确定性进一步增强，如果仅仅依赖于科学知识和专家意见来制定决策是相当危险的；利益牵涉的复杂性与各类强不确定性，促使我们进一步扩展同行共同体，使其不仅包括专家同行，还包括与决策议题息息相关的所有人群，如管理者、政府决策者、公众等，所以针对问题解决的质量评估需要依赖于"扩展了的共同体"（extended community）以及"扩展了的知识与信息"（extended knowledge and information）。

"扩展了的共同体"与"扩展了的知识与信息"也是指导和评估环境决策的质量指标。这里扩展了的共同体与诺顿等环境实用主义者在可持续性的强调中支持的共同体是一致的，都是指与特定问题情境相关的所有人群，特别是强调了在决策中常常被忽略的普通公众。同时，扩展了的知识与信息强调，在决策中除了依赖于常态科学而外，本地知识与共同体的价值判断也是不可或缺的，正式知识与非正式知识，专家与公众共同确保了决策过程和结果的质量。遗憾的是，当代许多决策者还没有完全建立起"扩展共同体"的意识，他们主要依赖于正式的科学知识与方法，其基本特征是追求简单性、统一性与确定性。在环境伦理学领域中也一样，大多数环境伦理学家和环境哲学家追求的是一种普遍的道德原则，并企图用这种普遍的原则去指导环境政策与管理行动。这被明特尔称为"原则主义的方法"（principle-ist approach）① 并给予了激烈的批评。其他环境实用主义者也从不同角度反对这种对普遍性的追求，支持一种情境主义的问题解决模式，正如前文所论述到的，环境实用主义不预设任何合理的道德原则，而试图在具体的问题情境层面上消融不同的环境伦理分歧，从而提升对环境决策的伦理支持作用。如果把传统环境伦理学的模式类比于常态科学，那么环境实用主义便类似于后常态科学模式，前者追求某种"真理性"的东西，后者追求问题解决的"质量"。

---

① Minteer B., Corley E., Manning R., "Environmental Ethics Beyond Principle? The Case for a Pragmatic Contextualism", *Journal of Agricultural and Environmental Ethics*, Vol. 17, No. 2, 2004, pp. 131 – 156.

虽然封托维茨和拉维茨没有强调后常态科学与实用主义认识论的关系，但是将科学看作是一种"任务取向"和"价值承载"的研究，其本身就和实用主义的认识论相兼容，甚至，它们很可能来自于实用主义的启发。实用主义反对笛卡尔开启的认识论模式，他们认为，知识并不是那些超越人类经验的、确定的、基础性的存在，而是那些在特定情境下"能满意地联络经验的观念"，即实用主义反对基础主义认识论而坚持真理的功效性。这种关于真理的适应性、有用性、有效性和后常态科学的"质量"标准是一致的。在这种观念之下，对知识的评价不是去看它与外部世界的符合，而是去考察它是否有助于我们与经验世界顺利地和圆满地联系。

对于环境决策而言，一个任务取向与价值承载的科学观是必要的，即，从常态科学到后常态科学的转变是对传统环境决策模式的一种调整与适应，并且，这种调整与适应与实用主义的主张不谋而合，本质上都是对情境性和效用性的坚持。因此，提高环境哲学对环境决策的支撑作用首要的就是要改变人们的认识论，放弃对绝对确定性真理的追寻，承认并积极地应对环境决策过程中的不确定性与价值判断。只有这样，才能实现决策者、科学家、社会学家、经济学家、伦理学家和社会公众等的交流与对话，才能在对复杂的"科学—政策—行动"议题的不断讨论与辩护中逐步提高与改善决策的质量。

二 处理不确定性

既然本书提倡以后常态科学（PNS）的视角来应对环境决策，那么如何妥善处理决策中涉及的各种不确定性就成为不可回避的一个重要问题。如果人们不能在决策进程中降低不确定性，那么还原主义的常规科学模式将是不可避免的选择。同时，处理不确定性也是实现可持续发展的必要步骤，是适应性管理环境哲学的重要环节。

环境决策中涉及的各种不确定性可以粗略地分为两类，一是生态学的不确定性，二是哲学和伦理学的不确定性。[①] 生态学的不确定性主要是指人

---

① Francis R. A., Goodman M. K., "Post-normal Science and the Art of Nature Conservation", *Journal for Nature Conservation*, Vol. 18, No. 2, 2010, pp. 89 – 105.

们关于自然生态系统知识的不完备性，这种不完备性使人们无法准确理解与判断各个层次生态系统的功能以及支撑其功能的各个组成成分间的相互作用。比如复杂的自然物质与能量循环、生态服务功能的内部机制、生物种群间的相互作用等。即使像生物多样性保护这样一个具体的目标也充满了各种不确定性。基因的、物种的、生态系统的多样性往往是复杂的、动态的、多尺度的，这使得我们很难为其寻找确定的、根本的参数或方法去描述、量化与评价一定时间和空间尺度的保护目标，如物种、景观、过程等，因此也就无法准确地确证和评估区域的或全球的生物多样性状况。大量的经验研究表明，对生态系统的完善理解在当代几乎是不可获得的，常态科学的还原主义方法无法把握复杂的、综合的、非线性的地球生态系统，在生态学本身的研究中充满了各种各样的不确定性。① 一般地说，生态学的不确定性可以看作是常态科学模型失败的主要原因。

　　哲学与伦理学的不确定性主要表现在关于自然保护价值的判断上。比如，对于物种，我们能接受所有的物种都有生存或死亡的权利，但是物种的这种生存或死亡的权利到底是不是无限的呢？这影响到我们在物种保护中所采纳的方法，也即是说，对自然内在价值（intrinsic value）与外在价值（extrinsic value）的不同判断将决定我们在保护中采纳的不同策略与行动。这种关于自然价值的不确定性加深了保护决策与实践本身的不确定性。另外，关于人类行为对全球生态系统的当前和潜在影响也是不确定的，这种不确定性同时加重了哲学与伦理学的不确定性：为什么我们要保护自然以及我们如何去做，都充满着不确定性。

　　尽管生态学的、哲学和伦理学的不确定性始终存在，但是这些不确定性不应该成为限制或阻碍我们进行合理决策和行动的原因。在保护决策中，生态学的不确定性应该得到承认和重视，标榜客观的、精确的、完善的科学形象并不是明智的做法；伦理学的不确定性也应该得到明晰的辩护，一味地坚持自然的内在价值或只看到它的外部经济价值是对哲学和伦理学的不确定性的逃避。我们只有在环境决策中先承认不确定性，

① Prendergast J. R., Quinn R. M., Lawton J. H., "The Gaps Between Theory and Practice in Selecting Nature Reserves", *Conservation biology*, Vol. 13, No. 3, 1999, pp. 484 – 492.

才有降低不确定性的可能。正如诺顿所言，对于环境管理者来说，没有什么能比不确定性问题更使人挫败了。①

那么，在面对这些不确定性的时候，我们应该如何应对呢？既然我们关于环境保护的科学知识以及环境保护的价值判断都是不确定的，我们如何在这样的不确定条件下负责地、有效地进行环境决策与行动呢？第一种方法，也即常规的方法，是仔细考察每一种不同类型的不确定性并尝试为每一种不确定性提供相应的解决方案。比如对于经验定量中的不确定性，应该修改和完善用于描述对象的参数与指标体系等，以尽量减少分析工具带来的不确定性。在保护科学的文献中常见的对分析工具所具有的不确定性与敏感性的分析讨论便是例子。但是，这种方式通常难以完成任务，因为我们现有科学知识的不完善性使我们无法处理和应对所有不同类型的不确定性，并且，科学对确定性的追寻很可能是永远也无法达到的。因此我们可能需要另外一种策略来补充这种方式，即发展与应用来自于实用主义的实验态度。这种方法代表着对经典现代科学哲学的拒绝，代表着对现代哲学的认识论策略的拒绝，即，对笛卡尔确定性问题本身的拒绝。这样一来，通过拒绝确定性问题本身，实用主义反驳了基于理性主义立场的常态科学策略。对于环境问题来说，实用主义方法提倡将注意力集中于经验的扩展上，特别是通过仔细审慎地实验与观察来降低不确定性而达到共同体的合作行动。

具体来说，实用主义方法处理不确定性的第一个步骤是区分人们在实际决策中由于信息的缺乏而经验到的不确定性（uncertainty）与对笛卡尔式的确定性的追求过程中所持的普遍怀疑主义（universal skepticism）。②笛卡尔的普遍怀疑与对普遍真理的追求使我们有限的"理性"能力很吃力。"理性"（reason）或实用主义者倾向于称之为"理智"（intelligence）与"逻辑"（logic）的东西，实际上是和人类群体共同进化的一种能力，它能解决那些影响个体和群体生存的问题。值得注意的是，理智和逻辑

①　Norton B. G. , *Sustainability*: *A Philosophy of Adaptive Ecosystem Management*, University of Chicago Press, 2005, p. 101.

②　Ibid. .

只对个体或群体在追求一些目标的具体情境中所遇到的真实怀疑起作用，而普遍的、系统的怀疑只有与普遍的原则才能结为队友，也就是说，有限的理智与逻辑，无法解决普遍怀疑主义。

处理不确定性的第二个步骤是采用实用主义的经验方法来帮助行动的达成，特别是杜威的实验探究方法，它不仅能应对科学的不确定性还能应对伦理与哲学的不确定性。诺顿借用实证主义的哲学家和社会学家奥图·纽拉特（Otto Neurath）的修船隐喻详细阐明了实用主义方法的特点。纽拉特说道，提高我们的知识与理解就像是在深海中修理船只一样，当我们在航行中发现船只出现问题时，我们仍然要保持船的航行状态，而没有机会把它拖回到干燥的船坞里进行彻底修理或替换，所以我们能做的就是一边航行一边修理。① "纽拉特之船"这个隐喻很好地展现了实用主义认识论的特点：认识的革新并不是要拆卸每一块知识船板进行彻底的重新建构，对于实用主义者来说，认识的革新是从确定最有问题的船板开始，然后依次替换；如果一发现问题，就要驶回船坞替换所有部件或更换船只，那么我们很可能永远也无法到达认识的彼岸，更何况，在多数情况下我们并没有机会将它驶回船坞。这样一来，通过实用主义的认识方法，我们到最后可以拥有一只"新船"，尽管在海上行驶的仍然是脚下的这只"旧船"。

诺顿提醒人们，在这个修理过程中，我们可能需要在替换较少使用区域中的腐蚀最严重的船板之前修理浸泡在水中的中等程度腐蚀的船板，因为这个决定关系到船只共同体的存亡及其相应的其他社会目标。② 实际上，修理船只中许多类似的决策都涉及诸多不确定性，因为关于知识船板的评估离不开物理性能与机械运用的测试，也离不开相关的价值与信仰抉择。同时，"纽拉特之船"也向我们揭示了这样的看法：信仰与观念系统是零碎地、一点一滴地提高的，在其中没有任何一个观念居于优先和特权的地位，尽管某些观念被我们毫无质疑地接受了很多年。我们可以想象一下，知识

---

① Nemeth E. & Stadler F. (eds.), *Encyclopedia and Utopia：The Life and Work of Otto Neurath* (1882–1945), Springer, 1996.

② Norton B. G., *Sustainability：A Philosophy of Adaptive Ecosystem Management*, University of Chicago Press, 2005, p. 107.

之船继续在大海中航行，作为船员的我们也要一直对船只修修补补，最终，每一块船板都会经历使用或天气等的测试。类似地，我们的每一个信仰也有重新评价的必要，关于如何行动的不一致意见也最终会在适应性管理的进程中接受检验，并最终慢慢地达成一致。为此，诺顿总结道："实用主义为环境管理与决策中的不确定性提供的是一种方法，这种方法如果坚持在许多情境中运用下去，就能逐步地促使共同体走向意见一致。"① 实用主义达到此目标的方法主要是通过经验扩展，通过交流与对话，"尽管它缓慢、混乱、经常不令人满意，但是它起作用"！

实用主义方法起作用是因为它鼓励我们运用共同体的经验去寻求真理。它告诉我们在意见一致的地方寻求联盟以为共同的目标奋斗，同时，在意见发生分歧的地方，需要运用实验方法以降低情境下的不确定性。实用主义，正如适应性管理一样，都依赖于作为真理探寻者的共同体，更准确地说，它依赖于前文论述的扩展了的共同体。共同体的力量在于其信仰与价值体系的多元化。当共同体意见发生分歧时，实用主义要求我们通过经验方法收集更多的证据和设计相应的行动以降低相关的不确定性，即在共同体对经验方法的践行过程中不断地追求客观性，而不是寻求不太可能达到的确定性和与人类经验相分离的实在。也即，实用主义方法为环境保护提供了这样的好处：各个层次的不确定性被明确地承认了，对决策的可行性起实际限制作用的元素（包括扩展了的知识的优势与不足）被清晰地呈现了；扩展的共同体的所有成员清楚地明白了他们的角色以及与其他成员进行有效的知识转换的方法。这些都为可持续性目标的达成提供了可能。

三　关注语境敏感性

以后常态科学的视角来看，环境决策不仅具有很高的不确定性，还关联着高度的决策利害关系。其中，高度的决策风险或决策利害关系（decision stakes）主要来自于决策进程中众多不同的信息接受与价值判

---

① Norton B. G. , *Sustainability*: *A Philosophy of Adaptive Ecosystem Management* , University of Chicago Press, 2005, p. 112.

断。这些不同的信息与价值在决策进程中表现为相关者的一种多元化的价值冲突。因此，在实际决策进程中，不仅需要处理各种不确定性，还需要应对复杂的多元价值冲突。从伦理学的角度讲，处理价值冲突一般是要依据一定的伦理原则来进行判断和选择，但是，正如前文所论述到的，在环境问题中，并没有普遍有效的适用于所有情况的伦理价值原则。不管是功利主义、道义论、美德伦理，还是激进的各种非人类中心主义环境伦理，没有哪一个单一的原则或理论能应对所有的环境决策问题情景。因此，遵循实用主义的路线，本书给出的解决方案是践行一种关注语境敏感性的问题解决模式。既然并不存在普遍有效的伦理原则去应对复杂的环境决策困境，或者说，对普遍原则的追求是不可能达到的，那么，情景化的、语境敏感的问题解决策略将是应对价值冲突的最基本的途径，也是其中最有可能的一个途径。

　　首先，关注语境敏感性是必要的，任何普遍原则的呆板应用都有可能阻碍潜在的其他有益选择。对语境或者说情景的关注主要来自于实用主义的启发，特别是杜威对实验和经验的强调为特定问题情景中的伦理道德探寻提供了启示。杜威指出，哲学家主张在思考具体问题情景和决策背景之前就要应用某些相关的、既定的伦理要求，这将会在实践中遭遇大量令人挫败的问题。其中的一个难题便是根据复杂的、不断变化的经验去解释本身就有问题的普遍原则。他说道："即使我们每一个人都真诚地赞同遵照作为最高法的黄金法则来行动，我们仍然需要探寻和思考如何就这个黄金法则对于复杂和变化的社会情况下的具体实践意味着什么而达成一种可供接受的观念。对抽象原则的普遍赞同，如果它存在的话，可能仅仅作为合作进行的调查和深思熟虑的计划的初步准备，换句话说，作为一种系统的、一贯的沉思的准备。"[①] 可以看出，在杜威的观念里，道德原则应当仅仅被看作是具体问题情景下深思熟虑的探寻过程的一个部分。虽然这些陈述在人们关于正确政策和行动决策的商议中通

---

　　① ［美］杜威：《人性与行为》，载《杜威全集》中期著作第 14 卷，乔·安·博伊斯顿主编，南伊利诺伊大学出版社 37 卷鉴定版 1983 年，第 168 页；对应国内中文全译本：［美］杜威：《人性与行为》，载《杜威全集》中期著作第 14 卷，刘放桐主编，华东师范大学出版社 2012 年版，第 148—149 页。

常具有假定的力量（这种力量来自于它们之前帮助我们适应以前问题的成功），但是它们最多仅仅是抓住了我们所遭遇的广阔的、复杂的经验世界的一个特定维度。过去的经验显示，这些不稳定的、不确定的环境情景通常要求我们为各种不同的权利、责任、善和美德等的和谐和融合而努力，在情景分析之前就强调对这些不同价值的选择将会妨碍或削弱理智的道德探寻。并且，真实的问题情景通常是非常复杂和多样的，对任何普遍原则呆板地提前应用可能会阻碍潜在的关于如何行动的其他选择。

其次，关注语境敏感性是必需的，如果我们希望对复杂的现实问题进行实质性的回应的话。正如明特尔所指出的那样，"杜威提供给我们的是一种方法，一种倡导多元主义和实验主义的伦理推理方法，与其让各种预先定义的绝对真理或普遍性来困惑我们，还不如从具体的问题情景本身入手，可能会做得更好"[①]。卡斯巴瑞（W. Caspary）也指出，不存在先验的、情景无关的方式方法可以去选择和比较各种各样的价值、责任与善，这些不同的价值、责任和善之间不同的层级关系将仅仅可能通过审慎的商谈过程而确定，在此之中，烦人的处于讨论中的情景的真实需求与不足将通过这个商谈方法得到指导。[②] 也即，我们必须注意到，不管一个问题情景有多么类似于我们从前经历过的困境和烦扰，但是，每一个问题情景总会呈现出一些全新的、意想不到的东西。所以考虑到这些，"假如我们希望理智地、创造性地对新的和越来越复杂的道德挑战做出回应的话，那么我们就不应该在实验探寻前就将道德讨论限制于关于单一原则或一套原则的言语中"[③]。

再次，就具体的环境管理和政策决策议题来说，关注语境敏感性是必要的和应该的。在具体的环境决策进程中，不同的利益主体与参与者

① Dewey J., "Reconstruction in Philosophy", In *Volume 12 of the Middle Works of John Dewey*, 1899 – 1924, edited by Jo Ann Boydston, Carbondale: Southern Illinois University Press, 1982, p. 76. 转引自 Minteer B. A., *Refounding Environmental Ethics*, Philadelphia: Temple University Press, 2012, p. 67。

② Caspary W., *Dewey on Democracy*, Cornell University Press, 2000, p. 162.

③ Minteer B., Corley E., Manning R., "Environmental Ethics Beyond Principle? The Case for a Pragmatic Contextualism", *Journal of Agricultural and Environmental Ethics*, Vol. 17, No. 2, 2004, p. 138.

之间通常充斥着各种各样非常不同的甚至完全抵触的价值与信念，要达到一个正当的、合理的决策结果需要调节这些不同的价值与信念，从而化解由它们造成的各种冲突。非人类中心主义环境伦理学为此提供的解决方案是原则主义的，像大多数人际伦理学一样，它要求人们按照合理的普遍的伦理原则规范自己的行动，比如对大自然的深层次尊重与爱，但是在一个具体的环境决策问题情景中，这种策略显然是不够的。本书通过下面的一个例子来说明。

假如某个城市处于要不要收取碳税和收取多少碳税的决策议程中，参与者有政府官员、企事业代表、经济学家、环境科学家、普通市民和其他相关人员，他们代表着不同的利益主体，有着不同的价值观念和伦理信仰。从伦理学的角度讲，一般的处理方法是，根据一个或一套普遍的正当的原则去指导和规范不同主体的行为决策，比如，依据环境伦理学，我们应该尊重与关爱大自然本身，但是这也意味着，我们在讨论开始之前就预设了一个普遍的需要大家都遵守的原则。在碳税这个具体问题情景中，实际上就预设了降低二氧化碳排放和收取碳税的合理性。如果我们遵循环境伦理学的策略，似乎关于要不要收取碳税根本没有必要进行讨论和决策了。退一步讲，就算每一个参与者都赞同这样的观点，都愿意依据这一原则进行选择和决策，他们仍然面临这样一个困惑：这个普遍的原则（即对大自然的爱或是其他相类似的原则）在碳税问题中应该如何被具体地运用，即，针对一个城市，关于收取碳税的额度与具体的方式方法的决策应该如何通过这一普遍原则而得到指导和实现。显然，原则主义的策略很难为此提供意见，它并不关注真实的、不断变化的、多种多样的现实情景，而只提供给我们一些不管如何都需要遵守的普遍原则。

对此，本书提出的改进的方向是关注理论的语境敏感性，在讨论之前搁置任何预设的普遍原则或理论，放下身段去分析具体的、发展变化的问题情景。在碳税问题上，就是要关注这个城市的具体经济、政治和文化背景及其可能影响决策结果的各项因素（比如企业的不同构成类型），关注不同碳税政策的实际结果和对城市不同方面的各种影响，关注不同利益主体的价值诉求等。根据实用主义的方法，从这些真实的问题情景出发，将可能比自上而下的原则主义方案更起作用。但是这并不意味着要否认这些原则在伦理辩护和决策中的作用，只不过，我们需要把它们放在合适的位置上。实用主义的情景方法提供给我们的决策工具是商谈和协商民主机制。通过公开的、开放的、民主的讨论与协商，将可能就具体的政策决策达成一个广泛的共识，并可能在问题解决和决策达成的层面上实现不同主体的价值与利益诉求，关于这一点，本书在前几章中已多次提及。

　　总的来说，应对环境决策中的价值冲突是困难的，单靠自上而下的方法很难应对复杂的、不断变化的多样化的问题情景，而选择自下而上的、语境相关的实用主义方法至少是非常务实的，并可能是大有前途的。人类和其他存在物都根植于具体的时间和地点之中，所有的知识与价值都是不同具体时空背景下的产物，是情境相关的。在一种背景之下作为"目的"的某物，在另外的背景之下可能成为"手段"，在一种背景之下有效的方法在另外的背景之下可能失效，对一个问题的解决也可能成为另一个问题的来源。因此，本书主张放弃对绝对确定性的病态追逐，在认识论和价值论上坚持语境主义，将它作为谈论和处理环境决策等相关议题的基本行为指南。它对行动的导向不是理想主义和神秘主义的，也不是基础主义和普遍主义的，而是建立在证据基础之上的不断思考和探索，是针对具体情境的问题解决。

　　关于价值探寻和决策选择的实用主义方法在社会科学中并不新奇。社会科学家们早就开始注意到，在真实的情境下，关于困难选择和利弊权衡的决策涉及许多相互竞争的价值观和多样化的激励元素，并且他们早就明白，关于这些多元价值的评价与选择是一个动态的社会活动过程。然而，在环境伦理学中，这种理解并没有在价值论框架和分析话语中占据一席之地，而环境实用主义正是要努力地将这种理解贯穿于整个环境议题的讨论与处理中，真正地拉近环境哲学与现实实践的距离。

第四节　环境实用主义的决策框架

在前面的讨论中，本书说明了应对环境决策困境的一般策略，即从后常态科学的视角出发，更多地关注决策进程中的不确定性与语境敏感性，从而帮助化解各种实际问题情景中的具体冲突。接下来，本书将进一步从环境实用主义的思想中提炼出环境决策的具体操作框架，即，一个以共同体为导向、以问题解决为中心、以程序和结果为基准的决策操作方案。

一　以共同体为导向

在关于政治与社会的许多决策问题中，共同体概念通常得到了很好的强调，因为在一般的社会事务中，决策者可以比较容易地意识到决策结果对不同人群的影响，从而在决策进程中更加注意到不同群体的利益平衡与分配，尽可能地在广泛的范围内达成意见的一致。但是，对于环境决策问题而言，情况有所不同。环境问题本身具有很高的不确定性，它涉及复杂的生态与环境因子，除了许多明显的直接影响人类生活的重大污染与资源短缺问题（比如淡水污染、空气质量）外，绝大多数生态与环境问题与人们的日常生活联系往往是间接的、隐秘的、复杂的。比如生物多样性锐减问题，普通公众往往对某一非旗舰种的濒危动物的灭绝没有多少感觉，关于此物种的保护政策自然很难引起相关决策者和参与者的重视。一方面是生态环境知识的复杂性与特殊性，一方面是公众关联的直接性与隐秘性，决策者通常要么过多地依赖于专家决策，要么将某些环境问题当作是一般事务决策。在这样的情况下，共同体的概念边界变得模糊了，从而失去了原本的规范作用。本书认为，要改变这一状况可以从共同体概念入手，通过对环境问题中的共同体概念的重新阐释来帮助和提升环境决策的效率与质量。

一般而言，共同体指的是人们在共同的条件下结成的集体、社区等，其成员分享共同的某种利益，如经济的、文化的、政治的、心理的等。最早的共同体概念在卢梭和洛克那里初露端倪，后经过 F. 滕尼斯

（Ferdinand Tönnies）、查尔斯·罗密斯（C. P. Loomis）和 R. E. 帕克（Robert Ezra Park）等社会学家的发展，在社会学和政治学中引起了广泛的注意，包含有地域性、同质性、异质性等多种要素。在实用主义哲学中，共同体也一直是中心主题之一，特别是杜威对共同体概念的阐述，为应对环境决策问题提供了指南。在杜威看来，人们对共同体有三个常见的误解。[①] 第一个误解是把所有人类群体都看作是共同体的正确范例；第二个误解是把共同体等同于国家或者政府的制度；第三个误解是认为共同体必须要显示出均匀的、单调的一致性。在杜威看来，共同体成员必须具有完整的充分的人格，并不是所有人类群体都满足这一条件；并且不应该混淆共同体和它的外在形式之间的区别，存在比"政治力量更基本的社会力量"；对于第三点，他认为"共同体如果没有一定程度的共享，那么它就不能成为共同体。但是，这个共同体也应该包含观点可能的丰富性与复杂性，而不是包含同一的简单性"。[②] 因此，杜威试图提供给我们的是一个适合当前处境的、多样性和共享性并存的共同体概念。这样的共同体概念有三个简单的标志：第一是要有简单的联系或者相互作用；第二，相互作用要产生共同体就必须要有共同参与的活动（shared action）；第三，交流是拥有共同事物的方式。

这样的共同体概念告诉人们，对于环境决策而言，专家决策或者公民会议等形式是远远不够的。专家决策很容易陷入技治主义的误区，技术性思维的狭隘在复杂的环境决策问题中表现尤为明显。专家意见可能是尽可能地表达了环境决策中涉及的科学与技术因素，但是对于涉及的政治、社会与伦理等因素，专家几乎没有什么发言权；而单纯的公民会议也很难捕捉到人们对环境风险和环境价值的考量。因此，在环境决策中，人们所依赖的共同体不仅应该包括具有专业知识和技能的各类环境问题专家，还应该包括具体问题情景涉及的各类群体，如企业家、政府官员、普通公众等，也即，本书前面强调过的"扩展了的共同体"（extended community）。以共同体为导向，实际上是以"扩展了的共同体"为导向，这样的共同体概念是情境性的、多样性的、丰富性的。

本书强调以共同体为导向，并不是要忽略专家的意见，而只是向人们表明，不能由专家来统治，避免进入一种技治主义的决策模式。鉴于"这个世界遭受的来自领袖和权威的苦难更甚于来自群众的苦难"，杜威强调，"专家专长不是体现在形成政策与实施政策方面，而是在作为前者基础的发现与揭示事实方面"。① 坎贝尔以此来解释了社会重建中专家的角色。他认为在社会一般事务上，专家并没有特别之处，专家们往往也不能恰当地评价自己贡献的社会意义。② 对环境决策这个更低一层级的问题而言，专家的角色是类似的。在对环境问题进行界定和阐述方面，即在第一个层面上，专家的意见是非常重要的，他们对于问题的界定与说明比普通人更深入，他们通常能思考和提出一些其他人想不到的选择方案，这作为决策的前提条件而起作用，但是这种作用仅仅限于这一层次。在第二个层次上，即在具体问题得到了充分阐释与说明的基础上，在对问题和方案进行判断、评价与选择时，专家的作用就不再像第一个层次那样特殊了。在面对众多的决策方案进行价值选择，以决定哪一个方案更合适的时候，其实并不需要特殊的专长。专家的意见在于帮助对事实的探究与说明，而不是对价值选择的最终裁定。决策问题的最终裁断还是要依赖于问题情景中的共同体，依赖于具体的共同体成员。这其中，与具体问题息息相关的普遍公众的意见是非常重要的，正如杜威诙谐地说道，社会中的普通人也许是"芸芸众生"，他们"也许不是很聪明"，"但是对于他们的鞋子哪里夹脚，对于他们所遭受的苦楚，他们比其他任何人都更加聪明"。③

---

① ［美］詹姆斯·坎贝尔：《理解杜威：自然与协作的智慧》，杨柳新译，北京大学出版社2010 年版，第 192 页。

② 同上。

③ ［美］杜威：《自由主义与社会行动》，载《杜威全集》晚期著作第 11 卷，乔·安·博伊斯顿主编，南伊利诺伊大学出版社 37 卷鉴定版 1987 年，第 219 页；对应国内中文全译本：［美］杜威：《自由主义与社会行动》，载《杜威全集》晚期著作第 11 卷，刘放桐主编，华东师范大学出版社 2015 年版，第 169 页。

因此，从实用主义的角度出发，本书为环境决策的公众参与提供了另外一个辩护。不同于社会与民主政治中对公众参与社会决策的强调，本书认为，公众意见的重要性不仅在于公众对于问题的知情权，还在于他们的意见对环境决策问题本身的导向作用。在一般的社会事务中，形成一种充分知情的公众意见较为容易，因为日常的社会生活是简单的，面临的事务也是贴近生活的，比如自来水的定价方案可以较容易地通过听证会等形式实现公众的参与。但是，在环境决策问题中，普通公众很难对复杂的、跨期的、种际的相关环境问题进行准确判断，他们对与自己相关世界的情形所知有限，往往被淹没在了杂乱无章的信息海洋中。所以，关键的问题就在于，如何帮助他们厘清相关的各类信息，帮助他们理解他们所处的情景和面临的问题。用杜威的话来说，"若要行动明智，公众意见的形成就必须足够地理性"；"若要公众意见理性地形成，它就必须是主动探究与讨论的结果"。① 这样一来，我们又回到了实用主义的探究方法上。通过有效的交流与讨论，观念和行动既得到支持又得以重新强化；在对问题的反思与行动的彰显过程中，人们相互引导相互尊重，而不是狭隘的个人偏好和个人利益的直接表达，或是通过权利对他人偏好的操纵。通过这样一个过程，我们能实现的不仅仅是公众的知情权，还有公众意见的自我矫正与公众本身的自我增长，这对于具体问题的导向意义深远。公众参与不仅仅是算算人头的事，它可以，并且也应该被赋予新的意义与新的价值。

实际上，环境实用主义对公众参与的强调直接来源于对合作探究的重视。他们认为，公众参与仅仅是合作探究中的一个形式；环境科学家、生态学家和保护生物学家等专家意见也是合作探究中的重要形式。并且，他们一致强调，环境伦理学家和环境哲学家应该纳入到环境决策的共同体中，因为他们的意见能够帮助公众和专家更好地理解他们所持的各种环境观念和阐明暗含于具体政策与行动主张背后的各类伦理价值。并且，

① ［美］杜威：《在美国大学教授联合会上的开场讲演》，载《杜威全集》中期著作第8卷，乔·安·博伊斯顿主编，南伊利诺伊大学出版社 37 卷鉴定版 1979 年，第 100 页；对应国内中文全译本：［美］杜威：《在美国大学教授联合会上的开场讲演》，载《杜威全集》中期著作第 8 卷，刘放桐主编，华东师范大学出版社 2012 年版，第 78 页。

他们可以在公众和环境专家之间建立起沟通的桥梁，为合作探究奠定基础。

合作探究模式离不开扩展了的共同体。扩展了的共同体之所以成为可能，在于他们在环境决策这一议题中所分享的共同价值，而这个共同持有和分享的价值就是可持续性。正如上一章所论述到的，可持续性观念是不同群体所分享的共同目标和信念，它可以作为联系不同环境主义者的纽带。在具体的环境决策问题中，可持续性观念将针对不同的共同体和问题情景具体化为各类不同的价值观念和政策主张，但是通过审慎的合作探究和交流，不同的观念和主张最终会在决策上达成一致。也就是说，人们在共同参与决策活动过程中实现了不同理念与偏好的表达，同时，也实现了对更宏观的环境伦理观——可持续性的表达。

以共同体为导向，就是要实现扩展了的共同体的合作探究，它注重的是过程而不是结果。它并不关注最终达成了什么样的环境决策结果，而关注如何达成的过程，以及在这个达成的过程中，共同体成员的意见有没有得到合理、充分、有效的表达，这就是环境实用主义展现给我们的基本策略，即，通过合作探究来消除歧义与误解，并在此基础上实现环境政策与行动的达成以及共同体成员本身的自我增长。对于具体如何实现合作探究，实现专家（包括环境哲学家）与公众的有效交流与互动，需要采纳新的问题解决框架和践行新的决策程序。

二 以问题解决为中心

环境决策的困境来源于不同时间、不同层次、不同范围的价值冲突。化解这些多元价值冲突，除了以共同体为导向而外，还需要在合作探究过程中坚持以问题解决为中心，不然很容易迷失在共同体的情境性、多元性和动态性之中。以问题解决为中心，就是要建立一种问题意识，然后尽可能地朝着问题解决的方向前进，但问题的关键在于，我们如何去理解和分析问题意识中的"问题"，如何把问题解决当作决策活动的中心来进行思考和行动。从问题的角度看，环境问题本身呈现出许多不同于其他问题的显著特点，它涉及各种不同的生态与环境因子，社会政治与人文文化因子等。例如环境决策问题，它面临着高度不确定性和风险性、时间和空间的延展性以及广泛的社会性等特点。正是因为这些特点，环境问题可以被称作一种"邪恶问题"（Wicked Problem）。本书认为，邪恶问题这一概念能够很好地描述环境问题的多重特征，并且意识到，常规的问题解决模式已在邪恶问题中失效，我们需要一种新的方法，一种跨学科的综合方法来处理和应对这样的邪恶问题。

邪恶问题一词最初由加州大学伯克利分校的里特尔（Horst Rittel）和韦伯（Melvin Webber）教授于 1973 年正式提出，意指那些复杂的、混乱的、动态的、主观性强的棘手问题，这些问题很难用常规的知识与方法来解释与解决。① 它们通常具有如下几个特点：

第一，直到问题得到解决你才会理解问题本身，因为每一个解决方式通常会暴露出一些关于此问题的新的方面，从而要求对解决方案进行进一步调整，即，并不存在对问题本身的严格的明确的界定；第二，邪恶问题没有停止的规则，既然没有明确地限定问题本身，那么也不存在确定的解决方案，只有当你有一个足够好的解决方案，即你达到满意时，你才会停止，而不是出现最优的或最终的一个解决方案时；第三，问题的解决方案没有对与错，只有诸如"更好的""更糟的""足够好的""不够好的"等简单的判断标准，这些判断很可能是大不一样的，并依赖于利益相关者的独立的价值观念和目标；第四，每一个邪恶问题本质上是独特的、全新的、非重复的，许多因素和条件根植于动态的社会背景中，没有哪两个问题是完全相同的；第五，对邪恶问题的解决是一箭中的的运作，正如里特尔所说，"你不能修建一条高速公路去理解它如何运行"，你尝试的每一个方案都有所花费并具有持久的非预期后果，并可能产生其他的邪恶问题；第六，邪恶问题没有既定的替代解决方案，或许有一系列潜在的解决方案存在，又或许没有任何解决方案，重要的是需要创造力去设计潜在的解决方案或者去判断哪一些方案是有效的和值得执行的。

在环境问题中，邪恶问题的一个显著例子是气候问题。迪特尔·赫

---

① Rittel H. W. J. , Webber M. M. , "Planning Problems are Wicked", *Polity*, Vol. 4, 1973, pp. 155 – 169.

尔姆（Dieter Helm）在《碳危机》（*The Carbon Crunch*）① 一书中描绘了气候问题不确定性、开放性、不稳定性、强依存性等特征，使人们意识到，我们无法给出关于气候问题的明确的、最好的解决方案，而只能给出一系列较好或较差的、供人们选择和比较的方案和对策。费雷（William J. Frey）进一步归纳了环境邪恶问题的特征。② 他认为，虽然不是所有的环境问题都可以看作是邪恶问题，但是环境问题的以下几个特征可以看作是邪恶问题的证据。第一，环境问题是非数值化的（non-computability），即非可计算的，它其中的某些成分无法进行量化，只能创造其他的方法进行评价与衡量，例如通过创造影子市场来定量化支付意愿等；第二，环境问题是非可重复的（non-repeatable），其解决方案也因情景的不同而不同，不能在不同情景之间进行整体的转换，需要学习过去的经验来帮助问题的解决；第三，环境问题是开放式的（open-ended），它们具有好的和不好的特征，没有哪一个仅仅完全是好的，对于问题的解决也有好的和不好的方案，没有哪一个仅仅完全是好的或正确的。本书认为，大多数的环境决策问题都满足这三个基本条件，将它们看作是邪恶问题似乎也是合理的，因为这至少可以帮助我们更好地理解环境问题本身，并建立更强的问题意识。基于这些特点，对环境邪恶问题的解决要求跨学科的方法和建设性的对话，正如环境实用主义一次次强调的那样，不同的学科之间要进行相互的沟通与学习，才能有效地将经济的、生态的、社会的、政治的、技术的和伦理的维度包含进问题解决的框架中。

在阐明了何为问题意识中的"问题"之后需要说明"以问题解决为中心"这一策略的基本面貌，本书将借助问题解决的两类模型进行说明。在一般问题的解决中，人们通常遵循传统的线性模式。康克林（Jeff Conklin）指出，这种线性逻辑是我们每一个人最为熟悉的一种，我们从理解问题开始，紧接着是收集与分析来自外部的信息及各项要求，一旦问题和要求得到了详细说明和分析，我们就开始规划解决方式，最后是执行

① Helm D., *The Carbon Crunch: How We're Getting Climate Change Wrong and how to Fix it*, Yale University Press, 2012.

② Frey W. J., Approaches in Environmental Ethics for Business and Engineering, 2011, http://cnx.org/content/m14291/1.9/.

解决方案。这整个过程可以用图 5—2 的瀑布模型（waterfall）来表示。[①]
在面临更为复杂的问题时，这个线性的瀑布模型要求人们更加严格地遵守这个顺序。康克林说道，如果你在一个大型机构工作，那么你将会很容易地在项目管理的手册、说明、内部标准等文件里，以及在机构里进行的大多数高级工具和方法的培训中意识到这一线性的思维模式。诺顿在《可持续性：一种适应性生态系统管理的哲学》一书第一章中描述了美国环境保护署（EPA）的基本情况，其常规的运作模式正是由各部门专家所主导的这种线性瀑布模式。这一传统的思维方式在大多数问题解决策略中占据着主导地位。

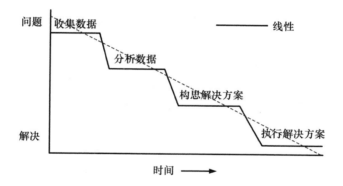

图5—2 问题解决的瀑布模型

但是，对于邪恶问题来说，这个线性的思维模式已不再适用。一项对微电子和计算机技术公司的研究证明了这一点。[②] 在这个实验中，大量具有良好素质的电路设计员被要求设计一个建筑楼的升降式电梯的电路控制系统，他们虽然具有电路设计的经验，但是以前从来没有设计过电梯系统，他们对电梯系统唯一的经验就是搭乘电梯。在实验进行过程中，

---

① Conklin J. , *Dialogue Mapping*：*Building Shared Understanding of Wicked Problems*，John Wiley & Sons, Inc. Figure 1, 2005, p. 5.

② Guindon R. , "Designing the Design Process：Exploiting Opportunistic Thoughts"，*Human Computer Interaction*，Vol. 5, No. 2, 1990, pp. 305－344.

每一个参与者都被要求将自己对该设计问题的所思所想表达出来，这些
都用影像记录下来，用于对大量细节的分析。最后，实验的结果表明，
设计员们同时进行着"理解问题"和"规划解决方案"，二者之间没有像
线性模型那样呈现出较严格的顺序。在理解问题方面，参与者主要表现
出两种方式，一是努力地理解这个电路系统的要求（在实验开始前他们
拿到了一页纸的关于问题的描述），二是在心理上的模拟，比如像这样思
考，"假如我在二楼，电梯在三楼，我按下了向上的按钮，那么……"，
即通过在心里进行模拟而创造出许多不同的场景。在问题解决方面，参
与者的活动被分为高、中、低三个层次，高层次的设计指设计中涉及的
普遍理念，低层次的设计指的是在执行层面上的众多细节。这三个层次
结构分别类似于建筑师的草图、施工图、详细的图纸与材料清单细节。
在电梯实验中，参与者并没有按照瀑布模型进行问题解决。他们从理解
问题开始，但是很快进入了对潜在解决方案的构思中，然后又经常地反
过来重新精练和理解问题，这类似于地震仪对多数地震波的记录，可以
用如下的锯齿状模型（jagged-line pattern）表示（见图5—3）[1]。

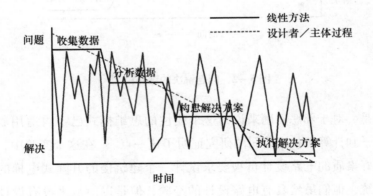

图5—3　问题解决的锯齿状模型

---

① Conklin J. , *Dialogue Mapping: Building Shared Understanding of Wicked Problems*, John Wiley & Sons, Inc. Figure 2, 2005, p. 6.

这个锯齿状模型代表着一种受机会驱使的问题解决模式，因为在每一个时刻，设计者都在寻求最好的机会向着解决问题的方向前进。这并不表示设计者是非理性的，他们不是缺少训练或者没有经验，相反，他们的思考流程受非同寻常的内部驱使力驱动，他们快速地进行学习，想方设法地使最短的路径成为可能，而不管这个路径在哪里发生。因此，在问题的解决过程中，这种方式往往充满着许多出乎意料的跳跃。

虽然这个研究主要来自于人们对电梯电路的设计，但是其结果同样适用于其他的问题解决或决策活动。在面对复杂的全新的问题时，人们并不是简单地从收集和分析问题中涉及的数据开始，而是经常要在意料之外的各种情景之间进行转换。在整个活动结束之前，人们对问题的理解是随着解决过程而进化和发展的，有时候，甚至在决策活动马上就要结束的时候仍需要返回去重新理解和思考最初的问题。"理解问题"这一活动从来不会停止，甚至是在问题解决方案的执行过程中，理解问题仍然是一个重要的主题，它一直变化着、增长着。这非常类似于杜威的"思想五步法"①。

本书提倡的"以问题解决为中心"更多地类似于这个锯齿状模型。因为针对一个具体的环境决策问题，人们如那些设计电梯系统的设计者一样，从前没有过同样的经验。虽然人们以前可能处理过其他类似的问题，但是一个新问题无论如何总会展现出许多全新的方面。实际上，这个问题解决模型也可以看作是实用主义科学探究和社会学习的一个版本。问题越是新颖和复杂，对问题的解决越接近于学习和探究的过程。在瀑布模型中，参与者实际上已经知道问题及相关范围，并且明白解决问题的正确过程和工具，他们所要做的只是按照常规的流程执行下去，在这个过程中，所知（knowing）占据着问题解决的中心。而在解决邪恶问题的锯齿模型中，学习（learning）占据着主导。在这里，人们仍然需要专家的帮助，但是专家们不再可能按照瀑布模型引导决策活动了；对环境问题的解决和社会学习相互缠绕在一起，这也是适应性管理进程的一部分。

---

① 王玉樑：《追寻价值：重读杜威》，四川人民出版社1997年版，第44页。

以问题解决为中心，实际上就是尽可能地寻求机会向着解决问题的方向前进，以避免迷失在共同体合作探究的多元化和混乱状态之中。针对环境决策问题而言，本书将其看作是一个典型的邪恶问题，并认为，一个好的决策的达成来自于基于学习的锯齿状问题解决模式，而不是专家主导的线性瀑布模式。因此，本书提倡不同的参与者应该在决策活动中朝着问题解决的方向，尽可能地在"理解问题"与"解决方案"之间进行快速有效的循环与转换，尽可能地将不同的观念与主张进行沟通与协调。只有这样，我们才可能在合作探究的基础上达成一致的政策或行动决策，从而完成问题解决这一中心任务。

三 以程序和结果为基准

如果认同环境决策问题是某种形式的"邪恶问题"，那么也就是承认根本不存在某个单一的所谓最好或最优的决策方案可以运用于环境决策中。"单一正确决策"的教条（"one-correct-decision" dogma）来源于笛卡尔的理性主义，但是，实用主义哲学已经将这一基础性假设推翻，向我们呈现了多元主义的魅力。如果我们在构建环境决策框架过程中抛弃对客观的、单一的、独立于过程的正确决策结果的目的性追寻，而把更多的注意力集中在决策过程中的共同体沟通上，把更多的决策分析努力用在多元价值的协调与平衡上，我们将更可能达成高质量、高效率的环境决策方案。

实际上，决策科学家从 20 世纪 80 年代就开始意识到决策过程的重要性，并强调沟通与融合多元价值目标的重要作用。他们对决策分析的扩展主要从以下三个进路展开，一是博弈论（game theory），二是决策分析（decision analysis），三是心理学研究（psychological study）。借鉴这些工具的理念和方法，诺顿为我们提供了一个新的、折中的、以共同体为导向的决策指导方法。他指出，"考虑到环境问题涉及的多元主义，不同的决策模型被用来服务于不同的目的，我认为可以同时地应用所有这些工具。比如，环境问题在结构上的复杂性和多元的共同体价值可以看作是能通过合作行动实现'胜'或'赢'的一种博弈类型；我们这样做时，并不需要过多地关注学科的边界，而只需要集中于实际的问题：多样化

的、民主的共同体如何产生鼓励环境保护合作行为的程序"①。诺顿为此
提供的框架是过程启示法（process heuristic）。

　　卡威（Jason Kawall）在对《可持续性：一种适应性生态系统管理的
哲学》的书评中归纳道，诺顿提倡的过程启示法可以简单地看作是一个
反思与行动的双阶段方法（two-phased approach）。② 在反思阶段（reflec-
tive phase），我们的任务是去呈现和阐释各种社会价值，这需要借助于科
学家、政策制定者和公众之间的广泛互动来实现。在这个阶段，根据我
们已经阐明的社会价值和生态环境问题发生的层次和性质，我们可以确
定具体问题情景下何种政策标准可以被运用。粗略地说，假如生态环境
的长期进程将可能受到影响，那么保护行为应该被强调，假如某项行为
对环境只有短期的、本地的影响，那么传统的经济衡量和政策标准将可
能被选择。在行动阶段（action phase），我们的注意力集中在我们应该做
什么上，反思阶段中被选择的特定标准将被应用于具体的各种问题场景
中。并且，我们需要注意，这两个阶段是迭代进行的。诺顿强调，在决
策形成和执行之间不断进行着循环迭代：行动阶段的结果将在反思阶段
被评估，评估的结果可能形成新的社会价值和权重，反过来又生成新的
决策行动，如此等等。行动阶段中，多元化的参与者将会提出各种各样
相互重叠或对立的目标，因此我们需要将注意力集中在一些能在各种各
样的情景中被使用的多样化的行动规则（action rules）上。这些行动规则
可能包含非常一般的原则，如成本收益分析（CBA）、保护的最小安全标
准（SMS）、预防原则（precautionary principle），也可能包含许多更为特
殊的、本地适用的标准，这些标准被设计来处理当地重要的特征，它们
不能应用于其他一般的场景，也不能乱糟糟地或想当然地任意地使用
（willy-nilly and at random）。参与者提出的多元化的价值和目标在反思阶
段由共同体的讨论决定，共同体决定哪些因素和变量在特定情景中是合

---

　　① Norton B. G., *Sustainability：A Philosophy of Adaptive Ecosystem Management*, University of
Chicago Press, 2005, p. 144.

　　② Kawall J., "Searching for Sustainability：Interdisciplinary Essays in the Philosophy of Conserva-
tion Biology", *Conservation Biology*, Vol. 18, No. 2, 2004, pp. 589 – 590.

理的（plausibility），决定哪些目标和价值能被实现。①

　　诺顿对过程启示法和对各种决策工具综合运用的提倡为多准则决策分析［Multi-criteria decision analysis（MCDA）］和商谈机制的结合提供了支持。就复杂的环境决策问题而言，要化解其中涉及的多元价值冲突，我们一方面要保证像成本收益分析等工具一样的强操作性，另一方面，又要实现多元价值的有效表达。一个可能的解决途径便是多准则决策分析和商谈机制的结合。虽然这一框架已经在诺顿和明特尔等人的思想中体现出来，但是本书认为，完全可以给予它们更多的关注，因为这不仅有利于经济学家、决策分析家和社会政治学家们之间更好地进行合作探究和沟通交流，也有利于环境实用主义自身更明确地表达其实践主张。

　　像运筹学一样，决策理论已慢慢地放弃了"单一正确决策"的教条，而开始发展出更为合理的多重标准体系，多准则决策分析便是其中之一。多准则决策分析（MCDA）是指在具有相互冲突、不可公度的有限的或无限的方案中集中进行选择的决策，它是分析决策理论的重要内容之一。②根据选择方案的有限还是无限，多准则决策又分为多属性决策（MADM）与多目标决策（MODM）两大类。在进行环境决策时，MCDA 将涉及的多个属性或目标看作是决策判断矩阵，然后对各项因子进行信息加工和提取，对其重要性赋以权重，选择各项因素得到最佳协调、配合和满足的最优决策或进行方案的排序。相比那些单一的、一次性的决策工具，多准则决策更契合于层级思想和多元主义，它导向一种多向度的、反复的、多目标的、多属性的决策过程，而不是单向的、一元的。正如环境实用主义所强调的，这些多重目标或属性及其权重应该由共同体的讨论确定，因此，本书主张，在 MCDA 的执行过程中，可以通过引入商谈机制来帮助决策者、科学家、经济学家、伦理学家和社会公众等的沟通与磋商。

　　商谈机制（deliberation）也称作协商民主机制（deliberative democra-

---

　　① Norton B. G., *Sustainability*: *A Philosophy of Adaptive Ecosystem Management*, University of Chicago Press, 2005, p. 144.

　　② Munda G., *Multiple Criteria Decision Analysis and Sustainable Development*, *Multiple Criteria Decision Analysis*: *State of the Art Surveys*, Springer New York, 2005, pp. 953–986.

cy），它要求主体通过自由平等的对话、讨论、商议、妥协、沟通和审议等方式实现民主参与。本书在前面的章节中已多次强调了它对于环境实用主义的意义。在环境决策中，它的作用则更为突出。在环境决策中，协商民主表现为对公众参与的重视，和对"技治主义"①下的专家决策模式的反对。环境决策面临的高度不确定性与综合性特征使专家意见的真理性大打折扣，"片面的、有条件的、相互冲突的"②专家意见忽略了社会、文化、政治和伦理等因素，只有通过集体协商和社会学习才能实现开放的、动态的多元主体参与的决策程序。联合国可持续发展《二十一世纪议程》中明确提出，要实现可持续发展，在环境和发展这个较为具体的领域，需要新的参与方式，包括个人、群体和组织需要参与环境影响评价程序以及了解和参与决策，特别是那些可能影响到他们生活和工作的社区的决策。③

商谈机制在环境决策上的合理性已经得到不少学者从社会学、政治学、行为学、法学等角度的辩护。例如，澳大利亚德雷泽克（John Dryzek）教授从政治学角度论证了在协商民主制度中人们更有能力对各种现实环境问题的高度复杂性、不确定性和集体行为做出反应。④从伦理学角度看，诺顿的趋同假说和莱特的容忍原则可以看作是证据之一。这些证据为不同参与主体就环境公共政策达成共识提供了可能性，是协商民主机制解决价值冲突的前提。决策者、专家、公众可以在保持其利益偏好和价值判断的基础上，在商谈机制中实现政策诉求，而不必披着价值中立的伪外衣。也就是说，协商民主机制有助于化解环境价值多元不可比性造成的冲突与矛盾，实现多元价值的有效表达，并有可能就如何解决价值冲突达成共识，这是经济学福利最大化原则和补偿原则无法做

---

① 刘永谋:《论技治主义：以凡勃伦为例》,《哲学研究》2012 年第 3 期, 第 91—97、104、128 页。

② Durant J., "Participatory Technology Assessment and the Democratic Model of the Public Understanding of Science", *Science and Public Policy*, Vol. 26, No. 5, 1999, p. 314.

③ 联合国可持续发展《二十一世纪议程》, 2014 年 5 月 6 日, http://www.un.org/chinese/events/wssd/chap23.htm

④ Dryzek J. S., *Deliberative Democracy and Beyond* [*Electronic book*]: *Liberals, Critics, Contestations*, Oxford University Press, 2002.

到的。

从操作方面来说，将商谈机制引入 MCDA 决策框架的基本策略是将其纳入到 MCDA 的执行过程中。简单地说，MCDA 的执行程序包含五个基本步骤。一是问题建构，主要指备选方案的制定和标准选择；二是确定权重，即决定各个标准的相对重要性，包括对各目标的重视程度，各目标属性值的差异程度和可靠程度的把握等；三是构造模型，通过各变量之间的逻辑关系进行数值加工和处理；四是方案排序和筛选，利用模型和决策规则进行主观判断；五是最终决策，综合前述步骤的评价结果，产出最终结果。① 在 MCDA 的第一和第二个步骤中，商谈机制的优势主要体现在对公众参与环境决策的实现。从第三步开始，主要是专家对数据的处理，因为环境决策的复杂性和邪恶性（wicked）使其涉及大量定性和定量数据，所以在 MCDA 执行过程中往往需要不断返回前一个步骤进行调整，甚至从头开始，直到最后一个步骤，在其中，整个共同体成员都要进行审慎而仔细的分析和讨论。在最后一步中，同样可以执行商谈机制，因为最终的决策结果仍需要由专家、决策者、公众以及其他社会团体等共同确定，以避免专家和决策者之间的"利益合谋"。

商谈机制与分析工具 MCDA 相结合的一个简单例子是将以条件估值法为基础的成本收益分析决策框架拓展成为一种商议式的价值评估决策方案，② 即在商谈过程中不直接询问人们对环境对象的具体估值，而是对各项因子的属性、权重等进行综合分析，然后进行选择方案的配伍与排序等。即使是这样最简单的调整，也能在很大程度上克服以功利主义为基础的经济决策框架的某些弊端。如果我们能更好地将二者结合起来，发展出不同问题场景中二者结合的多种操作形式，那么，我们将极大地帮助环境决策纳入社会、政治、文化与伦理等维度。在不同社会背景下，

① Lahdelma R., Salminen P., Hokkanen J., "Using Multicriteria Methods in Environmental Planning and Management", *Environmental Management*, Vol. 26, No. 6, 2000, pp. 595–605.

② Niemeyer S., Spash C. L., "Environmental Valuation Analysis, Public Deliberation, and Their Pragmatic Syntheses: A Critical Appraisal", *Environment and Planning C*, Vol. 19, No. 4, 2001, pp. 567–586.

协商民主机制可以采取不同形式，如公民陪审团（citizens' juries）①、共识会议（consensus conference）② 和审慎的民意调查（deliberative poll）③ 等。MCDA 在操作上也有许多具体的决策分析方法，如最佳化妥协解方法（Compromise Programming）、分析阶层程序法（Analytic Hierarchy Process）和级别高方法（Outranking methods）等。如何在不同背景下实现二者的有机结合还需要进一步的实证研究才能确定，这是决策科学和社会学等专家们需要关注和研究的方向。但是意识到这一点，至少为我们处理复杂的环境决策问题提供了可行的方向。

　　总的来说，不管是强调反思与行动的过程启示法，还是基于学习和商谈的决策框架，都同时强调了程序和结果。这既能妥善处理环境价值的多元性和不可公度性，保证决策结果的公平与正义，又可以为环境决策提供操作化框架，以便在参与者之间寻得更多的支持与信任。无论具体的操作细节有多么不同，整个决策框架都是以程序和结果为循环的。将商谈机制与 MCDA 相结合的整个操作流程非常符合前文讨论的问题解决的锯齿状模型，其最终实现的不仅是决策的达成，即问题解决，同时也是一种价值共识。以程序和结果为基准的决策框架实际上和可持续性追求中提倡的适应性管理进程是一致的，它们都包含地点取向、过程导向和多层级等元素，只不过完整的适应性管理进程更为宏大，包含了环境问题解决的其他重要元素。适应性管理或者更一般地探究学习和商谈机制是环境实用主义提供给环境问题解决的原则，也是其实践进路实现的主要途径。

　　至此，本书从环境实用主义的思想中提炼并发展出了一个具有操作性的决策框架，它不仅能运用于狭义的环境决策问题，还能运用于广义

---

① Smith G., Wales C., "The Theory and Practice of Citizens' juries", *Policy & Politics*, Vol. 27, No. 3, 1999, pp. 295 – 308.

② Joss S., "Danish Consensus Conferences as a Model of Participatory Technology Assessment: An Impact Study of Consensus Conferences on Danish Parliament and Danish Public Debate", *Science and Public Policy*, Vol. 25, No. 1, 1998, pp. 2 – 22.

③ Fishkin J. S., *The Voice of the People: Public Opinion and Democracy*, Yale University Press, 1997.

的环境管理与环境保护中的其他相关议题。本书强调扩展的共同体、强调问题解决、强调多重标准体系，在于发挥环境实用主义在中观层面的作用。作为一种以实现环境伦理和环境哲学的实践转向为目标的思想观念，环境实用主义既无法像其他哲学理论一样在宏观层面对环境问题、对自然存在、对人类与自然关系进行深刻和抽象的把握，也无法像生态经济学、保护生物学一样在微观层面对具体的环境议题进行实证研究，但是，它完全可以在中观层面拉近二者之间的距离，为消融环境伦理话语与经济和生态话语之间的分离做出努力。本书正是从这一角度对其进行的解读、提炼与发展。比如提倡把公众参与扩展至复杂的跨期环境决策中，把存在价值纳入到环境价值的度量与审计中，在环境决策领域发展多准则决策分析等。虽然这也是一些原则和框架，但是相比其他环境伦理和哲学理论，则更具现实性和操作性，它们远离了抽象空洞的指挥，而多了具体的行动指南，成为环境实用主义进路主要的现实实现方式。

第 六 章

实用主义进路的批判与反思

从环境哲学的实用主义进路何以可能开始，到其致思理路、理论特征、核心旨趣和实现途径，本书呈现出了关于环境实用主义的一个较完整的理论与实践画面。当然，这幅画面是按照本书自身的逻辑来建构的。它可能不被实用主义者和环境伦理学家任何一方所赞同，甚至，也可能不被任何一位自称是环境实用主义者的哲学家所认可，但是本书建构或描绘的环境实用主义图景至少证明了，环境哲学中的实用主义进路是可行的，并可能在实践上大有作为。

环境实用主义本身并不是一个逻辑严密、论证翔实的环境伦理学或环境哲学理论，而只是一个包含了各种不同实用主义进路、并以环境伦理和环境哲学的实践关涉为核心宗旨的广泛联盟，所以本书也没有试图进行严谨的逻辑体系梳理，而更多的是将它理解成一种工具，一种有效应对环境伦理学理论困境和现实路径缺失的方法，进而探究这种方法的可能性及其具体的实现途径。建构某种新的环境伦理和环境哲学理论并不是本书的目标，本书更愿意为人们提供一种看待和理解环境的新视角，一种提升环境伦理学和环境哲学的实践影响的工具，一种鼓励解决现实环境问题、鼓励行动的态度。关于环境实用主义在理论和实践上的优势已在书中进行了过多的描述，所以，在最后一章中，本书主要分析环境实用主义进路的诸多局限与不足，并试图在此基础上提供一些可能的改进和完善方向。

第一节 实用主义进路的缺陷与不足

正如任何思想体系和工具方法一样，在环境哲学的实用主义进路建构过程中仍然不可避免地存在着许多局限与不足。首先，它对于环境伦理学的理论争议表现出过分的悲观态度而没有看到理论讨论对环境实践有着潜在的或实际的影响；其次，它的实践和应用策略实际上并不需要过多地依赖实用主义的哲学承诺，在环境伦理学的实践转向中，实用主义作为一种方法就已足够；最后，环境实用主义折中与妥协的中间路线面临着两难困境，既没有赢得较多的理论支持者也没有在现实中被接受。一句话，环境实用主义不是拯救环境伦理学理论和实践困境的灵丹妙药。但是，本书认为，只要环境实用主义更彻底地放弃试图在理论上说点什么的想法，更坚定地进行环境伦理学和环境哲学的应用或实践研究，那么，它至少可以成为现实环境议题的有效良药。

一　悲观的理论态度

环境实用主义进路兴起的一个出发点是：主流的环境伦理学范式太过于集中于抽象和深奥的理论问题而极大地脱离了环境政策与环境实践，从而未能对现实的环境问题解决和环境保护决策提供指导和帮助。简单点来说，环境实用主义的出发点是环境伦理学与环境实践之间的过大距离。的确，传统环境伦理学的关注范围非常有限，它们往往把重心放在了自然的价值和权利，以及我们对自然的道德义务上，因此它们很少关注现实的环境问题，更没有把为环境实践提供行动指南作为主要内容。它们的主要兴趣在于为环境保护提供一个可靠的伦理基础，在于从世界观和价值观的改变来激励人们的环境保护意识和行为。

但是，环境实用主义对环境伦理的理论内容表现出了过分的悲观，特别是对内在价值等问题的争议表现出过于强烈的反感，以至于他们没有看到，内在价值概念在环境伦理学中其实并没有他们所臆想的那样重要，而且，理论的争议实际上仍可能是非常务实的，并可能对现实的环境实践施加影响。例如，大多数的环境实用主义者都拒绝内在价值概念，认为环境伦理学家过分地依赖自然的内在价值概念，而关于内在价值无休止的争议导致了一个似是而非的环境保护论争的发展方向，它没有为环境伦理学提供一个可靠基础，也没有为环境保护贡献实际力量，"环境伦理学正处于一种非常可悲的状态"①。但是，实际上，环境伦理学家很多时候并没有把内在价值作为环境伦理的根据或者基础，也无意据此为环境保护政策提供辩护，因此，关于内在价值论证的失败也不会导致环境伦理学的整体破产。并且，环境伦理学中各种内在价值理论已经比较精细，如果不加批判地全部否定显然并不合理。克里考特就说道："如果说内在价值理论受到污染，那么污染的唯一原因就是环境实用主义者，尤其是诺顿，他把所有不太精细的，各种不同的内在价值理论混同为一副奇怪可笑的讽刺漫画，然后奋力逃脱这样的内在价值理论。"②

与激进地反对内在价值概念不同，环境实用主义中还有另一条进路，即不彻底拒绝内在价值理论，而仅仅反对它们背后隐藏的普遍主义和基础主义，反对无意义的形而上学争议。在他们看来，环境伦理学家可以继续进行内在价值的讨论和证明，但必须破除传统价值理论中对手段与目的、工具与内在的二元割裂，因此，建构某种实用主义的内在价值理论成为他们的努力方向。但是，即使是这样较"柔软"的态度也是有问题的。内在价值的论证确实不尽如人意，不过从实用主义角度出发也并不能完全改变这一状况。实用主义的不恰当引入很容易导致主观的、人类中心的环境伦理学，从而削弱我们能为环境保护做出的更大努力。在这里，本书更赞同卡茨的观点，环境伦理学和环境哲学可以分享实用主义的许多观点，例如对问题情景的强调、对道德探究方法的应用，对不同行为策略的调和，等等，但是它不能从根本上依赖于实用主义的价值观。③ 实用主义可以作为人们解决理论争议的一个重要出路，但是它本身不能作为争议的终点。本书也正是在这样的观念下对整个实用主义进路进行了调整与改善。本书没有从"理论"上建构一个新的环境伦理学，而只是提供了提升环境伦理学的实践性的可能思路，提供了具体运用环

① Weston A. , "Beyond Intrinsic Value: Pragmatism in Environmental Ethics", *Environmental Ethics*, Vol. 7, No. 4, 1985, pp. 321 – 339.

② Callicott J. B. , "The Pragmatic Power and Promise of Theoretical Environmental Ethics: Forging a New Discourse", *Environmental Values*, Vol. 11, No. 1, 2002, p. 21.

③ Katz E. , "Searching for Intrinsic Value", *Environmental Ethics*, Vol. 9, No. 3, 1987, pp. 231 – 241.

境理论解决环境问题的可能的实践策略。

不管是对内在价值的激烈拒斥，还是为其寻求实用主义的新基础，环境实用主义的共同起点是对这些抽象的、深奥的形而上学争议的拒绝。他们认为现存的各种理论争议对现实的环境实践几乎没有什么作用，形而上学概念的澄清并不能帮助促成有利于环境保护的政策和行动。一句话，他们对理论的激励作用表现出过分的悲观。克里考特对此进行了反驳，他指出，内在价值的争论并不像环境实用主义者批评的那样空洞无用，它们没有脱离实际的环境政策与环境实践；内在价值理论如同人权理论一样，实际上是有助于环境政策的，正如对人权的谈论改变了西方的法律与政治文化，内在价值概念同样改变了环境活动家和环境职业人员谈论环境价值的话语。① 普勒斯顿（Christopher Preston）也在一篇综述里指出，自然的内在价值话语已经深深地渗透于哲学讨论中，在美国的某些环境保护法律中，它也已经是潜在的概念，因此，实际上，自然具有内在价值的信仰在全世界的环境态度和环境政策形成中具有突出的作用。②

本书承认这样的批评，关于内在价值等理论争论，环境实用主义确实表现出了过于悲观的态度。其实只要平静下来仔细想想，就会发现理论争议肯定不是一无是处的。理论的争议虽然艰涩和深奥，但是它们能更好地帮助哲学家们澄清他们的概念以避免这些概念在理论和实践中的误用，并且，关于自然具有内在价值的信仰确实已经在许多具备良好环保背景的发达国家（如西欧、澳大利亚和新西兰）的环境态度和环境政策形成过程中起着日益突出的作用。③ 有时候，理论的激烈作用或许比人们想象得更为深刻，只不过它是一个潜在的、缓慢的过程。不过，可能正是因为建立在如此悲观的态度之上，环境实用主义者才更加渴望实现环境伦理学的实践转向，才更加注重行动，才更加努力地去探寻通达环

---

① Callicott J. B. , "The Pragmatic Power and Promise of Theoretical Environmental Ethics: Forging a New Discourse", *Environmental Values*, Vol. 11, No. 1, 2002, pp. 3 - 25.

② Preston C. J. , "Epistemology and Intrinsic Values", *Environmental Ethics*, Vol. 20, No. 4, 1998, pp. 409 - 428.

③ Ibid. .

境实践的路径。从这个角度看，本书认为，环境实用主义的这一缺点正好成为它在实践进路上取得成功的前提，正好成就了它在环境实践上的野心。

二 多余的哲学承诺

环境实用主义把环境问题的实践性解决作为环境伦理学的核心宗旨，并从实用主义出发进行了具体的理论探寻和实践摸索，从而提出了许多环境伦理和环境哲学的实践应用策略。本书从可持续性和环境决策两个方面进行了剖析，展示了环境实用主义进路在处理具体决策困境和践行适应性管理等方面的优势。然而，在它的一系列实践策略中，笔者发现，很多时候，实用主义的哲学承诺似乎是多余的。关于真理概念和实在本性等方面的实用主义哲学承诺对环境实用主义正在做的事情，比如建构环境公共话语、改进环境决策框架等，似乎没有明显的实际影响。因此，本书认为，环境实用主义很多时候并不需要过多地依赖于实用主义的哲学承诺，它只要认真地去探寻环境伦理的实践通道就能保证它存在的合理性，而不必企图把自己包装得更有"哲学味"以赢得职业哲学家圈子的支持。

莱特最早注意到了这一点，并对环境实用主义进路中的"哲学实用主义"（philosophical pragmatism）与"方法论实用主义"（methodological pragmatism）进行了区分。① 前者代表那些赞同实用主义哲学的基本理论，比如真理的实用主义概念和实用主义的认识论，并在此基础上进行环境实用主义理论建构的做法；后者指那种只将实用主义当作理论建构和实践探索的方法论工具，但实际上可能并不赞同实用主义的哲学承诺的做法。在莱特看来，方法论的实用主义才是首要的，很多时候他甚至明确拒绝把哲学实用主义运用于环境哲学中。但是在大多数环境实用主义者看来，实用主义的哲学承诺是环境实用主义得以成立的基础。比如诺顿

---

① Light，A.，"Environmental Pragmatism as Philosophy or Metaphilosophy?"，In A. Light & E. Katz（eds.），*Environmental Pragmatism*，Routledge Press，1996，pp. 325 – 338. Light A.，"Methodological Pragmatism，Animal Welfare，and Hunting"，In E. McKenna & A. Light（eds.），*Animal Pragmatism：Rethinking Human-nonhuman Relationships*，Indiana University Press，2004，pp. 119 – 139.

就从皮尔士和詹姆斯的真理概念出发为环境实用主义的多元主义立场进行了辩护，明特尔也积极地支持古典实用主义对价值的论述等。或许对于建构一个完整的环境实用主义的理论体系这一任务来说，实用主义的哲学承诺是重要的和基础的，但是环境实用主义者的主要工作并不在此，他们把重心放在了环境问题的实践性解决上，即主要关注如何使环境伦理和环境哲学理论在环境政策和环境行动中提供指导和帮助。所以，对于深奥的、复杂的、形而上的实用主义哲学本身，他们并没有花多少精力去仔细地辨别和分析，而只是喜欢把它们作为自己各种实践主张和策略的一个理论根据。不过这样经过粗略解读和实用选择的一个基础注定是不牢靠的，也是不必要的。

在对可持续性的诠释中，诺顿借用了生态学领域中的适应性管理理论并把它加以改造，作为了我们达到可持续性可以借用的一种工具。他主要利用实用主义哲学对社会学习和共同体适应等的强调来论证适应性管理理论在广义的可持续发展策略中的合法性。不过，发端于生态学的适应性管理理论本身就得到了来自生态学和环境管理等领域的验证和支持，因而，对于与适应性管理理论相关联的实践策略，实用主义的哲学似乎是不必要的。我们不需要赞同任何实用主义的原则依然能保证适应性管理理论的成立和它在广义环境问题中的扩展，实用主义哲学与适应性管理理论二者之间没有明显的实际影响关系，至少是在我们对于它的具体应用上来看是这样的。

另外，为帮助环境伦理学实际地参与环境管理和环境决策，环境实用主义提出了许多具体的方法和建议，比如以共同体价值来作为环境政策与环境行动的导向，将商谈机制融入到决策操作工具中去等。在这些过程中，环境伦理学家和环境哲学家对于环境价值、共同体观念以及政策目标等的清晰阐释可以实际地帮助和提高环境决策的质量和效率，从而发挥环境伦理学的实践作用。不过，环境实用主义的方法和建议更多地来源于生态经济学、保护生物学及其他相关视角的启发，实用主义哲学本身的启示相对来说微不足道。因此，实用主义的哲学承诺对于环境伦理学的实践机制来说并不是基础性和决定性的。当然，这并不是说实用主义哲学对于环境实用主义的实践策略来说完全是不必要的，我们仍然需要谨记，正是实用主义的方法引导环境实用主义从多元的思想、理论和观念中找到了环境伦理学的实践通道。

总的来说，本书认为，对于环境实用主义最重要的方面——环境实践——来说，实用主义的哲学承诺似乎是多余的。它可以为了适应自己的各种主张和实践策略而随时随地地选择和决定哪些实用主义的基础理论和原则可以被采纳，哪些可以被抛弃。在不同的时间、不同的地方、不同的环境实用主义者对实用主义哲学的坚持也是非常不同的。对于这种立场，哲学的基础似乎不是主要的和必要的，或者，在根本上是多余的，只是画蛇添足，或者企图通过外表包装而显得更具理论性和说服力而已。

其实，我们何不坦荡荡地承认环境实用主义主要是作为一种工具，而不是一种环境伦理理论呢？正如本书的立场，本书一直强调把环境实用主义解读为一种工具，它的主要工作在于寻找各种环境伦理和环境哲学理论的实践通道。本书之所以把它称作环境实用主义是因为实用主义是引导人们进行这种探究的方法，是判断环境理论实践应用成功与否的标准。也就是说，我们可以坚持莱特所说的第二个任务，即产生于方法论的实用主义——对环境保护进行道德激励等应用任务，而放弃第一个任务，产生于哲学的实用主义——考察自然的价值和权利等传统哲学任务。即，本书主张将环境实用主义更彻底地转向实践，脱去它那可有可无的"哲学外衣"，更深入地进行实践应用研究，它只要告诉人们，如何去做可能是可行的，就已足够。

三 尴尬的中间路线

在以政策达成和问题解决为中心的实践策略中，环境实用主义对待各种环境伦理和环境哲学理论冲突与争议时，采取的是一种妥协、折中和务实的态度，即倡导一种"中间路线"。这种中间路线把关注的焦点放在了具体环境议题的对话与协商上，试图在民主的、多元的、开放的交流与沟通过程中实现不同环境理论的联盟，并最终促成环境政策和行动的达成。但是，环境实用主义对待理论争议的这种中间路线并不完善，它很容易滑入相对主义的旋涡，在现实中也不易被接受而面临左右为难的尴尬境地。

一方面，在面临人类中心主义与非人类中心主义的对峙时，环境实用主义并不支持其中任何一方，而是基于实践层面的共识（如诺顿的"趋同假说"和莱特的"相容论"）主张二者的调和。但是这种在实践层面的调和很难得到其中任何一方的全力支持，因为它没有从理论上触及二者争议的实质。在价值王国中，人类中心主义与非人类中心主义仍然存在着根本的分歧，如果我们只是选择回避和退让，那么它在实践中不会走得太远，因为如果一种思想或观念尚未在理论层面得到有效辩护，那么它在现实中的应用也只会举步维艰。"弱的人类中心主义"或"策略性的人类中心主义"没有被广泛接受的原因可能也正在此。类似的对其他理论争议的逃避也一样，中间路线的妥协与折中其实并没有真正解决分歧和冲突。

另一方面，这种中间路线的谦卑和忍让特质本身就很容易被拒绝。正如格雷（Thomas Grey）的一个普遍的流行的说法："世界上著名的理论往往是大胆的、彻底的、戏剧性的——它们在这场戏剧中而不是在实际事务的吱吱嘎嘎声中赢得了观众——假如一个理论打响了智力享受的枪声，或者吹响了精神高涨的号角，那么这个理论更容易被聆听……因此，实用主义谦卑的中间路线，通常将会被拒绝。"[1] 尽管环境实用主义的中间路线在现实中是有效的、真诚直率的，但是它注定难以吸引那些寻求更多的情感刺激、智力炫耀和规范理论的环境支持者。它的务实与妥协反而遮避了它强烈的现实诉求，使人们没有意识到它在理论和现实中可能达到的成就。也就是说，它太过于注重政策达成和问题解决而忽略了理论上的深刻性与批判性，因而较难吸引和赢得更多的观众和支持者。

本书还注意到，环境实用主义的中间路线很容易导致相对主义，从而把伦理学还发展为某种程度的修辞学，因为它太强调问题解决了。在现实中，它可能会为了促进问题解决而进行不诚实的辩护，或者在环境

---

[1] Grey T. C., "Hear the Other Side: Wallace Stevens and Pragmatist Legal Theory", *S. Cal. L. Rev.*, Vol. 63, 1989, p. 1591.

理论学家、环境活动家和环境政策分析家之间进行狡猾的周旋，这样做极易导致在道德上的相互矛盾或者理论上的不一致与不严谨。并且，在某种程度上，环境实用主义迎合了现代社会对环境问题的某些偏见（例如大多数公众和环境实践者都持不加批判的人类中心论的观点），而不是试图去改变这些偏见。另外，它的强烈工具主义色彩极易把它自己与它所强力支持的民主与协商对话封闭起来，因为太过于注重问题解决而极易导致在讨论和协商中拒绝或过滤掉那些与问题解决情景无关的论争和辩护，从而未能实现真正的民主协商与对话。埃克利斯（R. Eckersley）对此批评道："实用主义的探究方法在某种程度上是一种还原主义，这种方法在实际使用时会力图将那些未能解决现实问题的讨论过滤开来。"[1]通过这种过滤，民主的对话与沟通将被还原为问题解决的狭隘版本。如果是这样，环境实用主义对于民主探究的支持将所剩无几。

总的来说，中间路线的尴尬主要体现在两个方面。第一，它太过集中于问题解决而牺牲了理论上的深刻性与批判性，因未能解决理论纷争而较难得到任何一方理论拥护者的支持；第二，如果它把主要精力放回到环境伦理学的理论探讨上，那么它也会陷入它所批判的形而上学旋涡中，因为解决深奥的哲学问题通常非常困难，如果我们坚持环境伦理学家放弃他们的非人类中心主义进路而支持实用主义，很可能会使环境伦理学陷入新的、更深的哲学争议中，而仍然严重地脱离了环境实践。因此，环境实用主义的中间路线面临两难的困境。其解决方法正如本书所呈现出来的，那就是大胆地走向实践，不再犹犹豫豫，畏前畏后。本书一再强调，我们可以完全抛弃企图在理论上也说点什么的想法，而只是脚踏实地面对现实的环境实践而努力地做一些实际的"应用"或"实践"研究。

简言之，环境实用主义的中间路线不是对传统环境伦理学的替代方案，而是力图把环境理论与环境实践更紧密地结合在一起，从而能直接对环境问题的解决贡献力量的实践工具。如果"我们以脱离实践的抽象

---

① Eckersley, R., "Environmental Pragmatism", In Ben A. Mirteer and Bob Pepperman Taglor (eds.), *Democracy and the Claims of Nature*, Lanham, MD: Rowman & Littlefield, 2002.

环境伦理为建构目标时，我们其实是在把基于实践关涉的伦理推向实践之外的普遍有效性的论证……这种环境伦理的存在意义也随着生活和实践关涉的消失而丧失了"①。因此，本书把环境实用主义当作环境伦理学的一部行动指南。它鼓励不同理论立场的合作与协商、帮助人们澄清他们的环境观念、帮助阐明具体问题中涉及的理论与方法、帮助厘清具体问题背景下的行动方案，为环境政策和环境问题提供概念分析工具，从而促进政策的达成和保持行动的一致，而不是作为一个传统环境伦理学的理论替代版本。

第二节　实用主义进路改进的可能方向

实用主义进路的局限与不足是明显的，本书在前面也只是讨论了其中的一些主要方面。不管是从理论层面还是实践层面来说，环境实用主义都还有很长的一段路要走，它可以并且也应该改进和完善得更好。为此，在本书的最后，笔者试图为实用主义进路的改进和完善提供一些方向，这些方向可能会成为未来环境实用主义发展的新动向。

首先，针对前文提到的环境实用主义的三个主要缺陷，本书建议应该进一步地提升环境实用主义的实践应用性，以克服定位上的尴尬造成的局限和不足。除此之外，笔者认为，环境实用主义还可能有其他广阔的发展空间，例如元伦理学与哲学层次的深入，实现与其他进路的对话，以及与中国传统哲学和马克思主义的融合、中国背景下的新发展等。也就是说，环境实用主义不仅可以在原有建构框架内进行调整和改进，也可以突破原有框架而寻得更大可能。

一　应用研究的强化

环境实用主义的主要优势在于，它将环境哲学的重心从抽象的理论争议转向了现实的环境议题，而它达到此目的的途径是规避环境伦理和环境哲学中的形而上学问题，对理论争议采取了妥协折中的路线。也正

---

① 姬志闯：《环境伦理的实用主义图景》，《理论界》2008 年第 2 期，第 117 页。

因为此，环境实用主义进路的缺点正好显现在了它的主要优点之中。正如前文所论及的，它对理论争议表现出了过分悲观的态度，忽略了理论讨论对于环境实践所可能产生的潜在影响；其实践策略实际上不需要过多地依赖于实用主义的哲学承诺；中间路线也面临着两难困境而难以赢得较多的理论支持者。

在一定程度上，这些缺陷都是由于对环境实用主义的不恰当定位引起的。一方面，环境实用主义者企图提升环境伦理学和环境哲学在现实环境实践中的应用性，以帮助环境实践工作者更好地应对各种困境；另一方面，他们又渴望得到哲学家和其他理论工作者的支持，而尽量在理论建构过程中保持着某种"哲学味"。因此，环境实用主义本身正处于一种两难境地，它最终呈现出来的东西似乎非常混乱，其中充满着各种环境伦理学的实用主义解读和改造，也包含了大量将环境伦理原则应用于不同环境实践领域的方法和框架。但是，正是抱着那种企图在理论上说点什么或者进行某种理论包装的态度，环境实用主义本身的实践应用性还显得不够。因此，本书认为，如果我们希望彻底摆脱这种困境，需要更大程度地提升环境实用主义对现实环境议题的参与，将环境哲学的实践转向进行到底。

笔者极力主张，如果人们在现阶段尚不能妥善处理理论与实践之间的张力，那么，明确地站在其中一边将可能是非常可行的做法。根据本书一贯的立场，笔者认为环境实用主义可以完全地转向实践应用研究。一方面，可以将环境伦理学发展成为像医学伦理学和工程伦理学一样的应用伦理学，用来应对环境保护与环境规划等相关实践领域中的具体伦理困境，例如帮助人们在自然保护区建立过程中考虑和平衡不同的人类群体、生物群落和不同类型的生态系统之间的多元价值冲突；另一方面，可以将环境伦理学发展成为某种狭义的实践哲学，用来沟通和融合环境公共议题的政治、法律、文化和伦理等多维度的讨论，例如研究在具体情景中某项环境公共政策如何达成等。这两种方案都可能成为环境实用主义实践研究的成功版本。不管采纳哪种方式，环境实用主义者必须像他们宣称的那样更多地参与到实际的环境议题讨论和环境问题解决中，而不能仅仅停留在得出实践应用的原则与方法上。也就是说，在众多不同的环境实用主义进路中，本书更支持其中偏重实际应用和进行真实参与的方向，强调在未来的研究中应当进一步地提升环境实用主义本身的实践应用性。

乌尔德坎（Marion Hourdequin）在罗尔斯顿的《*A New Environmental Ethics：The Next Millennium for Life on Earth*》中这样评论道："环境哲学似乎正处于一种两难境地：一方面太过于注重应用而难以满足传统理论哲学家的要求，另一方面，又太过于抽象而难以联系环境政策和环境实践议题。"① 环境哲学从整体上尚不能完全摆脱这种尴尬境地，所以笔者认为，我们不妨使环境实用主义更加偏颇一些也无伤大雅，即，要克服前文所述的三点主要缺陷，我们可以彻底地将环境实用主义转向实践来达到改进的目标。虽然从目前来看，环境实用主义相比其他进路来说已经非常重视实践研究了，但是这对于日益深重的环境危机来说，仍是远远不够的。所以本书的态度很明确，对于环境实用主义来说，它如果能做好实践研究就已经能证明它的成功了，它不必满足所有人的胃口。

在所有应用研究领域，本书认为生物多样性保护是当下最值得关注的话题。因为主流环境伦理学一直以来的焦点就在于对动物、对植物、对生态系统的保护，其核心就是生物多样性保护。因而，环境实用主义者们参与现实环境保护实践最直接的方式就是进入保护生物学领域的相关研究。

保护生物学具有理论科学和应用管理科学的双重特征，由多个学科交叉融合而成。它不仅涉及普通生物学、遗传学、进化生物学、生态学等理论学科，还涉及林学、农学、野生动物管理学、水产养殖学和环境科学等多门应用科学，也包含了经济学、管理学、社会学、法律、伦理学等人文社会科学。大到各类环境保护法规的制定、自然保护区的建立，小到野生动植物产品出境贸易许可证的颁发，无一不关乎决策，可以简单地说，保护生物学是一门综合了多门学科的决策管理科学。为什么环境伦理学能够帮助环境决策已在第五章中有过详细论述，但是这里仍要

① Hourdequin M., "Comments on a New Environmental Ethics: The Next Millennium for Life on Earth", *Expositions*, Vol. 6, No. 1, 2012, p. 11.

强调，研究环境决策绝不仅仅在于提出一些原则（如过程启示法），而是要参与具体的环境政策决策中（如是否收取碳税和收多少的问题、排污问题、自然保护区选址等），因此接下来重要的是我们根据自己的兴趣与背景找到相应的实践进入通道。笔者接下来一个很重要的工作方向就在于此，以国家社会科学青年基金为依托，研究生物多样性保护中的伦理困境与对策。笔者相信随着这些工作的开展，环境伦理学应用研究工作将得到进一步加强。当然，环境伦理学的应用研究还应当面向生态文明建设中的更为广泛的领域，只有这样，我们才可能真正拉近环境伦理与生态保护之间的距离。

二　元伦理层次的深入

根据环境实用主义现有的发展进路，本书更多地把环境实用主义解读为一种探寻环境伦理和环境哲学实践通道的工具。它过于注重问题解决而牺牲了理论上的批判性与深刻性。关于理论，它给出的太少。或许在现阶段，搁置理论争议对于环境实用主义来说是最好的，服务于它的问题解决模式，不过这只是权宜之计，在未来，如果它想要走得更远，那么它必然不能一味回避环境伦理学的理论问题，特别是在元伦理学层次上的争议。只有实现了元伦理学层次的重构，环境实用主义才能真正实现对环境伦理学的改造。

很多学者对环境伦理学的应用研究表现出担忧，他们认为，应用研究往往缺乏哲学深度，容易对元伦理学和哲学中的基本问题视而不见，从而将应用研究发展为某种程度的修辞学，缺乏可靠的和坚实的哲学基础和逻辑依据。正如美国哲学家华特森说到的："对价值存在的纯粹宣称使环境哲学具有如此深厚的教条主义气味，以至于许多学者都感到，他们所接触的不是哲学，而是教条。"[1] 哈格洛夫也指出，"要使环境伦理学更有助于现实环境问题的解决，不能完全依赖于环境伦理学的'通俗

---

[1]　Watson R. , "The Identity Crisis in Environmental Philosophy", In Don Marietta and Lester Embres（eds. ）, *Environmental Philosophy and Environmental Activism*, Roman and Littlefield Publishers Inc. , 1995.

化',而应该提高环境主义者把握和理解环境伦理学的能力"①。其实,环境实用主义已经在环境伦理学的通俗化和应用性上做了很多工作,但是它不能止步于此,而应该一面继续这样的应用研究,另一面,从元伦理和哲学层面深化它的逻辑基础。

环境实用主义不应该满足于"拿来主义",选择性地借用实用主义或其他方向的哲学理论和原则为自己辩护,而需要批判性地从元伦理学高度看待和理解实用主义伦理学,并实际参与实用主义的伦理学重构。笔者认为,通过这个过程,它不仅能更深刻地把握和理解关于环境方面的伦理学和哲学议题,还可能建构起真正的作为一种环境伦理和环境哲学理论体系的环境实用主义,因为一套理论或规范只有建立在深刻的理论基础之上,它才能获得更长久的影响和更普遍的适用性。比如,在环境实用主义建构过程中,它较多地借鉴了古典实用主义的哲学理论,特别是杜威的观点,但是,环境实用主义还应该仔细地考察其他实用主义派别的思想,特别是后期发展而成的新实用主义,不然,它的思考和论证很难保持严谨性和周密性。虽然在现阶段要求环境实用主义者既要保持哲学深度又不能与现实实践之间有过大距离,确实太为难他们了,不过在未来,环境实用主义迟早要走上这一步,如果它想要保持持久生命力并产生深远影响的话。

从目前的情况来看,环境实用主义似乎可以完全集中于应用研究而把人们的视野转移到环境伦理学的实践转向上,但是在未来,它必须加强理论的深度与逻辑的严谨。因此,进行元伦理和哲学层次的环境实用主义理论重构是必经之路,也是实现环境伦理学实践转向中的重要一步。环境伦理学的实践转向绝不仅仅意味着实现环境伦理学的应用模式,它只有在理论和实践两个层次的成功,才能真正实现实践转向这一艰巨任务。笔者相信,对环境伦理学实践研究的浅尝辄止只会昙花一现,只有更深入地继续进行下去,才能使环境实用主义产生深远的积极影响。

---

① Hargrove E., "Urging Environmentalists to Become Philosophical", *Ethics and Environmental Policy*, 1994, p. 24.

三　与其他进路的对话

环境实用主义作为 20 世纪 90 年代后环境伦理学整合与转向中的一个发展进路，旨在寻找环境伦理学理论与实践发展困境的出路。在美国实用主义哲学的启发下，它最终转向了环境伦理学的实践应用研究，把主要的精力放在了实现不同环境主义者的联盟和促进环境政策达成与环境问题解决上。在 90 年代开启的这场整合与转向中，还有许多其他的进路同样选择了实践研究的方向，或者已意识到实践研究在环境伦理学研究中的地位，比如环境正义研究、后现代主义环境伦理学、生态女性主义等，它们从不同角度关注到了环境伦理学实践应用的可能，并积极地尝试走出困境。然而，在实用主义进路的建构过程中，它未能很好地吸收和借鉴这些不同进路的优势与长处，未能有效地实现与它们之间的对话与交流。这可以作为环境实用主义未来发展进步的一个方向，本书认为，我们需要并且应该这样去做。

环境正义研究者注意到在全球环境保护中权利与义务不平等而造成的"环境不公"和由此兴起的环境正义运动。因此，他们把环境伦理学的关注焦点放在了不同国家、不同群体、不同种族之间的环境不公议题上，特别是强势群体和弱势群体，如发达国家和第三世界在环境保护中的各种权利与义务的不平等状况。他们不光是在环境伦理学中强调正义理论，而且像环境实用主义一样注重环境伦理学的现实观照，只不过他们的重点是强势和弱势的国家、地区和群体在实际环境保护议题中面临的不公与冲突等。如果从代际正义和代内正义的角度看，他们更看重代内正义，即谁之正义的问题。正是这些问题构成了环境正义研究的实践主题。

后现代主义者也对传统环境伦理学范式表现出强烈不满。他们反对基础主义的谋划，强调用多元的、政治的、道德的、美学的标准去判断具体情景下的自然状况，并且，他们也意识到"地点"或"地方"元素在环境伦理学中的重要作用。这和环境实用主义强调多元、强调情景性和反基础主义的立场很相似，值得我们去仔细地分辨和学习。另外，生态女性主义在环境运动和环境哲学中也具有相当的影响力。以卡伦·沃伦（Karen J. Warren）为代表的生态女性主义者从强调女性与自然的紧密联系出发，通过批判男性对女性的统治与压迫，进而批判人类对自然的统治与压迫。他们在建构生态女性主义的过程中结合了女权运动、社会学、政治学以及美学和文学中的许多要素，并积极进行了许多案例研究，同样远离了传统环境伦理学的抽象化、内向性的进路。

当然，还有社会生态学、环境美德、全球环境伦理等路径，它们同环境正义、后现代环境伦理学、生态女性主义一样，都在一定程度上选择了环境实用主义那样的外向性的发展进路。它们不再拘泥于关于自然权利和价值、人们的道德义务等传统问题，而是更广泛地寻求现实的维度，以期把环境伦理学拉回到真实的生活世界。因而，它们都可以看作是环境伦理学实践转向中的发展进路。遵照环境实用主义的精神，环境实用主义者应该积极地实现这些不同进路的对话与交流。不过从目前来看，环境实用主义对这些理论的借鉴和学习还远远不够，这应该可以作为未来发展和改善的一个方向。

环境伦理学从兴起之初，就包容了众多不同的发展进路，直到现在，我们要求把环境伦理学归结为某个理论学派的企图仍然会是失败的。不管是德性论、功利论、道义论抑或是规范伦理学、元伦理学、描述伦理学……都无法准确概括环境伦理学的立场。环境伦理学众多派别之间存在着大量的分歧与矛盾使他们无法归结在同一个理论阵营之下。但是我们也不能忽略一个重要事实：它们彼此之间的共识大于分歧，在承认环境伦理学的价值、意义以及可能性等根本问题上，它们是一致的。① 因此，以此为基础，笔者认为，环境伦理学本质上是一种对话伦理学，它可以展开一个具有充分包容性的对话框架，在这个对话框架内，没有哪一种环境伦理观点是正确的，每一种环境观点都有局限性并需要相互支持相互补充，才可能有在某一具体现实背景下形成正确判断的可能性。这种看法正好符合环境实用主义者的一贯立场，因而实现与其他环境伦理学研究进路的沟通与交流本身就应当是环境实用主义的内在要求，这

---

① 李培超：《伦理拓展主义的颠覆——西方环境伦理思潮研究》，湖南师范大学出版社2004年版，第209页。

决定了我们关注的焦点也不应该仅仅局限于强调实践转向的几类路径，尽管它们可能是最值得关注的。

四　中国传统哲学的融合

像大多数其他环境伦理和环境哲学理论一样，环境实用主义也发源并成长于西方文化的背景下。不过较之于激进的荒野保护的主流环境伦理学，环境实用主义似乎更有可能适用于中国的现实和文化背景，更有可能帮助人们应对实际的环境政策与环境管理决策等议题。因而，实现与中国传统哲学的融合，可以作为环境实用主义又一努力的方向。对于环境实用主义与中国传统哲学的融合，我们可以从两个角度来讨论。一是西方环境哲学与中国传统哲学的融合，二是实用主义哲学与中国传统哲学的整合。也就是说，环境实用主义不仅能直接从中国传统哲学中吸收关于环境的思想观念，还能在实用主义哲学与中国传统哲学的碰撞过程中汲取养分。

不管是中国学者还是西方学者，似乎都不约而同地意识到了中国传统哲学与西方环境哲学的密切关系。相比西方近代工业化社会中的主导性价值和观念，中国文化显示出一种更为亲和自然的精神，特别是道家思想引起了环境伦理学家的众多关注。比如深生态学创始人挪威著名哲学家奈斯就认为"人在自然之中的生存"就是"不断扩展自我"的自我实现的意思，是认同生态整体性的"大我"的过程，并且，他认为他的这个"大我"就是中国道家的"道"。① 林语堂先生也曾评价梭罗是最中国化的，认为他的思想与道家最为接近。美国学者马希尔（Peter Marshall）也指出，"道家提供了最深奥的、雄辩的、空前详尽的自然哲学和生态感知的第一灵感"②。事实上，关于道家思想中的环境哲学观念早已引起了中西方学者的共同关注，涌现出了一大批学者，比如赫大维、皮仑波姆、陈荣捷、安乐哲、戴闻达等。他们从跨文化的语境中试图去重建富有哲学旨趣的道家环境伦理学。

---

① ［英］戴维·佩珀：《现代环境主义导论》，宋玉波译，格致出版社2011年版，第2页。
② 同上。

在道家思想中，自然是最高的范畴和理念，"作为一种哲学，道家代表着精神自由、自然主义、简朴单纯……在精神上它追求自然的和谐与和平"①。这与西方自然哲学的传统观念有很大不同。但是它同样要面临对基本问题不同回答的争议：人是自然的一部分还是人与自然相分离。在对这个问题的解答上，许多学者似乎是在寻找道家环境伦理的形而上学基础，这种努力同样会陷入像西方传统环境伦理学一样的基础主义旋涡，而环境实用主义似乎可以为我们在这个问题上提供一个更可能有效的途径：人类既是自然的一部分，但同时从某种意义上来讲又是与自然相分离的。② 为了重建道家环境哲学，我们就必须挣脱形而上学、自然主义在概念上的束缚，重新考虑诸如道、德、无为、无知、无欲以及自然等关键性术语的内涵，从而走出绝对形而上学的基础主义王国。

这些学者当中也有很多人关注儒家环境伦理思想，特别是安乐哲。在儒家思想体系中，关于环境的观念最为典型的就是"天人合一"思想，这在以前已经受到了学界的广泛关注。儒家环境思想与道家环境思想以及西方环境思想的比较研究，能够帮助我们厘清关于自然、宇宙和人在自然中的地位等方面的问题，作为一种环境哲学研究进路，环境实用主义当然可以从中获益。除此之外，儒家思想与实用主义哲学之间本身也存在着紧密的联系，这些联系为我们探寻环境实用主义与中国传统哲学的融合指明了方向。

中国传统哲学与实用主义在许多问题上存有相同的立场，最为基本的就是它们对待哲学的基本态度：哲学的首要任务是关注现实的人的现实生活。正如陈亚军教授所评论的那样：中国哲学家总是用伦理的眼光看待世界，总是透过人本主义的眼镜打量世界，如何在这个世界上生活得幸福而不是如何达致另一个世界从而获得真理；研究哲学，重要的不是获取知识，而是培养品德，不是增加对世界的认识，而是提升人的境

---

① 张岂之、舒德干、谢扬举：《环境哲学前沿》第 1 辑，陕西人民出版社 2004 年版，第 287 页。

② 同上书，第 300 页。

界。① 实用主义在这个问题上尽管有不同的思路，但它一样反对大写的实在，强调现实生活。实用主义的这一立场在本书中已经有比较详细的讨论，这里不再展开，但是我们应该特别注意二者的区别。在中国哲学思想，特别是儒学中，实践主要意味着个体的道德反省、道德践行与道德修养，而不是社会群体的实践活动——改造世界，所以儒学哲学是一种自我修行哲学，是人与自我的交互活动，通过对自我的改造达成社会的和谐，实用主义哲学面向的是人与环境的交互活动，通过人与环境的交互作用达成认识世界改造世界的目的。在这一点上，二者可以互补，两条路径分别代表两种诉求，在环境问题上，均可以进入环境实用主义的视野中。

　　环境实用主义与中国传统哲学的融合能够克服环境实用主义忽略个体道德修养的缺点。在现实环境保护语境中，人类个体的道德修养，特别是生态环境相关修养水平直接关系到保护方案的制定、实施与效果。因而，如果我们从道德提升与政治经济环境进步的关联出发，会发现，环境实用主义如果综合儒学与实用主义两类不同的路径将会更好地实现其实践旨趣：帮助环境议题的实际达成和环境问题的改善。个体、社会，二者具有不可替代性，个体的环境道德修养很重要，社会的环境公正、环境正义同样重要。在二者之间架起沟通的桥梁可以作为未来环境实用主义关注的方向之一。

五　马克思主义的指引

　　西方环境伦理学思想在 20 世纪 80 年代开始引入中国，特别是激进的环境伦理思想，如彼得·辛格的动物解放学说和罗尔斯顿的自然价值论在中国得到了广泛传播。它们已经在帮助人们改变环境态度和环境意识方面走过了漫长的道路。但是，作为发展中国家的中国，不管是政治、经济，还是社会、文化背景都与西方发达国家存在着较大差异。中国人口众多、自然条件脆弱、发展任务艰巨，因此，以保存自然价值为核心

---

　　① 陈亚军：《作为"居间者"的实用主义——与中国哲学、马克思主义哲学的对话》，《学术月刊》2015 年第 47 卷第 7 期，第 5—12 页。

的环境保护路线在中国背景下践行起来困难重重。中国尚面临着艰巨的经济与社会发展重任，它必须要妥善应对发展与保护的平衡，才能稳健地实现可持续性发展的目标。

在这样的时代背景下，环境实用主义对于中国有着特殊的意义。它对行动至上和问题解决的强调为人们提供了一部具体的环境行动指南。这部指南不着眼于重新引导人们对待环境问题的态度和对于环境保护的关心，而是以可持续发展为核心，在问题解决层面实现不同环境主义者的联盟，从而切实有效地帮助环境政策的达成和环境问题的解决。妥协、折中与忍让的中间路线对于环境保护这一主题来说或许是不够的，它没有像传统环境伦理学一样把环境保护抬高到很高的地位，但是，它可能会为像中国这样的发展中国家贡献实际的力量，因为人们需要的正是在发展与保护间的平衡与妥协。

不过遗憾的是，环境实用主义在中国并不如其他的环境伦理学发展进路受重视。一方面，这可能是因为环境实用主义未能揭示与中国相关的任何文化与哲学联系；另一方面，可能是因为环境实用主义本身缺乏理论的深度，甚至忽视了在中国具有主流地位的马克思主义。对于第一点，前文探讨中国传统哲学的融合就是一个可能的应对方案。对于第二点，我们可以尝试加强马克思主义环境哲学与环境实用主义的研究来应对。在过去，马克思主义关于环境的观念在环境实用主义那里没有得到应有的重视，除了马克思主义的实践观，他们并没有关注更多，这无疑是环境实用主义研究的一大缺陷。在未来发展中，环境实用主义需要，也应该有马克思主义的科学指引。

关于马克思主义的环境思想，学界已经有了比较充分的讨论。这些讨论大致可以分为两类，一是马克思主义对传统自然观的解构，二是对马克思主义环境哲学的建构。解构与建构代表了两种不同的路径，前者是后者的基础。从解构来看，马克思主义环境思想讨论主要集中于对近代机械论自然观、工具价值论、资本主义生产方式、近代哲学形而上的批判等方面；从建构来看，关于马克思主义环境思想的讨论主要关注以下几点：人化自然观的建立、人与自然和解的方法路径、生态经济观、解决生态环境问题的社会制度设想等，也即是说，关于马克思主义的环境思想已从本体论、价值论、方法论、认识论、辩证法和历史观维度上全面展开，试图去描绘马克思主义环境哲学的完整画面。马克思主义环境哲学的建构在西方背景下以生态马克思主义为主要进路，在中国背景下则以马克思主义生态文明建设为主要进路，但它们都在一定程度上表明了马克思主义环境哲学的成立。如果我们接受这一点，那么环境实用主义作为环境哲学发展的进路，就不能回避如下问题：环境实用主义与马克思主义环境哲学的关系、马克思主义环境哲学对环境实用主义的指引与意义，环境实用主义对马克思主义环境哲学问题的解答，马克思主义环境哲学对环境实用主义的批判与指正等。其中，最值得注意的是马克思主义与实用主义对实践至上的强调，对人的存在方式的解答，如果环境实用主义从这个视角切入，那么关于环境哲学思想的展开则会变得更加生动、具体而充满现实活力，这可能是未来环境实用主义发展最引人入胜的方向之一。

当代中国正处于发展的关键转折点，面对错综复杂的国际形势和艰巨繁重的国内改革发展稳定任务，我们需要更多的智慧去全面推进经济、政治、文化、社会与生态建设。一味地照搬西方的发展模式与环境治理模式是行不通的。环境伦理和环境哲学也一样，我们需要改进它们以适合于中国的现实土壤。因此，环境实用主义除了从理论上更为关注马克思主义环境哲学思想以外，还要在马克思主义的指引下寻求中国现实背景下的实践路径，对中国现实环境议题，对中国生态文明建设理论给予更多的关注。

本书在上面简单地介绍了环境实用主义未来发展的几个可能方向，但没有对其进行具体的论证与分析，不过，这绝不意味着环境实用主义只有采纳上述这些进路才能得到进一步的改进与完善。鉴于环境伦理学与实用主义哲学本身的丰富性，它们二者之间的联系也应当是多样化的、多层次的、深刻的。不管是从理论层面还是实践层面来看，环境实用主义都具有更加广阔的发展空间，它绝不仅仅局限于上述的几个可能思路，对于它的进一步反思与改善需要在以后的研究中继续深入下去。

结　语

马克思主义视域下中国环境
哲学的本土化建构

　　环境哲学发展到当代，它显然已经成为一门显学，并处于理论与实践的张力对峙中：一方面是对伦理和哲学问题研究的深入，另一方面是对政治与政策影响力的强烈渴望。环境哲学中的实用主义进路在保持理论与实践之间的恰当张力上做出了许多有意义的努力。本书对环境实用主义方案进行了系统梳理与剖析。从环境实用主义进路何以可能开始，到其致思理路、理论特征、核心旨趣、实现途径，再到对其的反思与批判，本书呈现出了一幅相对完整和生动的环境实用主义画面。在其中，本书并没有把环境实用主义看作是一个逻辑严密、论证翔实的环境伦理学流派，而是将其理解为应对环境伦理学理论困境与现实路径缺失的一个方法，进而去探究这种方法的可能性及其具体的实现途径。因此，本书最终呈现出来的是一种看待和理解环境的新视角，一种提升环境伦理学和环境哲学实践影响的工具，一种鼓励解决现实环境问题、鼓励行动的态度，而非一种新的环境伦理理论。

　　在现阶段，人们已经有太多的"环境理论"，却严重缺少"如何行动"的指南。环境实用主义进路的主要吸引力正好在于它能为人们提供如何行动的策略和方法。不过，正如环境哲学本身的处境一样，环境实用主义者仍然面临着两难的困境：一方面，他们企图提升环境伦理学和环境哲学对于现实环境议题的帮助和指导作用，以帮助环境实践工作者们更好地应对各种困境；另一方面，他们又渴望得到哲学家和其他理论工作者的支持，而尽量在理论建构过程中保持着某种"哲学味"。针对当代日益深重的环境危机，笔者认为，环境实用主义可以更加偏颇一点，彻底放弃在理论上说点什么的企图，更大胆地完全走向实践。环境实用主义完全可以暂时搁置理论争议，而在"如何行动"上迈开大步，努力地发挥它的经验作用，引领不同的环境主义者们走向环境实践，从而切实地为环境问题的解决贡献力量。也就是说，本书主张，与其躲躲藏藏地在理论研究中实现"实践转向"，不如直接坦坦荡荡地参与现实环境议题的研究，在不同的问题情景中实现伦理学与哲学的价值与意义。

　　关于环境伦理和环境哲学的形而上学争议最终仍只能在哲学那里寻得答案。因此，保持环境哲学在理论与实践之间的恰当张力仍然需要进行深刻与严肃的哲学研究。并且，笔者相信，在未来，只有当理论与实践两个维度的共同推进达到一定程度时，才能使环境哲学焕发出新的魅力。环境实用主义的研究也不例外，在未来，它也应该注重其哲学基础和逻辑依据的完善，也应该为解决各种理论困惑而进行努力，也只有这样，它才能走得更远，更具持久的生命力和影响力。不过，就目前而言，搁置争议似乎是最好的策略。整个环境哲学尚处于过于抽象和过于应用的两难境地，要使环境实用主义在目前保持二者之间的张力，实在太为难它了。

　　因此，虽然环境实用主义不是拯救环境哲学两难困境的灵丹妙药，但是它对实践转向的强调却是一剂非常有效的良药，它能在某些方面为环境哲学"疗伤"，并为把环境哲学从抽象晦涩的深渊中拉回到现实的生活世界而进行努力。当代的整个环境哲学对实践和行动的强调还远远不够，环境实用主义应该、也能够在这方面发挥作用。本书努力宣扬的也正是这种实践至上的行动主义立场，甚至是偏颇地规避了许多理论问题的研究，其目的就是要最大限度地倡导不同的环境伦理与环境哲学工作者们关注和参与实际环境议题的讨论和研究。

　　对于当代中国而言，生态文明建设已在各个领域内全面展开，建构中国背景下的新的环境哲学急为迫切。任何单纯的西方环境伦理学和环境哲学理论根本无力应对中国的文化背景和现实实践，任何简单的"拿来主义"注定徒劳无功。除了批判与扬弃，我们还应该建构自己的环境哲学，即实现环境哲学的本土化或者说环境哲学的中国化。

　　环境哲学的本土化要求环境哲学研究不仅要根植于中国传统文化的深厚土壤之中，还要直面中国现实的生态实践。因此，环境哲学与中国传统文化的融合、环境哲学的实践转向、环境哲学本土化的基本路径、马克思主义视域下的环境哲学本土化建构、环境哲学研究的国际化等，都是环境哲学本土化研究的基本主题。其中，马克思主义视域下环境哲学的本土化建构是未来中国环境哲学研究的一个最为重要的方向，因为中国的生态文明建设就是在马克思主义的指引下进行探索与推进的，因此中国的环境哲学也应当在马克思主义的指引下，紧扣生态文明建设的根本方略，围绕生态文明的理论与实践进行展开，唯有此，环境哲学的本土化研究才能有长足的内生动力与不竭的生命活力，中国的环境哲学研究才能完成其历史使命。

　　传统的环境伦理学已经在帮助人们改变环境态度和环境意识方面走过了漫长的道路，我们不能只停留在对大自然的称赞与崇敬上，不能只停留在对关爱与保护环境的提倡上。我们必须实际地关注和参与具体环境议题的讨论与环境问题的解决，才能真正为生态文明建设贡献自己的一份儿力量。对于当代世界和当代中国而言，发展的任务仍然十分艰巨，问题的关键不在于我们是否意识到日益深重的生态环境危机，而在于我们如何正确处理好社会经济发展与生态环境保护之间的关系，从而实现经济、社会与环境的可持续性发展。也就是说，如何为我们自己、为我们的后代留下一个可持续性的生态环境，才是环境伦理学与环境哲学的主要问题。只有环境伦理与环境哲学回归到这一原初主旨，它才不至于陷入理论与实践的二难困境，才能在当代焕发出新的魅力！

参考文献

英文部分:

〔1〕Ackerman F., Heinzerling L., "Pricing the Priceless: Cost-benefit Analysis of Environmental Protection", *University of Pennsylvania Law Review*, 2002.

〔2〕Afeissa H. S., "The Transformative Value of Ecological Pragmatism: An Introduction to the Work of Bryan G. Norton", *Surveys and Perspectives Integrating Environment and Society*, Vol. 1, No. 1, 2008.

〔3〕Ahl V., Allen T. F. H., *Hierarchy Theory: A Vision, Vocabulary, and Epistemology*, Columbia University Press, 1996.

〔4〕Alexander E. R., *Approaches to Planning: Introducing Current Planning Theories, Concepts, and Issues*, Taylor & Francis, 1992.

〔5〕Alexander M., "Ethics and Conservation Management or Why Conserve Wildlife?", *Management Planning for Nature Conservation*, Springer Netherlands, 2008.

〔6〕Attfield R., *The Ethics of Environmental Concern*, University of Georgia Press, 1991.

〔7〕Birch C., Cobb J. B., The liberation of life: From the cell to the community, CUP Archive, 1985.

〔8〕Bower M. S., Ecological Reconstruction: Pragmatism and the More-Than-Human Community, University of Toledo, 2010.

〔9〕Brennan A., "Moral Pluralism and the Environment", *Environmental Values*, Vol. 1, No. 1, 1992.

［10］Bromley D. , "Reconsidering Environmental Policy: Prescriptive Consequentialism and Volitional Pragmatism", *Environmental and Resource Economics*, Vol. 28, No. 1, 2004.

［11］Brown, D. , "The importance of Creating an Applied Environmental Ethics: Lessons Learned from Climate Change", In Ben A. Minteer ed. , In *Nature in Common? Environmental Ethics and The Contested Foundations of Environmental Policy*, Philadelphia: Temple University Press, 2009.

［12］Buck, S. , "Forum on the Role of Environmental Ethics in Restructuring Environmental Policy and Law for the Next Century", *Policy Currents* Vol. 7, 1997.

［13］Callanan L. P. , "Intrinsic Value for the Environmental Pragmatist", *Res Cogitans*, Vol. 1, No. 1, 2010.

［14］Callicott J. B. , Frodeman R. , *Encyclopedia of Environmental Ethics and Philosophy*, Macmillan Reference USA/Gale Cengage Learning Farmington Hills, MI, 2009.

［15］Callicott J. B. , Grove-Fanning W. , Rowland J. , et al. , "Reply to Norton, re: Aldo Leopold and Pragmatism", *Environmental Values*, Vol. 20, No. 1, 2011.

［16］Callicott J. B. , Grove-Fanning W. , Rowland J. , et al. , "Was Aldo Leopold a Pragmatist? Rescuing Leopold from the Imagination of Bryan Norton", *Environmental Values*, Vol. 18, No. 4, 2009.

［17］Callicott J. B. , "Animal Liberation and Environmental Ethics: Back Together Again", *Between the Species*, Vol. 4, No. 3, 1988.

［18］Callicott J. B. , "Environmental Philosophy is Environmental Activism: The Most Radical and Effective Kind. ", In D. Marietta Jr. and L. Embree (eds.), *Environmental Philosophy and Environmental Activism*, Lanham, MD: Rowman & Littlefield Publishers, 1995.

［19］Callicott J. B. , "The Case Against Moral Pluralism", *Environmental Ethics*, Vol. 2, 1990.

［20］Callicott J. B. , "The Conceptual Foundation of the Land Ethics",

In Machael Zimmerman et al. （eds.）, *Environmental Philosophy*, Prentice-Hall, 1993.

［21］ Callicott J. B., "The Pragmatic Power and Promise of Theoretical Environmental Ethics: Forging a New Discourse", *Environmental Values*, Vol. 11, No. 1, 2002.

［22］ Carson R., Mitchell R., Hanemann M., et al., "Contingent Valuation and Lost Passive Use: Damages from the Exxon Valdez Oil Spill", *Environmental and Resource Economics*, Vol. 25, No. 3, 2003.

［23］ Caspary W., *Dewey on Democracy*, Cornell University Press, 2000.

［24］ Chen W., Hong H., Liu Y., et al., "Recreation Demand and Economic Value: An Application of Travel Cost Method for Xiamen Island", *China Economic Review*, Vol. 15, No. 4, 2004.

［25］ Cheney J., "Postmodern Environmental Ethics: Ethics as Bioregional Narrative", *Environmental Ethics*, Vol. 11, No. 2, 1989.

［26］ Cobb, John B., Jr., Is It Too Late?: A Theology of Ecology, Denton, Texas, UNT Digital Library, http://digital.library.unt.edu/ark:/67531/metadc52175/. Accessed August 5, 2012.

［27］ Conklin J., *Dialogue Mapping: Building Shared Understanding of Wicked Problems*, John Wiley & Sons, Inc., 2005.

［28］ Craig R. K., "Stationarity is Dead—Long Live Transformation: Five Principles for Climate Change Adaptation Law", *Harvard Environmental Law Review*, Vol. 34, 2010.

［29］ Cronon W., "The Trouble with Wilderness: Or, Getting Back to the Wrong Nature", *Environmental History*, 1996.

［30］ Dewey J., *Later Works of John Dewey*, 1925 – 1953, 17 Vols, Southern Illinois University Press, 1981.

［31］ Dewey J., "The Field of Value", In R. Lepley （eds.）, *Value: A Cooperative Inquiry*, Greenwood Press, 1949.

［32］ Dobson A., "Environment Sustainabilities: An Analysis and a Typology", *Environmental Politics*, Vol. 5, No. 3, 1996.

［33］Dobson A. , *Justice and the Environment: Conceptions of Environmental Sustainability and Dimensions of Social Justice*, Oxford University Press, 1998.

［34］Dominika Dzwonkowska, "Is Environmental Virtue Ethics Anthropocentric?", *Springer Netherlands*, Vol. 31, No. 6, 2018.

［35］Doremus H. , "Adapting to Climate Change Through Law that Bends Without Breaking", *San Diego Journal of Climate and Energy Law*, Vol. 2, 2010.

［36］Douglas Allchin, "From Leopold's 'Land Ethic' to Ecological Hubris", *The American Biology Teacher*, Vol. 81, No. 4, 2019.

［37］Dryzek J. S. , *Deliberative Democracy and Beyond: Liberals, Critics, Contestations*, Oxford University Press, 2002.

［38］Durant J. , "Participatory Technology Assessment and the Democratic Model of the Public Understanding of Science", *Science and Public Policy*, Vol. 26, No. 5, 1999.

［39］Eckersley, R. , "Environmental Pragmatism", In Ben A. Mintee and Bob Pepperman Taylor (eds.), *Democracy and the Claims of Nature*, Lanham, MD: Rowman & Littlefield, 2002.

［40］"Ecological Challenges to Ethics", *Sacred Poland/Polonia Sacra*, Vol. 20, No. 20, 2016.

［41］Embree L. , "The Possibility of a Constitutive Phenomenology of the Environment", In Brown C. S. , Toadvine T. , *Eco-Phenomenology: Back to the Earth Itself*, Albany: State University of New York Press, 2003.

［42］Faludi A. , *A Decision-centred View of Environmental Planning*, Oxford: Pergamon Press, 1987.

［43］Ferré F. , *Being and Value: Toward a Constructive Postmodern Metaphysics*, SUNY Press, 1996.

［44］Fisher A. and Raucher R. , "Intrinsic Benefits of Improved Water Quality : Conceptual and Empirical Perspectives", In Smith V. K. and Wkite D. , *Advances in Applied Microeconomics*, Greenwich, Conn: JAI Press, 1984.

［45］ Fishkin J. S. , *The Voice of the People: Public Opinion and Democracy*, *Yale University Press*, 1997.

［46］ Foltz B. V. , *Inhabiting the Earth: Heidegger, Environmental Ethics, and the Metaphysics of Nature*, Atlantic Highlands, NJ: Humanities Press, 1995.

［47］ Francis R. A. , Goodman M. K. , "Post-normal Science and the Art of Nature Conservation ", *Journal for Nature Conservation*, Vol. 18, No. 2, 2010.

［48］ Frasz G. B. ,"What is Environmental Virtue Ethics That We Should Be Mindful of It?", *Philosophy in the Contemporary World*, Vol. 8, No. 2, 2010.

［49］ Frasz G. Philip Cafaro and Ronald Sandler, eds. , "Virtue Ethics and the Environment", *Philosophy in Review*, Vol. 32, No. 4, 2012.

［50］ Frey W. , Approaches in Environmental Ethics for Business and Engineering, 2011, http://cnx. org/content/m14291/1. 9/.

［51］ Frodeman R. , Jamieson D. , Callicott J. B. , et al. , "Commentary on the Future of Environmental Philosophy", *Ethics and the Environment*, Vol. 12, No. 2, 2007.

［52］ Funtowicz S. O. and Ravetz J. R. , Post-normal Science. International Society for Ecological Economics (ed.), Online Encyclopedia of Ecological Economics, 2003, at http://www. ecoeco. org/publica/encyc. htm.

［53］ Funtowicz S. O. and J. R. Ravetz, "Science for the Post-normal Age", *Futures*, Vol. 25, No. 7, 1993.

［54］ Funtowicz S. O. and Ravetz J. R. , "Uncertainty, Complexity and Post-normal Science", *Environmental Toxicology and Chemistry*, Vol. 13, No. 12, 1994.

［55］ Geoffrey Scarre, "Environmental Ethics: A Very Short Introduction", *Philosophy*, Vol. 94, No. 4, 2019.

［56］ Hardin G. , "The Tragedy of the Commons", *Science*, Vol. 162, No. 3859, 1968.

［57］Hargrove E.，"Urging Environmentalists to Become Philosophical"，*Ethics and Environmental Policy*，1994.

［58］Hassoun N.，Schmidtz D.，"Searching for Sustainability"，*Environmental Ethics*，Vol. 27，No. 1，2005.

［59］Haydn Washington，Michelle Maloney，"The Need for Ecological Ethics in a New Ecological Economics"，*Ecological Economics*，2020.

［60］Hayward T.，*Political Theory and Ecological Values*，Oxford：Polity Press，1998.

［61］Hejny J.，Environmental Pragmatism：Good in Theory，Bad in Practice，Western Political Science Association Annual Conference，Vancouver，BC，2009.

［62］Helm D.，*The Carbon Crunch：How We're Getting Climate Change Wrong and how to Fix it*，Yale University Press，2012.

［63］Henry Dicks，"Being Like Gaia：Biomimicry and Ecological Ethics"，*Environmental Values*，Vol. 28，No. 5，2019.

［64］Hill T. E.，"Ideals of Human Excellence and Preserving Natural Environments"，*Environmental Ethics*，Vol. 5，No. 3，2008.

［65］Horowitz J. K.，McConnell K. E.，"A Review of WTA/WTP Studies"，*Journal of Environmental Economics and Management*，Vol. 44，No. 3，2002.

［66］Hourdequin M.，"Comments on A New Environmental Ethics：The Next Millennium for Life on Earth"，*Expositions*，Vol. 6，No. 1，2012.

［67］Ian J. Campbell，"Animal Welfare and Environmental Ethics：It's Complicated"，*Ethics & the Environment*，Vol. 23，No. 1，2018.

［68］Ilona Żeber-Dzikowska，Jarosław Chmielewski，Mariola Wojciechowska，"Ecological and Environmental Education in the Ethical Context"，*Ochrona Srodowiskai Zasobów Naturalnych*，Vol. 27，No. 2，2016.

［69］Irwin R.，"The Neoliberal State，Environmental Pragmatism，and Its Discontents"，*Environmental Politics*，Vol. 16，No. 4，2007.

［70］ James W. , *The Will to Believe and Other Essays in Popular Philosophy*, Harvard University Press, 1979.

［71］ Jamieson D. , *A Companion to Environmental Philosophy*, Blackwell Publishers Ltd. , 2001.

［72］ Jamieson D. , *Ethics and the Environment: An Introduction*, Cambridge University Press, 2008.

［73］ Jan φberg, "Ecological Ethics: Nature Has Rights, Humans Have Duties", *Bulletin of Peace Proposals*, Vol. 21, No. 4, 1990.

［74］ Jenni K. , "Western Environmental Ethics: An Overview", *Journal of Chinese Philosophy*, Vol. 32, No. 1, 2005.

［75］ Jennifer Welchman, Commentary on Jonathan A. , "Newman, Gary Varner, and Stefan Linquist: Defending Biodiversity: Environmental Science and Ethics , Chapter 11: Should Biodiversity be Conserved for its Aesthetic Value?", *Biology & Philosophy*, Vol. 35, No. 4, 2020.

［76］ Jim Tantillo, "Ronald Sandler, Environmental Ethics: Theory in Practice", *Teaching Ethics*, Vol. 18, No. 2, 2018.

［77］ Joss S. , "Danish Consensus Conferences as a Model of Participatory Technology Assessment: An Impact Study of Consensus Conferences on Danish Parliament and Danish Public Debate", *Science and Public Policy*, Vol. 25, No. 1, 1998.

［78］ Katz E. , "Searching for Intrinsic Value", *Environmental Ethics*, Vol. 9, No. 3, 1987.

［79］ Kawall J. , "Searching for Sustainability: Interdisciplinary Essays in the Philosophy of Conservation Biology", *Conservation Biology*, Vol. 18, No. 2, 2004.

［80］ Keulartz J. , Schermer M. , Korthals M. , et al. , "Ethics in Technological Culture: A Programmatic Proposal for a Pragmatist Approach", *Science, Technology, & Human Values*, Vol. 29, No. 1, 2004.

［81］ Kiker G. A. , Bridges T. S. , Varghese A. , et al. , "Application of Multicriteria Decision Analysis in Environmental Decision Making", *Integrated*

Environmental Assessment and Management, Vol. 1, No. 2, 2005.

[82] Kohak E. , *The Embers and the Stars*, University of Chicago Press, 1987.

[83] Köksalan M. M. , Wallenius J. , Zionts S. , Multiple Criteria Decision *Making*: *From Early History to the 21st Century*, World Scientific, 2011.

[84] Lahdelma R. , Salminen P. , Hokkanen J. , "Using Multicriteria Methods in Environmental Planning and Management", *Environmental Management*, Vol. 26, No. 6, 2000.

[85] Lele S. M. , "Sustainable Development: A Critical Review", *World Development*, Vol. 19, No. 6, 1991.

[86] Light A. , Katz E. (ed.), *Environmental Pragmatism*, Routledge Press, 1996. .

[87] Light A. , Katz E. , "Environmental Pragmatism and Environmental ethics as contested Terrain", In A. Light & E. Katz (eds.), *Environmental Pragmatism*, Routledge Press, 1996.

[88] Light A. , "Contemporary Environmental Ethics from Metaethics to Public Philosophy", *Metaphilosophy*, Vol. 33, No. 4, 2002.

[89] Light A. , "Environmental Pragmatism as Philosophy or Metaphilosophy? On the Weston-Katz Debate", In A. Light & E. Katz (eds.), *Environmental Pragmatism*, London: Routledge Press, 1996.

[90] Light A. , "Finding a Future for Environmental Ethics", *The Ethics Forum*, Vol. 7, No. 3, 2012.

[91] Light A. , "Methodological Pragmatism, Animal Welfare, and Hunting", In E. McKenna & A. Light (eds.), *Animal Pragmatism*: *Rethinking Human-nonhuman Relationships*, Indiana University Press.

[92] Light A. , "Taking Environmental Ethics Public", In D. Schmidtz & E. Willott (eds.), *Environmental Ethics*: *What Really Matters? What Really Works.* , New York: Oxford University Press, 2002.

[93] Light A. , "The Urban Blind Spot in Environmental Ethics", *Environmental Politics*, Vol. 10, No. 1, 2001.

[94] Light, A., "Compatibilism in Political Ecology", In A. Light & E. Katz (eds.), *Environmental Pragmatism.*, *Routledge Press*, 1996.

[95] *Light*, *A.*, "*Environmental Pragmatism as Philosophy or Metaphilosophy?*", In A. Light & E. Katz (eds.), *Environmental pragmatism.*, Routledge Press, 1996.

[96] Lovelock J., *The Revenge of Gaia: Why the Earth Is Fighting Back and How We Can Still Save Humanity*, Santa Barbara (California): Allen Lane, 2006.

[97] Macauley, D. (ed.), *Minding Nature: The Philosophers of Ecology*, Guilford Press, 1996.

[98] "Making Environmental Ethics More Practical", *Ramon Llull Journal of Applied Ethics*, No. 9, 2018.

[99] Manning R., Valliere W., Minteer B., "Values, Ethics, and Attitudes Toward National Forest Management: An Empirical Study", *Society & Natural Resources*, Vol. 12, No. 5, 1999.

[100] Marsh G. P., *Man and Nature*, University of Washington Press, 1965.

[101] McCarthy D. P., Donald P. F., Scharlemann J. P. W., et al., "Financial Costs of Meeting Global Biodiversity Conservation Targets: Current Spending and Unmet Needs", *Science*, Vol. 338, No. 6109, 2012.

[102] McDonald H. P., *John Dewey and Environmental Philosophy*, SUNY Press, 2004.

[103] McDonald H. P., Pragmatism and the Problem of the Intrinsic Value of the Environment, The New School University, 2000.

[104] McKenna E., Light A., *Animal Pragmatism: Rethinking Human-nonhuman Relationships*, Indiana University Press, 2004.

[105] McShane K., "Anthropocentrism vs Nonanthropocentrism: Why Should We Care?", *Environmental Values*, Vol. 16, No. 2, 2007.

[106] Meffe G., "A Pragmatic Ethic for the Twenty-First Century", *Science and Engineering Ethics*, Vol. 14, No. 4, 2008.

［107］Melissa Clarke,"The Oxford Handbook of Environmental Ethics", *Environmental Ethics*, Vol. 39, No. 4, 2017.

［108］Michael O. C., Pragmatism and Environmental Problem-Solving: A Systematic Moral Analysis of Democratic Decision-Making in Butte, Montana, University of Oregon, 2010.

［109］Miller P., The Implications of John Dewey's Ideas for Environmental Ethics, Indiana University, 1997.

［110］Minteer B. A., Collins J. P., "Ecological Ethics: Building a New Tool Kit for Ecologists and Biodiversity Managers", *Conservation Biology*, Vol. 19, No. 6, 2005.

［111］Minteer B. A., Collins J. P., "Move It or Lose It? The Ecological Ethics of Relocating Species under Climate Change", *Ecological Applications*, Vol. 20, No. 7, 2010.

［112］Minteer B. A., Collins J. P., "Species Conservation, Rapid Environmental Change, and Ecological Ethics", *Nature Education Knowledge*, Vol. 3, No. 6, 2012.

［113］Minteer B. A., Collins J. P., "Why We Need an 'ecological ethics'", *Frontiers in Ecology and the Environment*, Vol. 3, No. 6, 2005.

［114］Minteer B. A., Manning R. E., "Pragmatism in Environmental Ethics: Democracy, Pluralism, and the Management of Nature", *Environmental Ethics*, Vol. 21, No. 2, 1999.

［115］Minteer B. A., Manning R. E., *Reconstructing Conservation: Finding Common Ground*, Island Press, 2003.

［116］Minteer B. A., Miller T. R., "The New Conservation Debate: Ethical Foundations, Strategic Trade-offs, and Policy Opportunities", *Biological Conservation*, Vol. 144, No. 3, 2011.

［117］Minteer B. A., "Environmental Philosophy and the Public Interest: A Pragmatic Reconciliation", *Environmental Values*, Vol. 5, No. 14, 2005.

［118］Minteer B. A., "Intrinsic Value for Pragmatists?", *Environmen-

tal Ethics, Vol. 23, No. 1, 2001.

[119] Minteer B. A., "Pragmatism, Piety, and Environmental Ethics", *World Views: Environment, Culture, Religion*, Vol. 12, No. 2 - 3, 2008.

[120] Minteer B. A., *Refounding Environmental Ethics*, Philadelphia: Temple University Press, 2012.

[121] Minteer B., Collins J., Bird S., "Editors' Overview: The Emergence of Ecological Ethics", *Science and Engineering Ethics*, Vol. 14, No. 4, 2008.

[122] Minteer B., Collins J., "From Environmental to Ecological Ethics: Toward a Practical Ethics for Ecologists and Conservationists", *Science and Engineering Ethics*, Vol. 14, No. 4, 2008.

[123] Minteer B., Corley E., Manning R., "Environmental Ethics Beyond Principle? The Case for a Pragmatic Contextualism", *Journal of Agricultural and Environmental Ethics*, Vol. 17, No. 2, 2004.

[124] Minteer, B. A. and Manning, R. E., *Reconstructing Conservation: Finding Common Ground*, Washington, D. C: Island Press 2003.

[125] Mintz J. A., "Some Thoughts on the Merits of Pragmatism as a Guide to Environmental Protection", *Boston College Environmental Affairs Law Review*, Vol. 31, No. 1, 2004.

[126] Mishan E. J., Quah E., *Cost-benefit analysis*, Routledge, 2007.

[127] Moffett A., Sarkar S., "Incorporating Multiple Criteria into the Design of Conservation Area Networks: A Minireview with Recommendations", *Diversity and Distributions*, Vol. 12, No. 2, 2006.

[128] Moore G. E., *Philosophical studies*, Humanities Press International, 1922.

[129] Munda G., *Multiple Criteria Decision Analysis and Sustainable Development*, Multiple Criteria Decision Analysis: State of the Art Surveys. Springer New York, 2005.

[130] Naess A., "A Defence of the Deep Ecology Movement", *Environmental Ethics*, Vol. 6, No. 3, 1984.

[131] Naess A. , "The Shallow and the Deep, Long-range Ecology Movement. A summary", *Inquiry*, Vol. 16, No. 1 - 4, 1973.

[132] Nemeth E. & Stadler F. (eds.), *Encyclopedia and Utopia: The Life and Work of Otto Neurath* (1882 - 1945), Springer, 1996.

[133] Newman J. Pragmatism, *Green Ethics and Philosophy: An A - to - Z Guide*, Thousand Oaks, CA: SAGE Publications, Inc. , 2011.

[134] Niemeyer S. , Spash C. L. , "Environmental Valuation Analysis, Public Deliberation, and Their Pragmatic Syntheses: A Critical Appraisal", *Environment and Planning C*, Vol. 19, No. 4, 2001.

[135] Norton B. G. , Steinemann A. C. , "Environmental Values and A-daptive Management", *Environmental Values*, Vol. 10, No. 4, 2001.

[136] Norton B. G. , "Beyond Positivist Ecology: Toward an Integrated Ecological Ethics", *Sci Eng Ethics*, Vol. 14, No. 4, 2008.

[137] Norton B. G. , "Biodiversity and Environmental Values: In Search of a Universal Earth Ethic", *Biodiversity and Conservation*, Vol. 9, No. 8, 2000.

[138] Norton B. G. , "Modeling Sustainability in Economics and Ecology", In Dov G. , Thagard P. , Woods J. , *Handbook of the Philosophy of Science.* , Elsevier. 2011.

[139] Norton B. G. , "Pragmatism, Adaptive Management, and Sustainability", *Environmental Values*, Vol. 8, No. 4, 1999.

[140] Norton B. G. , "Rebirth of Environmentalism as Pragmatic, Adaptive Management", *Virginia Environmental Law Journal*, Vol. 24, 2005.

[141] Norton B. G. , *Searching for Sustainability: Interdisciplinary Essays in the Philosophy of Conservation Biology*, Cambridge University Press, 2003.

[142] Norton B. G. , *Sustainability: A Philosophy of Adaptive Ecosystem Management*, University of Chicago Press, 2005.

[143] Norton B. G. , "Toward a Policy-Relevant Definition of Biodiversity", In Robert A. Askins, Glenn D. Dreyer, Gerald R. Visgilio, and Diana M. (eds.), *Saving Biological Diversity*, Spring, 2008.

［144］ Norton B. G. , *Toward Unity Among Environmentalists*, New York: Oxford University Press, 1991.

［145］ Norton B. G. , "What Leopold Learned from Darwin and Hadley: Comment on Callicott et al. ", *Environmental Values*, Vol. 20, No. 1, 2011.

［146］ Norton B. G. , "Why I am not a Nonanthropocentrist", *Environmental Ethics*, Vol. 17, No. 4, 1995.

［147］ Norton B. , "Integration or Reduction: Two Approaches to Environmental Values", In A. Light & E. Katz (eds.), *Environmental Pragmatism*, Routledge Press, 1996.

［148］ Nyberg J. B. , "Statistics and the Practice of Adaptive Management", In Sit V. , Taylor B. (eds.), *StatisticalMethods for Adaptive Management Studies. B. C. Ministry of Forests*, Victoria B. C. , 1998.

［149］ O'Brien K. J. , *An Ethics of Biodiversity*, Washington, DC: Georgetown University Press, 2010.

［150］ O'Connor M. , "Natural Capital", *Cambridge Research for the Environment*, 2000.

［151］ Odenbaugh J. , "Reconstruction in Environmental Philosophy", Bioscience, Vol. 62, No. 8, 2012.

［152］ Oelschlaeger M. (ed.), *Postmodern Environmental Ethics*, SUNY Press, 1995.

［153］ Oelschlaeger M. , *The Idea of Wilderness: From Prehistory to the Age of Ecology*, Yale University Press, 1991.

［154］ O'Neill J. , Holland A. , Light A. , *Environmental Values*, London and New York: Routledge, 2008.

［155］ O'Neill J. , Spash C. L. , "Conceptions of Value in Environmental Decision-Making", *Environmental Values*, Vol. 9, No. 4, 2000.

［156］ Park K. A. , "Pragmatism and Environmental Thought", In A. Light & E. Katz (eds.), *Environmental pragmatism*, Routledge Press, 1996.

［157］ Passmore J. , *Man's Responsibility for Nature: Ecological Problems and Western Traditions*, Scribner Press, 1974.

［158］Patrik Baard, Marko Ahteensuu, "Ethics in Conservation", *Journal for Nature Conservation*, Vol. 52, 2019.

［159］Paul Veatch Moriarty, Pluralism Without Pragmatism, http：// www. cep. unt. edu/ISEE2/2006/Moriarty2. pdf.

［160］Pearce D. , Atkinson G. , Mourato S. , *Cost-benefit Analysis and the Environment*, Recent Developments, Organisation for Economic Co operation and Development, 2006.

［161］Pearson L. , Tisdell C. , Lisle A. , "The Impact of Noosa National Park on Surrounding Property Values：An Application of the Hedonic Price Method", *Economic Analysis and Policy*, Vol. 32, No. 2, 2002.

［162］Plumwood V. , *Feminism and the Mastery of Nature*, Routledge, 1994.

［163］Prendergast J. R. , Quinn R. M. , Lawton J. H. , "The Gaps between Theory and Practice in Selecting Nature Reserves", *Conservation Biology*, Vol. 13, No. 3, 1999.

［164］Preston C. J. , "Epistemology and Intrinsic Values", *Environmental Ethics*, Vol. 20, No. 4, 1998.

［165］Qiong Liu, "Ecological Justice：Perfecting Environmental Ethics New Idea", *Academic Journal of Humanities* & Social Sciences, Vol. 2, No. 6, 2019.

［166］Regan H. , Davis F. , Andelman S. , et al. , "Comprehensive Criteria for Biodiversity Evaluation in Conservation Planning", *Biodiversity and Conservation*, Vol. 16, No. 9, 2007.

［167］Reitan E. , "Pragmatism, Environmental World Views, and Sustainability", *Electronic Green Journal*, Vol. 1, No. 9, 1998 .

［168］Rittel H. W. J. , Webber M. M. , "Planning Problems are Wicked", *Polity*, Vol. 4, 1973.

［169］Robinson J. G. , "Conservation Biology and Real-World Conservation", *Conservation Biology*, Vol. 20, No. 3, 2006.

［170］Rolston H. , "Is There an Ecological ethic?", *Ethics*, 1975.

［171］ Rolston H. , "The Future of Environmental Ethics", *Royal Institute of Philosophy Supplement*, Vol. 69, 2011.

［172］ Rosenthal, S. B. and R. A. Buchholz. , "How Pragmatism is an Environmental Ethic", In A. Light & E. Katz (eds.), *Environmental Pragmatism*, Routledge Press, 1996.

［173］ Rozzi R. , Armesto J. J. , Gutiérrez J. R. , et al. , "Integrating Ecology and Environmental Ethics: Earth Stewardship in the Southern End of the Americas", *Bioscience*, Vol. 62, No. 3, 2012.

［174］ Sagoff M. , "Economic Theory and Environmental Law", *Michigan Law Review*, Vol. 79, No. 7, 1980.

［175］ Salleh A. , *Ecofeminism as Politics: Nature, Marx and the Postmodern*, London: Zed Books, 1997.

［176］ Sandler R. L. , "Environmental Virtue Ethics", In Hugh LaFollette (ed.) , *International Encyclopedia of Ethics*, Blackwell Publishing Ltd, 2013.

［177］ Santas A. , "A Pragmatic Theory of Intrinsic Value", *Philosophical Inquiry*, Vol. 25, No. 1 – 2, 2003.

［178］ Santmire H. P. , *Brother Earth: Nature, God, and Ecology in Time of Crisis*, T. Nelson, 1970.

［179］ Seeliger L. , On the Value of Environmental Pragmatism in Economic Decision-Making, Stellenbosch University, 2009.

［180］ Shiva V. , Mies M. , *Ecofeminism*, Atlantic Highlands, NJ: Zed, 1993.

［181］ Smith G. , Wales C. , "The theory and practice of citizens' juries", *Policy & Politics*, Vol. 27, No. 3, 1999.

［182］ Solow R. M. , "Intergenerational Equity and Exhaustible Resources", *The Review of Economic Studies*, 1974.

［183］ Soulé M. E. , "What is Conservation Biology?", *BioScience*, Vol. 35, No. 11, 1985.

［184］ Sylvan R. , "Is There a Need for a New, an Environmental Ethic?", Proceeding of the XVth World Congress of Philosophy (Varna, Bulgaria), 1973.

[185] Taylor P. W. , *Respect for Nature*: *A Theory of Environmental Ethics*, Princeton University Press, 1986.

[186] Thomas Bretz, "Mapping Environmental Ethics in the Age of Climate Change", *Ecology*, Vol. 99, No. 4, 2018.

[187] Thompson P. B. , "Agrarianism as Philosophy", In P. B. Thompson & T. C. Hilde (eds.), *The Agrarian Roots of Pragmatism*, Nashville, TN: Vanderbilt University Press, 2000.

[188] Thompson P. B. , "The Reshaping of Conventional Farming: A North American Perspective", *Journal of Agricultural and Environmental Ethics*, Vol. 14, No. 2, 2001.

[189] Van Dyke F. , "Teaching Ethical Analysis in Environmental Management Decisions: A Process-oriented Approach", *Science and Engineering Ethics*, Vol. 11, No. 4, 2005.

[190] Vincent Di Norcia. , "Ecological Ethics", *Philosophy Now*, Vol. 122, 2017.

[191] Wallace J. D. , *Moral Relevance and Moral Conflict*, Cornell University Press, 1988.

[192] Warren J. (ed.), *Ecological Feminism*, Routledge, 1994.

[193] Watson R. , "The Identity Crisis in Environmental Philosophy", In Don Marietta and Lester Embres (eds.), *Environmental Philosophy and Environmental Activism*, Roman and Littlefield Publishers Inc. , 1995.

[194] Weston A. , "Before Environmental Ethics", In A. Light & E. Katz (eds.), *Environmental Pragmatism*, Routledge Press, 1996.

[195] Weston A. , "Beyond Intrinsic Value: Pragmatism in Environmental Ethics", In A. Light & E. Katz (eds.), *Environmental Pragmatism*, Routledge Press, 1996.

[196] White Jr L. , "The Historical Roots of Pur Ecologic Crisis", *Science* (New York, NY), Vol. 155, No. 3767, 1967.

［197］White K. , Researching Environmental Value Pluralism in Theory and Practice, The University of Edinburgh（United Kingdom）, 2011.

［198］Williams B. , *Ethics and the Limits of Philosophy*, Taylor & Francis, 2011.

［199］Wood D. , "What is Ecophenomenology?", *Research in Phenomenology*, Vol. 31, 2001.

［200］York J. ,"Pragmatic Sustainability：Translating Environmental Ethics into Competitive Advantage", *Journal of Business Ethics*, Vol. 85, No. 1, 2009.

［201］Zimmerman M. E. , *Contesting Earth's Future：Radical Ecology and Postmodernity*, University of California Press, 1994.

中文部分：

［1］［丹］约恩森：《系统生态学导论》，陆健健译，高等教育出版社 2013 年版。

［2］［美］J. 贝尔德·卡利科特：《众生家园：捍卫大地伦理与生态文明》，薛富兴译，中国人民大学出版社 2019 年版。

［3］《杜威文选》，涂纪亮译，社会科学文献出版社 2006 年版。

［4］《杜威五大讲演》，胡适译，安徽教育出版社 1999 年版。

［5］［美］杜威：《经验与自然》，傅统先译，商务印书馆 1960 年版。

［6］［美］杜威：《确定性的寻求》，傅统先译，上海人民出版社 2004 年版。

［7］《杜威全集》39 卷中文全译本，刘放桐主编，华东师范大学出版社 2010—2018 年版。

［8］［美］弗兰克纳：《伦理学》，关键译，生活·读书·新知三联书店 1987 年版。

［9］［美］贾丁斯：《环境伦理学：环境哲学导论》，林官明、杨爱民译，北京大学出版社 2002 年版。

［10］［美］拉里·希拉曼：《阅读杜威：为后现代做的阐释》，徐陶

等译，北京大学出版社 2010 年版。

　　［11］［美］利奥波德：《沙乡年鉴》，侯文蕙译，吉林人民出版社
1997 年版。

　　［12］［美］罗尔斯：《正义论》，何怀宏、何包钢、廖申白译，中国
社会科学出版社 1988 年版。

　　［13］［美］罗尔斯顿：《环境伦理学——大自然的价值以及人对大
自然的义务》，中国社会科学出版社 2000 年版。

　　［14］［美］麦金太尔：《谁之正义？何种合理性？》，万俊人等译，
当代中国出版社 1996 年版。

　　［15］［美］麦金太尔：《追寻美德》，宋继杰译，译林出版社 2003
年版。

　　［16］［美］普特南：《无本体论的伦理学》，孙小龙译，上海译文出
版社 2008 年版。

　　［17］［美］斯蒂文·费什米尔：《杜威与道德想象力：伦理学中的
实用主义》，徐鹏、马如俊译，北京大学出版社 2010 年版。

　　［18］［美］苏珊·哈克主编：《意义、真理与行动——实用主义经
典文选》，陈波等译，东方出版社 2007 年版。

　　［19］［美］梭罗：《瓦尔登湖》，徐迟译，吉林人民出版社 1997
年版。

　　［20］［美］托德·莱肯：《造就道德：伦理学理论的实用主义重
构》，陶秀璈等译，北京大学出版社 2010 年版。

　　［21］［美］詹姆斯·坎贝尔：《理解杜威：自然与协作的智慧》，杨
柳新译，北京大学出版社 2010 年版。

　　［22］［美］詹姆斯：《实用主义》，商务印书馆 1979 年版。

　　［23］［美］詹姆斯：《实用主义》，商务印书馆 1983 年版。

　　［24］［美］詹姆斯：《实用主义》，商务印书馆 1997 年版。

　　［25］［日］岩佐茂：《环境的思想与伦理》，冯雷、李欣荣、尤维芬
译，中央编译出版社 2010 年版。

　　［26］［英］埃里克·诺伊迈耶：《强与弱——两种对立的可持续性
范式》，王寅通译，上海译文出版社 2002 年版。

［27］［英］边沁：《道德与立法原理引论》，时殷弘译，商务印书馆 2000 年版。

［28］［英］摩尔：《伦理学原理》，长河译，商务印书馆 1983 年版。

［29］［英］帕菲特：《理与人》，王新生译，上海译文出版社 2005 年版。

［30］［美］N. A. 曼森、李红霞：《环境伦理中的预防原则》，《国外社会科学》2003 年第 2 期。

［31］Oksanen M. 、闵庆文：《生物多样性的道德伦理价值》，《AM-BIO》1997 年第 8 期。

［32］UNEP：《2012 项目进展报告》，2013 年 9 月 6 日，http：//www. unep. org/annualreport/2013/docs/ppr. pdf。

［33］UNEP：《全球环境展望5》（Globol Evironment Outlook 5），2013 年 9 月 6 日，http：//apps. unep. org/publications/index. php? option = com _ pmtdata&task = download&file = – UNEP% 202013% 20Annual% 20Report – 2014UNEP – AR – CHinese – low% 20res. pdf。

［34］［波］安杰伊·帕普金斯奇、李雪姣：《作为政治国家伦理的环境伦理》，《南京林业大学学报》（人文社会科学版）2018 年第 18 卷第 4 期。

［35］包庆德、李春娟：《从"工具价值"到"内在价值"：自然价值论进展》，《南京林业大学学报》（人文社会科学版）2009 年第 9 卷第 3 期。

［36］毕润成：《生态学》，科学出版社 2012 年版。

［37］曹刚：《环境伦理学中的元伦理难题》，《自然辩证法研究》2008 年第 8 期。

［38］曹孟勤：《从对立走向统一———生态伦理学发展趋势研究》，《伦理学研究》2006 年第 6 期。

［39］曹苗：《哈格洛夫环境伦理思想中的审美问题——环境伦理和环境美学的本体论》，《江苏社会科学》2016 年第 4 期。

［40］陈飞星：《论价值哲学和环境哲学视角中的环境价值》，《中国环境科学》2000 年第 20 卷第 1 期。

［41］陈剑澜、赵敦华：《非人类中心主义环境伦理学批判》，《哲学门》2006 年第 4 期。

［42］陈俊：《环境伦理并非人与自然间直接的伦理关系》，《环境与可持续发展》2008 年第 2 期。

［43］陈晓平：《面对道德冲突：功利与道义》，《学术研究》2004 年第 4 期。

［44］成龙、张玮、何贵兵：《生态环境决策的多特征属性研究》，《农业与技术》2012 年第 32 卷第 9 期。

［45］程炼：《伦理学导论》，北京大学出版社 2008 年版。

［46］杜红：《环境决策的伦理向度》，《中国人口·资源与环境》2014 年第 24 卷第 9 期。

［47］杜红：《逃离内在价值的枷锁——解读环境实用主义》，《自然辩证法研究》2014 年第 30 卷第 5 期。

［48］杜红：《论实用主义如何进入环境伦理》，《自然辩证法通讯》2016 年第 38 卷第 6 期。

［49］冯平：《杜威价值哲学之要义》，《哲学研究》2006 年第 12 期。

［50］高山：《从环境美德的视角来看罗尔斯顿的内在价值观》，《鄱阳湖学刊》2017 年第 1 期。

［51］高山：《从内在价值到地方——西方现代环境伦理的东方转向》，《南京林业大学学报》（人文社会科学版）2015 年第 15 卷第 3 期。

［52］高中华：《环境问题抉择论》，社会科学文献出版社 2004 年版。

［53］龚群：《论价值与价值关系》，《苏州大学学报》2013 年第 6 期。

［54］郭辉：《环境伦理学的过去与未来——尤金·哈格洛夫教授访谈录》，《晋阳学刊》2018 年第 2 期。

［55］何怀宏：《生态伦理》，河北大学出版社 2002 年版。

［56］洪克文：《环境风险治理的"科学困境"及其责任超越》，《改革与开放》2017 年第 12 期。

［57］洪艺蓉：《尤金·哈格洛夫环境哲学思想研究》，硕士学位论文，苏州科技大学，2017 年。

［58］胡金木、冯建军：《多元化社会中道德教育的困境及其超越》，《道德与文明》2009 年第 2 期。

［59］胡延福、姜家君：《罗尔斯顿环境伦理学的生态学基础探源》，《东南学》2015 年第 6 期。

［60］祜素珍：《解读环境伦理的新视角：实践哲学》，《兰州学刊》2007 年第 2 期。

［61］姬志闯：《环境伦理的实用主义图景》，《理论界》2008 年第 2 期。

［62］姬志闯：《语境的逃离与重建——从实用主义观点看环境伦理的话语建构》，《科学技术与辩证法》2007 年第 24 卷第 1 期。

［63］江怡：《实用主义如何作为一种方法》，《中国社会科学报》2013 年 1 月 14 日第 A05 版。

［64］江怡：《现代英美分析哲学》，载叶秀山、王树人主编《西方哲学史》（学术版）第 8 卷上，凤凰出版社 2005 年版。

［65］金炳华：《哲学大辞典》，上海辞书出版社 2001 年版。

［66］［美］蕾切尔·卡逊：《寂静的春天》，吉林人民出版社 1997 年版。

［67］李才平：《泰勒“尊重自然”环境伦理思想研究》，硕士学位论文，湖南师范大学，2019 年。

［68］李德顺：《价值论》，中国人民大学出版社 1987 年版。

［69］李广义：《实践性：中国环境伦理学研究的重要属性》，《吉首大学学报》（社会科学版）2011 年第 5 期。

［70］李际：《生态学范式研究——来自科学哲学的回答》，人民出版社 2018 年版。

［71］李建珊、王希艳：《环境美德伦理学：环境关怀的一种新尝试》，《自然辩证法通讯》2009 年第 31 卷第 5 期。

［72］李培超、李中涵：《我国环境伦理学的理论视域和未来建构》，《中南大学学报》（社会科学版）2019 年第 25 卷第 1 期。

［73］李培超：《中国环境伦理学的十大热点问题》，《伦理学研究》2012 年第 6 期。

[74] 李全喜：《"环境悬崖"的伦理思考——"环境悬崖与社会转型发展"学术论坛综述》，《科学技术哲学研究》2015 年第 32 卷第 6 期。

[75] 郦平：《实用主义视野下的功利主义——杜威对功利主义道德基础的批判与重构》，《道德与文明》2013 年第 6 期。

[76] 联合国可持续发展《二十一世纪议程》，2014 年 5 月 6 日，http：//www. un. org/chinese/events/wssd/chap23. htm。

[77] 林兵：《西方环境伦理学的理论误区及其实质》，《吉林大学社会科学学报》2003 年第 2 期。

[78] 林官明：《环境伦理学概论》，北京大学出版社 2010 年版。

[79] 刘耳：《当代西方环境哲学述评》，《国外社会科学》1999 年第 6 期。

[80] 刘耳：《西方当代环境哲学概观》，《自然辩证法研究》2000 年第 16 卷第 12 期。

[81] 刘福森：《自然中心主义生态伦理观的理论困境》，《中国社会科学》1997 年第 3 卷第 64 期。

[82] 刘晓华：《论诺顿的弱人类中心主义》，《南京林业大学学报》（人文社会科学版）2013 年第 3 期。

[83] 刘亚平：《环境正义伦理基础研究》，硕士学位论文，长安大学，2018 年。

[84] 刘永谋：《论技治主义：以凡勃伦为例》，《哲学研究》2012 年第 3 期。

[85] 卢风：《挑战与前景：当代伦理学之走向》，《学术月刊》2009 年第 8 期。

[86] 卢风：《整体主义环境哲学对现代性的挑战》，《中国社会科学》2012 年第 9 期。

[87] 麻彦春、魏益华、齐艺莹主编：《人口、资源与环境经济学》，吉林大学出版社 2007 年版。

[88] 《马克思恩格斯全集》第 1 卷，人民出版社 1956 年版。

[89] 马中：《环境与自然资源经济学概论》（第 2 版），高等教育出版社 2006 年版。

［90］［美］纳什：《大自然的权利——环境伦理学史》，杨通进译，青岛出版社 1999 年版。

［91］［加］尼科尔·克伦克、曲云英：《林业中的"遵循自然"伦理：学术林业科学家与罗尔斯顿的环境伦理》，《国际社会科学杂志》（中文版）2018 年第 35 卷第 4 期。

［92］牛庆燕：《生态困境的道德哲学研究》，中国社会科学出版社2019 年版。

［93］牛文元：《中国生态环境状况对经济发展的总体影响》，2013年 9 月 20 日，http：//cppcc. people. com. cn/GB/34961/51372/51376/51495/3631431. html。

［94］裴士军、徐朝旭：《如何从环境科学的"事实"推出伦理学的"价值"？——基于罗尔斯顿与克里考特的视角》，《科学技术哲学研究》2020 年第 37 卷第 1 期。

［95］彭本奇、马静、马志国：《我国生态文明建设的道德伦理考量》，《哈尔滨师范大学社会科学学报》2016 年第 7 卷第 3 期。

［96］彭新育、吴甫成：《资源和环境的存在价值的经济学基础》，《中国人口资源与环境》2000 年第 10 卷第 3 期。

［97］钱喜阳：《论实用对内在价值的超越——实用主义的环境伦理研究》，硕士学位论文，北京化工大学，2011 年。

［98］秦书生：《复合生态系统自组织特征分析》，《系统科学学报》2008 年第 16 卷第 2 期。

［99］曲红梅：《西方环境伦理学研究的理论基础和当代转向》，《自然辩证法研究》2013 年第 29 卷第 5 期。

［100］孙道进、顿兴国：《环境伦理学的认识论困境及其症结》，《科学技术与辩证法》2006 年第 3 期。

［101］孙道进：《环境伦理学的哲学困境：一个反拨》，中国社会科学出版社 2007 年版。

［102］孙亚君：《论"动物权利"中伤害与裨益的不可通约性》，《自然辩证法通讯》2019 年第 41 卷第 3 期。

［103］孙亚君：《生态中心论之后现代视域的辨析》，《中国人口·

资源与环境》2017 年第 27 卷第 1 期。

[104] 孙越：《绿色技术发展中的"二律背反"困境》,《自然辩证法研究》2013 年第 12 期。

[105] 覃希仲：《对环境伦理学成立依据及其学科地位争论的考察》,《伦理学研究》2009 年第 3 期。

[106] 唐代兴：《环境哲学的视域空间与研究范围》,《南京林业大学学报》（人文社会科学版）2016 年第 16 卷第 3 期。

[107] 唐凯麟、舒远招、向玉乔、聂文军：《西方伦理学流派概论》,湖南师范大学出版社 2006 年版。

[108] 陶火生：《生态实践论》, 人民出版社 2012 年版。

[109] 田海平：《"环境进入伦理"的两种道德哲学方案——对人类中心论与非人类中心论之争的实践哲学解读》,《学习与探索》2009 年第 6 期。

[110] 田宪臣：《协商、适应、行动——诺顿环境实用主义思想研究》, 博士学位论文, 华中科技大学, 2009 年。

[111] 田英、卢风：《紧跟时代发展　推动伦理学进步——近十年来的中国伦理学评述》,《社会科学论坛》2015 年第 8 期。

[112] 童建军、林晓娴：《当代西方环境德性伦理的新发展》,《自然辩证法研究》2019 年第 35 卷第 5 期。

[113] 涂纪亮：《从古典实用主义到新实用主义——实用主义基本观念的演变》, 人民出版社 2006 年版。

[114] 万俊人：《现代西方伦理学史》下卷, 中国人民大学出版社 2011 年版。

[115] 汪珊：《马克思主义视域下泰勒的环境伦理思想研究》, 硕士学位论文, 吉林大学, 2018 年。

[116] 汪信砚：《环境伦理何以可能》,《哲学动态》2004 年第 11 期。

[117] 王冰、麻晓菲：《环境价值的多元不可比性及其字典式偏好研究》,《中国人口·资源与环境》2012 年第 22 卷第 3 期。

[118] 王成兵：《对杜威〈哲学复兴的需要〉中经验观念的理解》,

《学术月刊》2015 年第 47 卷第 7 期。

　　［119］王国成：《西方经济学理性主义的嬗变与超越》，《中国社会科学》2012 年第 7 期。

　　［120］王国聘：《论自然价值的冲突与协调》，《学术交流》2010 年第 7 期。

　　［121］王国聘：《生存智慧的新探索——现代环境伦理的理论与实践》，《南京社会科学》1997 年第 4 期。

　　［122］王海明：《伦理学原理》，北京大学出版社 2001 年版。

　　［123］王继创、董锦潼：《现代西方环境伦理学的自然价值论批判》，《科学技术哲学研究》2019 年第 36 卷第 3 期。

　　［124］王力尘：《提高人类的环境伦理意识刻不容缓》，《人民论坛》2017 年第 31 期。

　　［125］王亮、张科豪：《从环境伦理到信息伦理："内在价值"的消解》，《自然辩证法研究》2019 年第 35 卷第 6 期。

　　［126］王续琨：《环境伦理学的学科定位和发展趋势》，《自然辩证法研究》2007 年第 23 卷第 5 期。

　　［127］王玉樑：《追寻价值：重读杜威》，四川人民出版社 1997 年版。

　　［128］王云霞：《生态伦理的辩证逻辑结构——兼论生态文明的理论基础》，《哈尔滨工业大学学报》（社会科学版）2017 年第 19 卷第 3 期。

　　［129］王子彦、刘春伟：《我国环境哲学研究的现状，问题及转向》，《东北大学学报》（社会科学版）2010 年第 1 期。

　　［130］吴哲：《生态批评理论的环境正义转向研究》，硕士学位论文，兰州大学，2019 年。

　　［131］武夷山：《后常态科学挑战需扩展同行共同体》，《科学时报》2012 年 12 月 24 日第 7 版。

　　［132］向玉乔：《人生价值的道德诉求——美国伦理思潮的流变》，湖南师范大学出版社 2006 年版。

　　［133］谢建华：《论生态伦理的新自然主义基础》，博士学位论文，山西大学，2018 年。

[134] 徐椿梁：《伦理的实用主义：造就道德》，《江汉论坛》2012 年第 8 期。

[135] 徐广才、康慕谊、史亚军：《自然资源适应性管理研究综述》，《自然资源学报》2013 年第 28 年第 10 期。

[136] 徐海静：《可持续发展环境伦理的认同与构建》，《理论与改革》2016 年第 3 期。

[137] 薛富兴：《环境伦理学何以可能？——以卡利科特学案为例》，《社会科学》2018 年第 6 期。

[138] 薛桂波：《“诚实的代理人”：科学家在环境决策中的角色定位》，《宁夏社会科学》2013 年第 2 期。

[139] 薛勇民：《论环境伦理的后现代意蕴》，《自然辩证法研究》2003 年第 9 期。

[140] 薛勇民：《论环境伦理实践的历史嬗变与当代特征》，《晋阳学刊》2013 年第 4 期。

[141] 严法善：《环境经济学概论》，复旦大学出版社 2003 年版。

[142] 阎喜凤、胡小明：《绿色发展理念蕴含环境伦理思想的逻辑研究》，《理论探讨》2020 年第 1 期，2020 年 4 月 28 日，https：//doi. org/10. 16354/j. cnki. 23－1013/d. 2020. 01. 012。

[143] 杨国荣：《行动、实践与实践哲学——对若干问题的回应》，《哲学分析》2014 年第 5 卷第 2 期。

[144] 杨澜：《阿特弗尔德生物中心主义环境伦理思想研究》，硕士学位论文，合肥工业大学，2019 年。

[145] 杨丽杰、包庆德：《生态文明建设与环境哲学环境伦理本土化——中国环境哲学与环境伦理学 2017 年年会述评》，《哈尔滨工业大学学报》（社会科学版）2017 年第 19 卷第 6 期。

[146] 杨明、张晓东等：《现代西方伦理思潮》，安徽人民出版社 2009 年版。

[147] 杨通进：《超越人类中心论：走向一种开放的环境伦理学》，《道德与文明》1998 年第 2 期。

[148] 杨通进：《多元化的环境伦理剖析》，《哲学动态》2000 年第

2 期。

［149］杨通进：《环境伦理：全球话语，中国视野》，重庆出版社2007 年版。

［150］杨通进：《环境伦理学的三个理论焦点》，《哲学动态》2002 年第 5 期。

［151］杨通进：《论环境伦理学的两种探究模式》，《道德与文明》2008 年第 1 期。

［152］杨通进：《探寻重新理解自然的哲学框架——当代西方环境哲学研究概况》，《世界哲学》2010 年第 4 期。

［153］杨通进：《走向深层的环保》，四川人民出版社 2000 年版。

［154］杨志峰、隋欣：《基于生态系统健康的生态承载力评价》，《环境科学学报》2005 年第 25 卷第 5 期。

［155］姚晓娜：《基于道德实践的环境伦理本土化》，《南京林业大学学报》（人文社会科学版）2016 年第 16 卷第 3 期。

［156］叶平、卢志茂：《生物多样性保护的伦理问题》，《自然辩证法研究》2006 年第 21 卷第 8 期。

［157］应启肇：《环境、生态与可持续发展》，浙江大学出版社 2008年版。

［158］余谋昌：《环境伦理学》，高等教育出版社 2004 年版。

［159］余谋昌：《生态哲学：可持续发展的哲学诠释》，《中国人口资源与环境》2001 年第 11 卷第 3 期。

［160］余谋昌：《生态哲学》，陕西人民教育出版社 2000 年版。

［161］余泽娜：《经验、行动与效果的彰显——杜威价值论研究》，博士学位论文，复旦大学，2005 年。

［162］俞孔坚：《可持续环境与发展规划的途径及其有效性》，《自然资源学报》1998 年第 13 卷第 1 期。

［163］喻哲子：《罗尔斯顿生态伦理思想研究》，硕士学位论文，山东师范大学，2016 年。

［164］袁贵仁：《价值学引论》，北京师范大学出版社 1991 年版。

［165］岳庆云：《生态整体主义伦理观理论维度解析》，《人民论坛》

2015 年第 29 期。

　　[166] 张保伟：《利益、价值与认知视域下的环境冲突及其伦理调适》，《中国人口·资源与环境》2013 年第 8 期。

　　[167] 张德昭、何文模：《自然价值论的存在论维度》，《重庆大学学报》（社会科学版）2005 年第 11 卷第 2 期。

　　[168] 张恒庆、张文辉：《保护生物学》（第 2 版），科学出版社 2009 年版。

　　[169] 张晋倩：《亨利·梭罗的环境伦理思想研究》，硕士学位论文，湖南师范大学，2017 年。

　　[170] 张康之、张乾友：《共同体的进化》，中国社会科学出版社 2012 年版。

　　[171] 张彭松：《生态伦理与环境伦理的差异及其实质意义》，《理论界》2018 年第 11 期。

　　[172] 张岂之、舒德干、谢扬举：《环境哲学前沿》第 1 辑，陕西人民出版社 2004 年版。

　　[173] 张卫：《第 9 届国际环境哲学年会综述》，《哲学动态》2012 年第 10 期。

　　[174] 张晓东：《"价值真理论"之伦理意蕴——詹姆士实用主义道德观探析》，《南京社会科学》2009 年第 2 期。

　　[175] 张晓东：《实践理性向工具理性的蜕变——杜威工具主义伦理观探析》，《学术研究》2009 年第 9 期。

　　[176] 郑晓纯：《论规则伦理学视角下环境伦理学的发展困境》，《自然辩证法通讯》2016 年第 38 卷第 6 期。

　　[177] 中国科学院可持续发展战略研究组：《2012 中国可持续发展战略报告》，科学出版社 2012 年版。

　　[178] 中华人民共和国环境保护部：《中国履行〈生物多样性公约〉第六次国家报告中国》，环境科学出版社 2019 年版。

　　[179] 周国文、卢风：《重构环境哲学的契机与趋向》，《江西社会科学》2012 年第 8 期。

　　[180] 周国文、肖杰文：《环境伦理与生态公民全国学术研讨会综

述》，《鄱阳湖学刊》2019 年第 2 期。

［181］周国文、张璐：《中外生态环境哲学的传统与创新——2019
年中国环境哲学·环境伦理学年会会议综述》，《云梦学刊》2020 年第 41
卷第 2 期。

［182］周国文：《从生态文化的视域回顾环境哲学的历史脉络》，
《自然辩证法通讯》2018 年第 40 卷第 9 期。

［183］周厚丰：《环境保护的博弈》，中国环境科学出版社 2007
年版。

［184］周敬宣：《环境与可持续发展》，华中科技大学出版社 2005
年版。

［185］周玉杰：《环境哲学新走向——环境实用主义》，硕士学位论
文，西南大学，2012 年。

［186］朱洁：《霍尔姆斯·罗尔斯顿Ⅲ教授访谈录》，《鄱阳湖学刊》
2017 年第 1 期。

［187］朱平：《环境伦理认知的价值视域》，《南京工业大学学报》
（社会科学版）2016 年第 15 卷第 3 期。

［188］朱平：《重建人类与自然的共生观——环境伦理学诞生之价
值》，《哈尔滨工业大学学报》（社会科学版）2019 年第 21 卷第 3 期。

［189］朱兆香：《理论与实践的冲突：当代环境道德治理有效性剖
析》，《湖北大学学报》（哲学社会科学版）2016 年第 43 卷第 6 期。

后　记

　　这本专著是在我的博士论文基础上进一步修改和完善而成的。几年时间过去，中国的环境哲学研究取得了长足进步，越来越多的学者开始关注到环境哲学的实践领域。环境经济学、环境社会学、环境史学等其他人文社会科学中的生态—环境研究也逐步成熟。关于生态—环境问题方方面面的反思越发深刻，为我国生态文明的理论研究与现实实践贡献了应有的力量。在未来，基于观念和制度层面的反思，还应该也可以为中国的生态文明建设贡献更多的智慧与力量。而我，希望在其中充当一个螺丝钉，认真学习，刻苦钻研，发挥一点微弱的力量。

　　从博士论文写作到如今专著出版，我获得了大量帮助。

　　首先，将我最最真挚与热烈的感谢献给我的导师肖玲教授。她在我的求学生涯中扮演着非常重要的角色，她给予我的不仅仅是知识与学问上的成长与进步，还有人生与生活中的成熟与稳重。从论文的写作再到专著的修改完善都离不开导师的悉心指导与帮助，她是我学术道路上的第一引路人。

　　其次，感谢昆士兰大学的 Hugh Possingham 教授，谢谢他在我一年半的留学生涯中给予的帮助与指导。他一次又一次不厌其烦地讨论与讲授，使我从一个门外汉开始，学到了太多太多的东西。他对保护生物学和环境决策的巨大热情深深地感染着我，多希望今后他能见到我更大的进步。

　　我还要感谢南京大学哲学系、昆士兰大学生态中心、重庆师范大学马克思主义学院、西南大学政治与管理学院的其他老师和同学，谢谢他们这几年给予的莫大支持与帮助，我在教学与科研方面取得的一点一滴的进步都离不开他们的支持与鼓励。

最后，感谢我的家人，他们永远是我最强大的动力之源，谢谢他们多年以来的默默支持与无私奉献。

本书的出版得到了多项经费资助，在这里一并致谢。感谢"重庆师范大学重庆市马克思主义理论重点学科"经费资助，感谢"重庆市公民道德与社会建设研究中心"经费资助，感谢"重庆市博士后科研特别资助项目"和重庆师范大学校立配套经费资助。

由于自身悟性、个人能力和时间仓促等问题，本书依然留下了许多的遗憾与不足，甚至有错误与不周之处，我将尽力在以后的学习与工作中完善与修补，请大家批评指正。

杜　红

2020 年 4 月于重庆